そば学

sobalogy——食品科学から民俗学まで

信州大学名誉教授
井上直人

はじめに

日本のそばはなぜ人々を魅了し、おいしいと感じるのかじつに不思議だ。また、海外からの旅行者が、灰色で冷たいそばと黒いそばつゆに驚くのは食文化の違いを感じて愉快だ。日本ではそばに取りつかれる人が多く、単に食べ歩くばかりでなく、そば打ちをして熱中し、ふるまう人も多い。それだけでなく、歴史を調べたり製麺実験をしたりと、在野の研究者が大変多いのがそばの特徴だ。

なぜそばが人々を惹きつけるかというと、原料となるソバの「食味や食感がよいから」といった要因だけでなく、イネ科の穀物にない風味が「新鮮」で、ほかの穀物にない「覚醒感」（驚き）をもたらすからだと考えられる。

もうひとつは、そば粉が小麦粉のようには簡単に伸びず、切れやすいという麺加工のうえで難物だということがある。難物であればあるほど、打ち手の腕の良否が問われるので、そばを作ることの達成感によって楽しくなるからだろう。難しさを克服して、自分が考える期待値よりも上手に打てたときの快感が、自分自身へのご褒美（心への報酬）になるからだろう。

こうして考えると、人々を虜にする生物学的な根本原因は、ソバはイネ科穀物ではなかったことだと考えられる。また、文化・心理的原因は、そばが食品として他国にない独自の発達をとげ、加工方法、調理方法、多くの行事などによって人々の暮らしに浸透し、さらには「心への報酬」にもなり、食心理を強く支えるからだと考えられる。

この本は6章で構成され、1章では日本人とソバや麺が歴史・地理的にどうつながっているのか、2章では穀物として興味深い性質を持つソバの生物学的特徴は何か、3章では環境と品種はおいしさとどう関係するのか、4章では収穫や加工はおいしさとどう関係するのか、について述べる。そして、5章ではそばのおいしさを支配する身体と脳が作る「質感（クオリア／qualia）」の構造と要因を分析し、6章ではそばや穀物のおいしさを背後で支える東洋の自然観について述べる。6章は、そばがなぜ行事食になるのか、食のデザインがなぜ現在のようになったのか、それらの謎解きをしたいと思う。

この本の目的は、学問としての体系が未完だったために「雑学（＝蘊蓄《うんちく》）」と受け取られることも多かった「そば学」を、食品科学を柱に整理することである。そのために、農学をはじめ、民俗学、心理学、工学などの周辺分野の話題を取り入れることにした。そばの「おいしさ」が口の中だけのものではなく、個人や社会の主観的要因にもあることを自覚して、「そば学」に共感を覚える方々とともに深めていきたいと考えている。

そのような意味を込めて、「ソバ」に学を表す「ロジー」をつけて「ソバロジー」という造語をつくってみた。最近、海外でも「soba」という日本語を知っているので、「sobalogy」というのは国際的にも理解してもらえるかも知れず、そう願っている。

なお、本の趣旨を考えて、約40年間続けた作物学や食品科学などの個人的な思い出話はなるべく書かないことにした。

また、ソバは作物学的な意味で使うときには「ソバ」、加工・料理として使うときには「そば」、中国の歴史的な呼び名などを話題にするときは「蕎麦」と記述した。ソバの一般名は植物学的名称と大きく違うため、本書では一般名を用いることにした。一般名の「種子」は果実、「殻」は果皮、「甘皮」は種皮と、植物学や作物学では呼んでいる。

目次

第4章

おいしさを左右する収穫と加工――134

第5章

そばのおいしさとは何か――195

〈凡例〉

○「ソバ」、「そば」、「蕎麦」の表記の使用区分は以下のとおりである。
植物あるいは種子の段階は「ソバ」、粉あるいは麺などに加工されたものは「そば」、固有名詞や古典に準拠したものは「蕎麦」を原則として用いた。原料としての殻付きのソバの種子は「玄ソバ」と表記した。
○資料の分類の表記は以下のとおりである。
「資料3-2」は、第3章の2番目の資料を意味する。

表紙写真

(右上)胚乳のデンプン粒
(左上)野生味のある胴搗きそば(「うえはら」香川県高松市)
(右下)ホシが見える水萌えそば(無製粉冷水浸漬胴搗き法／著者)
(左下)葯《やく》の中の花粉(一部の花粉は花粉管が伸びはじめている)
＊(右上)、(左下)の電子顕微鏡写真は建石繁明氏と著者が撮影

第1章

―ソバのきた道

(1)「ソバ」の名は山林や地形

「名は体を表す」といわれるが、「ソバ」という名は起源地や栽培地、性質をよく表しており、ソバの歩んできた道を教えてくれる。

その語源はいろいろと調べられている。古文書では、「曽波牟岐《そばむぎ》」(『倭名類聚鈔《わめいるいじゅしょう》』931～38年、源順)、「そまむぎ」(『古今著聞集』巻12、巻18／1254年、橘成季編)、「喬麦」(『下学集』1444年)、「蕎麦《そば》」(『醒睡笑《せいすいしょう》』巻四／1623年、安楽庵策伝)などと記されている。「そま」とは、古代から中世にかけて建築資材確保のために権力者が所有していた山林のことで、「杣」と書かれてきた。とくに畿内の貴族や社寺の「杣」は荘園の一部で、比叡山延暦寺はそれを各地に多数持っており、比叡山の異名は「杣」であった。天台密教の開祖である最澄が中堂を788年に創建したときに、「我が入り立つ杣(私が住む山)」とあり、慈円が12世紀後半～13世紀初頭に詠んだ歌にも「わがたつ杣(私が出家して住む比叡山)」(『小倉百人一首』95番)とあることからもうかがえる。これらのことから、「杣」のような山で栽培される畑作物を略して「そまむぎ」と呼ぶようになったと推察される。

また、山の険しいところや崖は「岨《そわ》」とか「そは」と呼ばれ、「嶮岨《けんそ》」なことを「曽波《そば》」といった

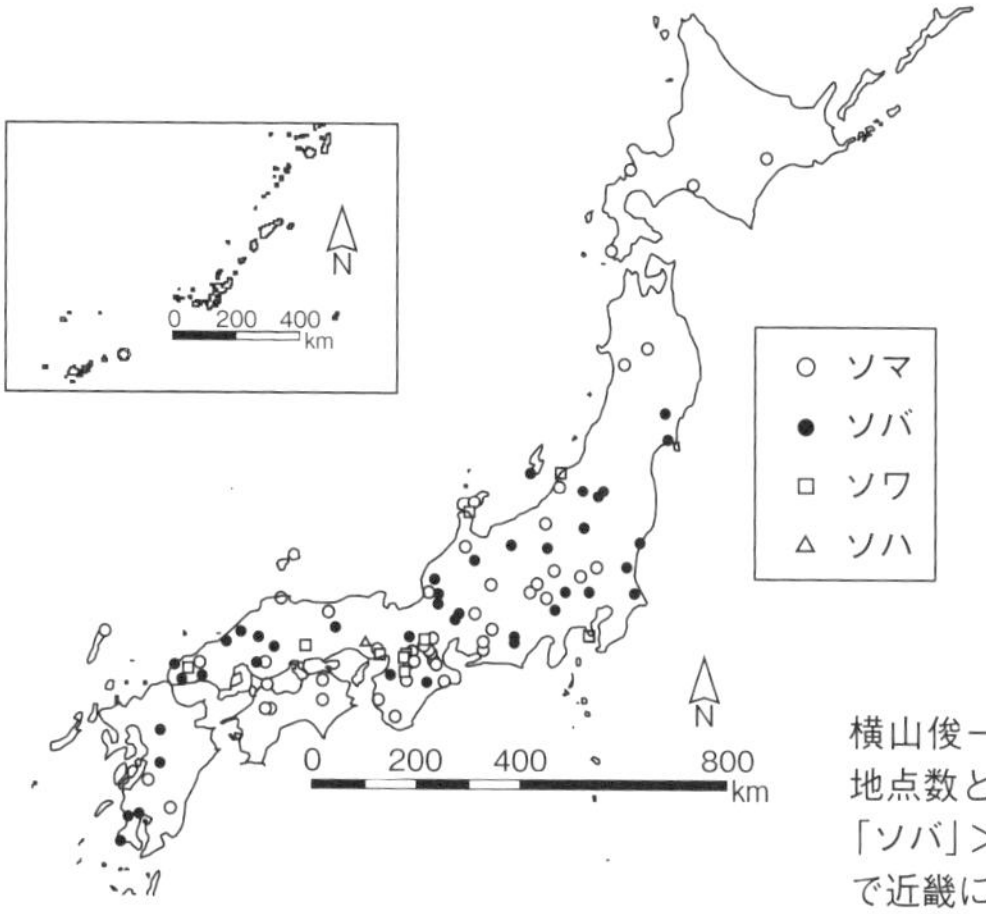

横山俊一氏（2019）の作図で、地点数と分布範囲は「ソマ」＞「ソバ」＞「ソワ」＞「ソハ」の順で近畿にはすべてが出現する

資料1-1　ソバに関連する地名の分布

とされている（『辞林』1907年）ので、地形からきているとの説も有力だ。逆に作物名が山の名前になった例もあり、長野県木曽谷の上松町の中央アルプス側にはソバの実の形に似た急峻な「蕎麦粒山」がある。

「ソマ」、「ソバ」、「ソワ」、「ソハ」という地名は日本各地にあり、それをプロットしたのが資料1－1である。「ソマ」の分布は「ソバ」よりやや広くてほぼ全国にあり、古いソバの産地と重なっていると考えられる。「ソワ」は地形と関係が深く分布は局地的で、瀬戸内海地域のソバ栽培に向かない気温が高い地域にも分布しているので、ソバ栽培とは直接は関係ないのかもしれない。

ソバが日本でいつから栽培されるようになったのかは考古学の課題だが、作物の呼称から若干の推定ができる。世界の作物の呼称には、ある種の法則性がある。その地域に普及した時期が古いものや起源地では作物種に固有名詞がついている。たとえば日本に縄文期からあると考えられるアワ（粟）、ヒエ（稗）、キビ（黍）には固有名詞がついていて、ユーラシア西部に目を転じると、起源地に近くて古くから栽培されてきたwheat（コムギ）、barley（オオムギ）、rye（ライムギ）は固有名詞である。

それとは正反対に、伝播や普及が比較的新しい作物は「○×の仲間」といった形容詞がつけられている。たとえば日本では比較的あとから伝播してきたコムギ（小麦）、オオムギ（大麦）、エンバク（燕麦）は「小さい」、「大きい」、「燕」（中国の古代国家）といったムギを説明する言葉がつけられる。ユーラシア西部の英語では、ムギ類よりもあとに普及されたと考えられるfoxtail millet（アワ）、barnyard millet（ヒエ）、common millet（キビ）には、「foxtail」（キツネのしっぽ）、「barnyard」（焼畑の）、「common」（普通の）といった形容詞がついている。

ソバは平安～鎌倉時代に「そばむぎ」や「そまむぎ」と呼ばれていたという記録からすると、アワ、ヒエ、キビよりも比較的あとの時代に普及したと考えられる。

ソバは中国の雲南省と四川省の間の西部山間地が起源である。その地に行ってみると、大変険しい地形だった。これで「そば」という和名と山との関係の深さが理解できた。土砂が崩落したガレ場（石だらけの場所）でも野生のソバの近縁種が生育していて、ほかの植物の成長が困難な地帯で進化してきたことがわかった。ソバの名は、①ソバの栽培地の山林②ソバの種子の形――の2つを重ね合わせ、昔の日本人がうまく命名したのだと想像できる。

ソバの起源地である中国ではソバはどのように記述されたり呼ばれたりするのだろうか。雲南省の少数民族に聞いても漢民族に聞いても、ソバが「チャオ（qiao）」と呼ばれることと、「蕎《チャオ》」という文字はソバを指し示す漢字であることがわかる。中国において「蕎」という名の使用は7世紀後半からだったそうだ。中国言語学者の中林広一氏によると、ソバに「蕎」や「荍」の字が用いられるようになったのは、「翹」、「蕎」、「荍」が同じ「チャオ（qiao）」という発音だったからとの可能性があるという。これは、明の時代（16世紀）の本草学者・李時珍（『本草綱《ほんぞうこう》目《もく》』）の説だそうだ。ソバの成長の早さに古代の中国人が驚き、それを「盛んに繁る」というニュアンスを持つ「翹」の1字で表現した。ところが「翹」は植物を表す漢字ではなかったので、広く世間に知ってもらうには植物を表す〝くさかんむり〟をつけなくてはならない。それらを考えて李時珍が、①同じ発音②「翹」と同じニュアンス――という条件を満たす漢字を求めた結果、「蕎」が選ばれたという解釈である。

このように、和名は栽培される山や種子の形と地形の類似性で命名され、中国名は成長特性によってつけられた。古くからあった日本の名である「ソマ」や「ソバ」に、16世紀に中国で作られた漢字である「蕎」を当てたため、「蕎麦」を「ソバ」と読ませることになって混乱を招いてしまったと考えられる。

(2)　ソバ食文化の発展史

ソバの食品としての発展の歴史をもとに、ソバを「おいしくする」ために世界各地で工夫・発展してきた加工と料理の方法について考えてみる。

中尾佐助氏は『料理の起源』の中で、作物の遺伝的な変化や栽培方法だけが独自に進歩するわけではなく、調整、加工、料理までが揃って初めて植物を利用する文化が進歩していくと指摘し、料理に初めて学問的スポットライトを当てた。この考え方だと、種子、栽培、調整、加工、料理をワンセットにして農耕文化複合と捉え、それまで研究対象にならなかった料理について科学する意義が見えてくる。その視点で世界の料理を見渡したときに、人類の料理の歴史の中に「穀物料理の一般法則」があることが発見された。

資料1－2は人類が野生植物を利用して料理を開発し、素材を多様化させていく「発散期」

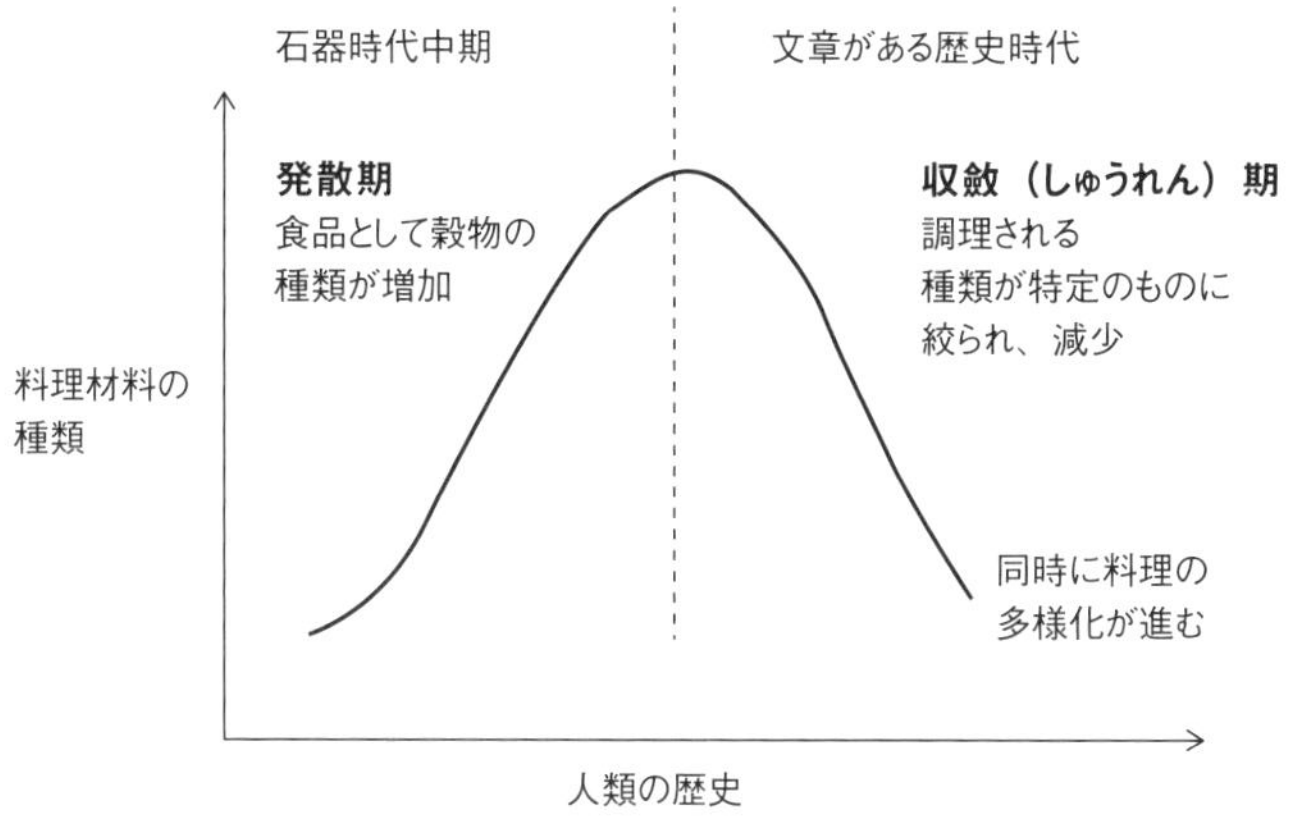

中尾佐助氏（1972）の考えを図化した

資料1-2　穀物料理の一般法則

がある一方で、歴史時代以降に穀物の種類が特定のものに絞られて減少していく「収《しゅう》斂《れん》期」があることを示している。ムギ類の進化は歴史時代になると植物種がコムギに集中する収斂期にさしかかり、同時並行で料理の多様化が進んできたのは誰もが知るとおりである。では、ソバの場合はどうだろうか。

大西近江《おうみ》氏によると、ソバの栽培がはじまったのは、日本と中国の考古学による種子と花粉の分析から約4000年前とされている。この時期は中尾佐助氏が指摘する「穀物料理の一般法則」の発散期に相当する。

普通ソバとダッタンソバの起源地は、ソ

バ属野生植物がひしめく中国の三江《サンジアン》並流地域といわれる。青藏高原に発する金沙江《ジンシャジアン》（長江の上流）、瀾滄江《ランツァンジアン》（メコン川の上流）、怒江《ヌージアン》（サルウィン川の上流）が雲南省西北部で約１７０km並行して流れるところで、担当力山《タンタンリカジアン》、高黎貢山《ガオリゴンジアン》、怒山《ヌージアン》、そして雲嶺《ユンリン》を抜けていく。互いの川の最短直線距離は19kmにも満たない狭さで、並行して流れながらも合流しない不思議な場所であり、標高差も大きく、河川だけでなく少数民族もひしめいている。ソバの起源地を一生かけて探索した大西近江氏はその一帯がソバの故郷だとしている。その河川沿いはガレ場が多く、そうした荒れた場所では西ユーラシアから入ってきたコムギやオオムギは適さず、古くからそこに適応してきたソバの野生種が利用されたのだろう。野生ソバは花も種子も小さい、花はだらだらと咲いて枝が多い、種子は落ちやすい（脱粒しやすい）、収量が非常に少ない、という特徴がある。そのソバ属の野生種子を人々が採集している間に、だんだんと脱粒しにくい作物種に進化させたのだと考えられる。

(3)　麺に込められた古代のメッセージ

三江並流地域でソバ属植物が大切にされはじめた拡散期に、その少し北方では雑穀麺が作られていたことが最近の調査でわかった。中国青海省回族土族自治県で発掘された推定４０

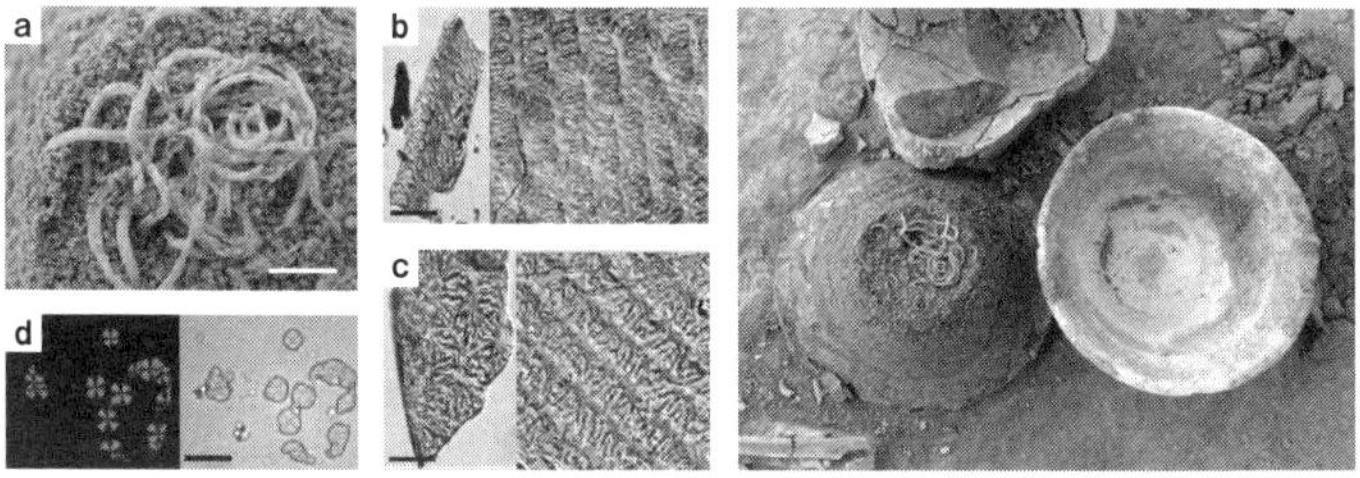

中国科学院地質・地球物理研究所、呂厚遠ら（2005、『Nature』など）による
a. 椀の中で発見された雑穀麺（青海省回族土族自治県の遺跡）。スケールバーは 10mm
b. キビの頴の表面（右は現代のキビ）
c. アワの頴（右は現代のアワ）
d. 雑穀麺から出たデンプン粒
b. c. d. のスケールバーは 20μm

Houyuan Lu *et al.*,（2005）Culinary archaecology：Millet noodles in late neoliyhic China. Nature 437：967-968.

資料1-3　4000年前の雑穀麺

00年前の遺跡から麺線が発見されたのだ（資料1－3）。石毛直道氏によると、これまで麺（麺状の食べもの、の意）の発祥はおよそ1500年前と考えられていたが、歴史を見直さなければならなくなった。現代のように麺の材料がソバとコムギに特化する以前の古代に、雑穀で麺を作っていた時代、つまり「穀物料理の拡散期」にはすでにこの手の込んだ麺があったと考えられる。

この古代雑穀麺の素材も分析された。その結果、アワとキビと推定される粉を原料にして作られたものだとわかった。写真aはお椀の底に貼りついた麺の拡大写真、写真b・cは出土した雑穀の破片の表面と現代の雑穀の表面の比較、写真dはデンプン粒に特有の屈折した光（偏光十字）の写真で、麺から出たのがデンプン粒であるという証拠がdの偏光顕微鏡写真である。

写真からはいろいろなことがわかる。古代雑穀麺がデンプンを使っていることは先に述べたが、デンプンの結晶が破壊されるほどには加熱されていないこと、麺の長さは40～100㎜以上でクルクル巻かれていること、太さが不均一であること、などだ。さらに、麺の端が細くなっていることは手揉み麺であることを物語っており、乾燥した出土品なので太さは2㎜ほどに縮んでいるが、乾燥前は3㎜以上だったと想像できる。アワとキビは大半の品種が黄色であることから、この古代雑穀麺は練った雑穀粉を延ばしたもので、黄色くて現代の太麺くらいの太さだったと推定される。ただ一方で、細く成型するのに、原始的な包丁を使った可能性も否定できない。

4000年前というと縄文時代の中頃に相当し、日本でもこの頃には「かりんとう」のように太い練りものがあった（井戸尻遺跡／長野県諏訪郡富士見町）。しかし、古代雑穀麺ほどに細い麺を作る調理法は日本にはなかったようである。人類史上初と考えられる、古代中国人による手の込んだ雑穀麺が意味するものは何だろうか。

まず麺という形状から考えられるのは、人間が頼っている「作物の根」であり、食料の源といってもよいだろう。古代中国の陰陽五行《いんようごぎょう》思想では、根は曲がりくねった「木気」の象徴である。2100年前の論文集『淮南子《えなんじ》』などに示される陰陽五行説の中には「木気」が登場し、根の形はそのシンボルとされている。

次に、アワとキビの色である黄色だが、この色は中国の黄土高原の土壌の色そのものでもある。また、古代雑穀麺が見つかった青海省は黄河の源流であり、黄色は大地や穀物の収穫時の色でもある。黄色は中国では大地の光の色を表す「土」で、ものごとの中央を示すとされている。後に黄帝神話ができたのは、そうした古代人の思考の延長だろう。黄色には大地に対する畏敬の気持ちが込められていると推察される。アワやキビは中央アジア起源の雑穀で乾燥に強く、古代の黄土高原の主要作物だった。古代の黄土高原ではアワとキビの粥や粉食が中心で、雑穀粉食品は「餌《ジ》」と呼ばれる。餌は小麦粉で作った食品の総称である「餅《ピン》」よりも古く、周代の文献にあると指摘されている。

そして、麺が渦を巻いているようになっていることも暗示的だ。黄色い渦からは、黄河のような大河の水流が連想される。古代雑穀麺が発掘されたのは黄河上流域で乾燥した黄土高原の一角であり、人々が暮らすために水が極めて重要な土地である。しかし、河川の氾濫によって埋没したので「東洋のポンペイ」といわれている。つまり、古代雑穀麺の形状には、危険だが生活の基盤である水に対する畏怖と畏敬の念を込めた可能性がある。

このように考えると、お椀の中の麺の色や形は「作物と土と水」を模したものだと考えることができ、麺は農耕儀礼に使われたものだと想像される。つまり、麺の起源は農耕に関係した「生の祈り」だった可能性がある。わざわざ手間をかけて作成した麺は、古代人に「生命のエネルギー」を与えるという、まじない的な意味があったからではないか。現代日本でも、麺を婚姻の祝いや長寿を祈願する「年越しそば」、葬儀などの儀礼に使う場合があるが、それに通じるものがある。日本の縄文期の遺跡から出土する土器に描かれているヘビ、カエル、ワラビなどの姿も生命のシンボルと考えられるので、古代人が穀物にも生命力を示す加工を加えたことはむしろ自然なことだったのではなかろうか。

(4) 古文書に出てくる麺と篩《ふるい》

農業・加工・料理についての最古の体系的な本とされる『斉民要術《せいみんようじゅつ》』は、530〜550年頃の中国・六朝時代に、乾燥地帯である山東省で書かれたとされる。そこに小麦粉を用いた「みずもみ」や「ほうとう」に相当する「水引《みずひき》」という手で延ばす麺が書かれており、遺跡で発掘された古代雑穀麺とよく似ている。日本の縄文中期頃の井戸尻遺跡からは、「かりんとう」のような炭化物が出土しており、手でデンプン質などの植物体を捏《こ》ねて延ばしたことがわかる。これらのことから、中国大陸に手延べ麺の技術があって、その精緻な技術が日本にも縄文期には伝播したと考えられる。これまでは、延ばした麺はコムギの伝播と関係があると考えられてきた。なぜなら、コムギのタンパク質には麩質《ふしつ》（グルテン）と呼ばれる粘りが強くて伸びても切れにくい物質があり、水で捏ねた粉を簡単に延ばすことができるからだ。

収穫後の料理方法は作物とセットで伝播するのが普通だと考えられる。食べ方がわからないのに作物だけが伝播してもすぐに消滅する運命にあるからだ。コムギもユーラシア大陸から日本に伝播してきたので、麺はコムギ食文化とともにあると考えられてきた。一方で、料理方法だけ単独で伝播する場合もありえる。たとえば麺作りの方法だけが伝播して、その手法をその土地で産する穀物に当てはめたケースもあるだろう。

『斉民要術』には粉をきれいにするための「絹の篩《ふるい》」が登場する。6世紀にはかなり細かく篩をかけていたようである。篩と篩で作業する姿が初めて確認できるのは4500年前のエジプトの遺跡とされる。したがって、古代雑穀麺が作られた4000年前の中国にも篩があったと考えられる。古代雑穀麺の頴《えい》の破片のサイズからは、篩の目がかなり細かかったことが推定できる。また、約2000年前の古代ローマでプリニウスが『博物誌』に馬の毛、アマ、パピルスなどで篩が作られていると記録しているので、その頃にはさらに細かい良質の篩が世界各地で作られていた可能性が高い。

(5) 粉食から切り麺へ

ソバは文章が残される前の先史時代には粉食が主流だったと考えられる。そして、歴史時代になっていろいろな儀礼上の意味が与えられ、道具も増加し、畑作物は多数の雑穀の中からソバとコムギに収斂していき、同時に料理は多様化してきたことがうかがえる。日本でのソバ食文化は穀物利用の歴史的な収斂現象の中でも生き残って発展したまれな例と考えられる。

時代とともに変わるソバ食文化を日本中心に見たのが資料1－4である。文化人類学において麺をテーマに研究した石毛直道氏は、世界の麺の発達の系譜を推定している。それを参考にして、そばの変遷をまとめたのがこの図だ。多くの歴史研究から、江戸期にそばが発展したとされるが、その前はどうだったのだろうか。古代の詳細は不明だが、石皿が多いことから、はじめに粉食が長い間続き、刃物を用いた切り麺が誕生したのは中世ではないかと考えられる。

7世紀の中国・唐代には「不托《ブーツォ》」という切り麺が作られたと中国の研究者が報告している。「餺飥《ホーツォ》」は薄い餅の意で、古代には小麦粉などを捏ねて両手で揉みながら細くしていき、手揉みをしてごく薄く延ばして熱湯に入れて煮た。手のひらで押すので「掌托《ツァンツォ》」と呼んでいたが、包丁や麺板《めんいた》を使うようになってからは手のひらで押す必要がなくなったので不托と呼んだのだという。

日本では安土・桃山時代には麺作りの記録がある。聖パウロ学院長のランチットがアンジロウという日本人から聞き取った『日本情報　第二稿』（1548）に、「日本人は麺類（vermicelli）を作っている」との記述があるとしている。そばについての記録は、戦国時代の1574年に長野県木曽谷（現・大桑村）の臨済宗定勝寺《じょうしょうじ》という寺の工事に際した寄進の記録で「振舞ソハキリ」という言葉が残され、「そば切りが振る舞われた」ということがわかっている。文書の上ではこの記述がそば切りの最古の記録と考えられていて、そばは文章として記録すべき特別食だったと思われる。なお、濁音が清音の「ソハ」になったのは「ありのまま」や「清らか」という意味を持つ音だからで、室町時代からだとされる。

比叡山延暦寺と臨済宗は歴史的に関係があり、寺院ではソバが修行でも日常的にもよく利用されたので、その縁で木曽谷の山地のソバが寄進されたと推察される。また、鉄の包丁と

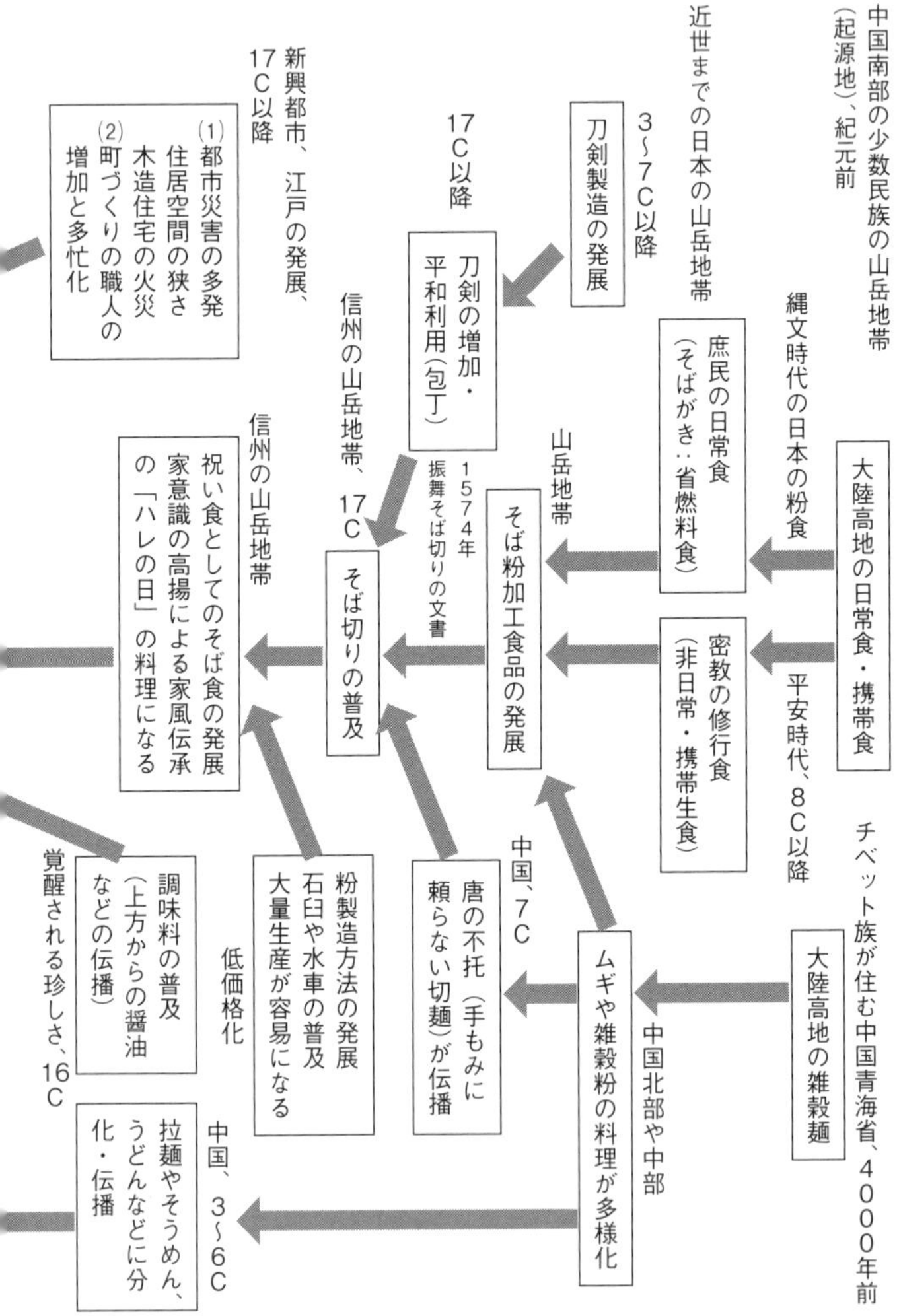
中国南部の少数民族の山岳地帯（起源地）、紀元前
近世までの日本の山岳地帯
3～7C以降
刀剣製造の発展
17C以降
刀剣の増加・平和利用（包丁）
新興都市、江戸の発展、17C以降
(1)都市災害の多発
住居空間の狭さ
木造住宅の火災
(2)町づくりの職人の増加と多忙化
縄文時代の日本の粉食
大陸高地の日常食・携帯食
平安時代、8C以降
庶民の日常食（そばがき：省燃料食）
密教の修行食（非日常・携帯生食）
山岳地帯
そば粉加工食品の発展
1574年
振舞そば切りの文書
信州の山岳地帯、17C
そば切りの普及
信州の山岳地帯
祝い食としてのそば食の発展
家意識の高揚による家風伝承の「ハレの日」の料理になる
チベット族が住む中国青海省、4000年前
大陸高地の雑穀麺
中国北部や中部
ムギや雑穀粉の料理が多様化
中国、7C
唐の不托（手もみに頼らない切麺）が伝播
粉製造方法の発展
石臼や水車の普及
大量生産が容易になる
低価格化
調味料の普及（上方からの醤油などの伝播）
覚醒される珍しさ、16C
中国、3～6C
拉麺やそうめん、うどんなどに分化・伝播

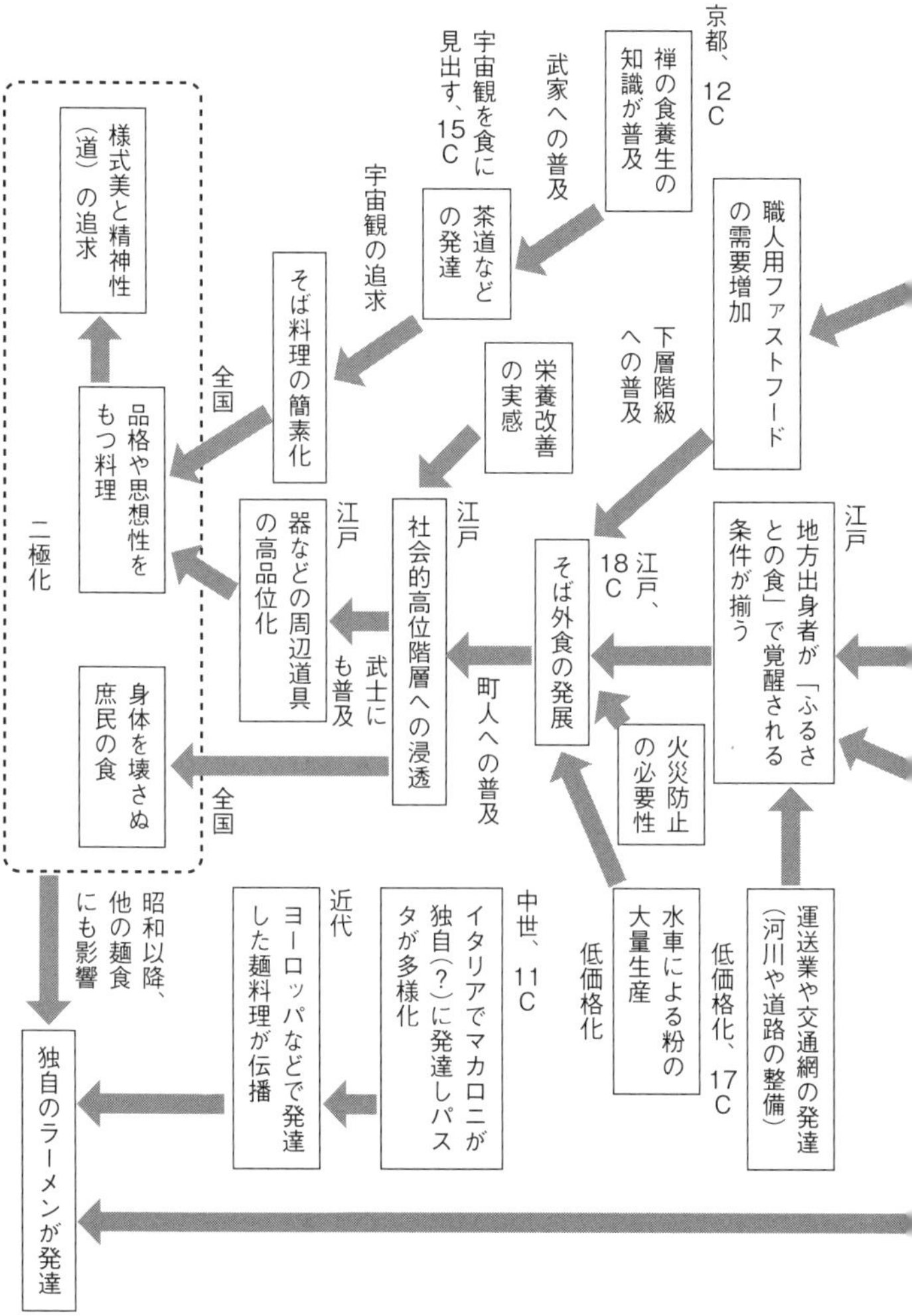

図1-4　日本のそば麺の変遷（井上による）

木のまな板は奈良時代の都市生活で一般化し、さらに大陸から唐箸《からはし》が伝播したあとに箸でつまむ食文化が普及してから、細かく刻む調理方法も広まったとされている。そしてその後、室町時代に包丁、まな板、箸を用いた儀式も発達し、関西を中心に神社に伝わったとされている。神仏習合の時代に、格式の高い調理道具とそば切りの加工法が室町時代以降に地方の社寺にも伝わっていったのだろう。

(6) 大陸の山岳地帯に残る生食

ネパールではソバの種子の種類を2つに分け、苦渋味が少ない普通ソバ（*Fagopyrum esculentum*）を「ミト・パーパル」（甘いソバの意味）、ダッタンソバ（*Fagopyrum tataricum*）を「ティト・パーパル」（苦いソバの意味）と呼ぶが、甘渋い普通ソバも、苦渋い唯一の穀物であるダッタンソバも、どちらも山岳地帯を行き来する人々の交易の必需品であった。なぜなら、ソバ属植物の仲間は生でもそのままで食べられるまれな穀物だからで、ソバの種子やその粉は山岳地帯を往来する人々にとっては栄養源となる大変便利な携帯食だったと考えられるからだ。氏原暉男氏は著書『ソバを知り、ソバを生かす』の中で、携帯食であるダッタンソバの生粉に塩を混ぜて食べるネパールのライ族のポーターを紹介している（資料1－5）。

寒い夜や労働がきついときに欠かせない携帯食品（氏原睦子さん提供、1975年頃のエベレスト街道）

資料1-5　ダッタンソバの粉の生食

実際に粒ごとボソボソ食べてみると、普通ソバは甘くて渋いことがわかる。甘味こそが生物としてのヒトが求める糖質の単純なシグナルである。かじっているうちにかなり甘くなり、少々渋くても気にならなくなる。それは唾液のデンプン分解力が関係している。ソバの種子は生で食せて、コムギやコメのように硬い穀物では得られない便利さがあるのだ。

山での疲労は味に大いに影響する。疲れると渋味や酸味が薄れて、非常に甘く感じるようになり、苦い柑橘の皮でさえも山の疲れで甘く感じるほどだ。ヒトの体調は味の感じ方に大きく影響し、脳が味覚をも変容させる。山岳地帯での移動による疲労で

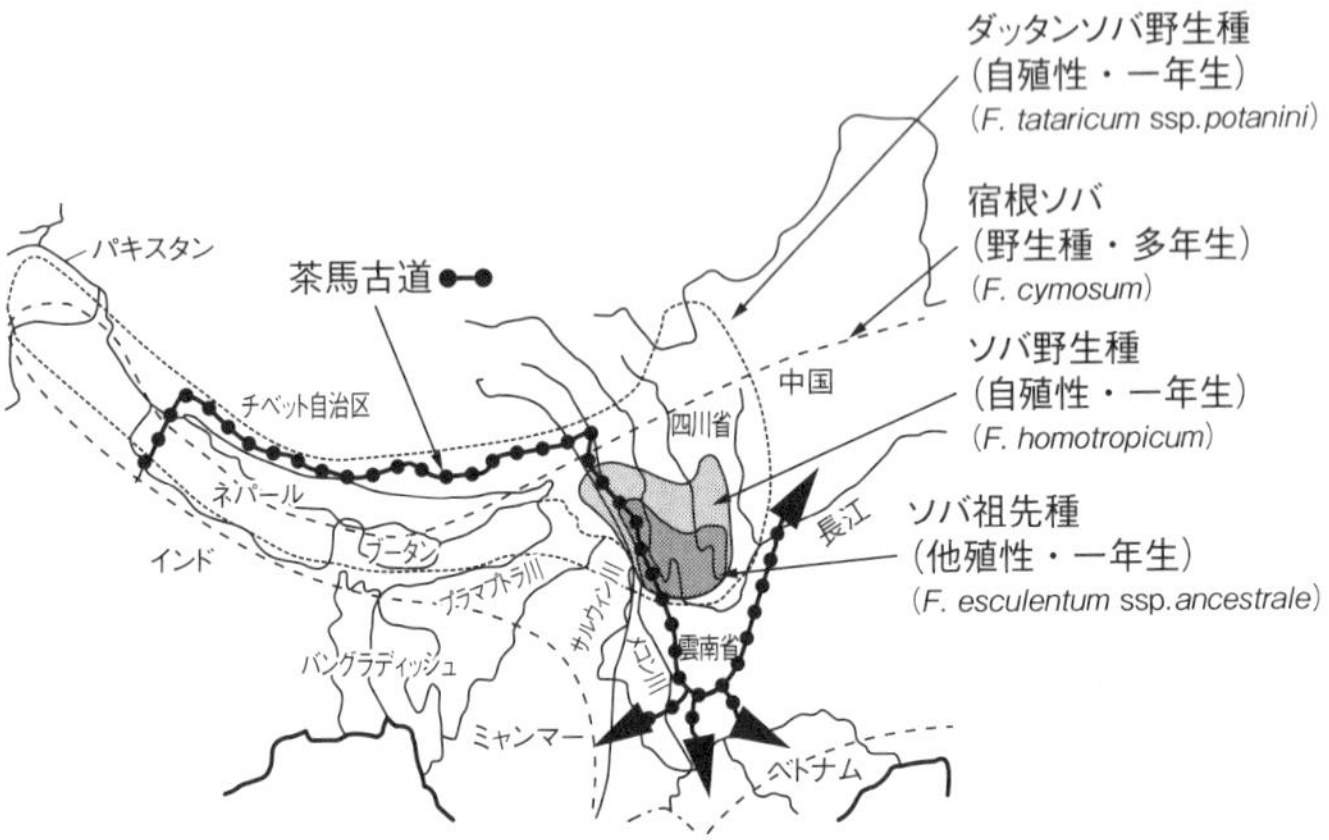

Ohnishi 論文（2013）の図に古道を重ねて作図

資料1-6　ソバ属野生種と茶馬古道の分布

渋味や苦味も薄らいで甘く感じられるほど過酷な環境であることが、ソバ属植物が広く普及されてきた理由のひとつではないだろうか。

ソバとチャノキ（*Camellia sinensis*）の共通点は山岳交易にあると考えられる。チャノキは山岳交易の主要品目で保存がきく「乾燥・発酵木本蔬菜」だ。一方、ソバは保存がきき、「そのままかじることができる携帯食」として唯一の作物。いずれも山岳地帯の交易に非常に役立ったことが想像される。ソバとチャノキの起源地が同じ中国の雲南や四川西部で、地理的に近いことと、起源地の人々が野生的な苦味や渋味が強い食品を好むことからすると、チャノキとダッタンソバ食品は人々に支持されたと考えられる。資料1－6には、ソバ祖先種と近縁野生種の分布を、人間の交流の中心だった古道と重ねて示した。2つがよく重なっていて、人々の移動とソバ属（*Fagopyrum*）作物の進化が深く関係していると考えられる。

ダッタンソバは日本ではやや苦いために「苦ソバ」と呼ばれてあまり好まれないが、普通に食されている場所は意外に広い。ダッタンソバは普通ソバに比べ、寒冷で紫外線が強い高標高地帯によく適応し、ネパールの高標高地帯では普通ソバよりも多く栽培されており、四川省の彝《イ》族自治州では主食級の穀物になっている。ダッタンソバの野生種は脱粒しやすく、ヒマラヤ山脈から四川省や雲南省にかけて東西に分布している。また、多年生の宿根《しゅっこん》ソバはさらに広く分布している。それらの中心にあるのが、いま日本で食べられている普通ソバの直接の祖先種（*F. esculentum* ssp. *ancestrale*）と近縁野生種（*F. homotropicum*）である。そして、これらの種をすべて見ることができるのが中国の三江並流地域（資料1－6）だ。

雲南省や四川省とチベットを結ぶ道は「南のシルクロード」と呼ばれ、中国では「茶馬古道」として有名だ。その街道はシルクロードよりも古くからあったという。その地域はソバの起源地に近いだけでなく、茶の起源地にも近い重要な地域なので、著者は現地調査に行ったのだが、そこで苦味を持った茶葉と馬の流通には合理的理由があることを知った。雲南地域からは茶、塩、銀、食料、布などがチベットに運ばれ、チベットからは馬、毛織物、薬草、毛皮が運ばれていた。チベット族は野菜が不足していて栄養問題があり、逆に白《ペー》族は戦争に必要な馬が不足している。そこで雲南からは、保存性を高めるために乾燥し、体積を減らすために押しつぶして固めた黒茶の塊（沱茶《トウチャ》）を輸出した。チベット族はそれを嗜好品として飲んでから野菜としても食べて栄養補給をしたという。逆にチベット族は雲南の地の王国（8世紀の南詔国など）に対して、周辺との戦いのために重要な馬を輸出したとされる。また、その交易ルートを経由してインド、ネパールからの物資も運ばれたそうだ。そして、その遠い山の道のりを乗り越えるための携帯食として、ダッタンソバや普通ソバが核になったと考えられる。ソバは山歩きの交易の食として発展したことがソバの分布から浮かび上がってくる。

ソバ属植物が山岳地帯で発展した理由は、①植物の適応力②ヒトの生理調節機能——の2点から考える必要がある。四川省や雲南省、ネパールの標高2000～3500mの山岳地帯は、気温と気圧が低く、紫外線ストレスが大変強い。そこで栽培できるソバ属植物は、低温でも光合成のときに生じる酸化障害を受けにくいポリフェノールをはじめとする色素を持っている。低温では植物の体内で作られる活性酸素消去酵素の力が低下するので抗酸化力が強い酵素以外の物質が重要で、それを担うのがルチンなどのポリフェノールである。それらの物質は光障害の原因になる紫外線を除去するフィルターの役目も果たす日傘効果があるので、二重に役立っている。ソバ属植物はそうした色素をとりわけたくさん生成しており、これらの物質は苦渋いので、虫に対する防御にもなる。つまりポリフェノールには、日傘効果があること、低温下で光による酸化を阻止すること、虫に対しても強いこと、という3つの役割があると考えられる。

ヒトにとってはどうだろうか。高冷地では寒冷ストレスが強く、また危険なので緊張ストレスが高く、アドレナリンなどの副腎髄質からホルモンが分泌されて血管が収縮して血圧が上がる。これは生物を守るための原始的なストレス反応とされ、体調不良の原因になる。ソバに多いカリウムは不要なナトリウムの排出を促し、血管拡張や血圧上昇に関わる物質のレニンの分泌を抑える働きなどによって血圧を下げる効果があるとされている。つまり、寒冷ストレス緩和効果である。

ソバ属植物はイネ科の穀物種と違って精白できないことが幸いし、タンパク質、ビタミン、ミネラルなどの必須栄養素が多いことも大きな特徴だ。栄養欠乏を引き起こしにくい穀物なので、物資が乏しい山岳地帯では強力な食料源になる。また、体内での代謝には不明なところが多いポリフェノールだが、紫外線などによる目や皮膚の障害を緩和する抗酸化効果が高いことは確かで、この点はチャノキと共通する。

　このように、ヒトにとってソバ属植物は調理不要で携帯可能な食料であるだけでなく、寒冷ストレス緩和と栄養面での高い効果があるうえ、生理調節機能も高い。作物の都合とヒトの都合がぴったりマッチしたことが、アジアの山岳地帯でソバ属植物が受け入れられた理由だといえるだろう。

(7) 日本でそば切りが続く理由

日本では、そばは「切る」ことによって麺線にすることにこだわる。中国、ブータン、韓国には押し出し麺があるが、この製麺方法だと細い穴から圧力で押し出すので麺の形状は丸くなる。押し出し式の製麺は簡単で合理的だか、日本で主流にならないのはなぜなのだろうか。歴史や民俗習慣から考えてみる必要がある。

　日本人にとって「刃物で切る」ことはどのような意味があるのだろうか。日本料理の世界では、ショー的な意味合いの場合は別にして、「自然との切断」といった考えもあって食卓の上では原則的に行われないとされる。山内昶《ひさし》氏によると、包丁は「家のもの」とされてけっして食膳にはのぼらない。それに対して西洋のナイフは「個人のもの」であり、性格がまったく違うという重要な指摘がされている。つまり包丁を使うということは、①家のシンボルとしての道具である刃物を使う②僧侶が大陸から伝えた由緒ある料理法で関係者をもてなす――という2つの意味があったと推察される。

元旦に餅ではなく麺を作る風習がある地域がある。信州の北部と東部には、元旦に餅ではなくそばやうどんが食されるという「餅なし正月」の風習がある。その理由について民俗学の安室知《さとる》氏は、「家風伝承」と農民の「モノツクリ」のシンボルだと考察している。「自家の特殊性を挙げて、他者(ほかの家系)との違いを表明する」との意図があったことを、信州での緻密なフィールド調査から明らかにした。現在は人々の移動が激しいのでそうした地理的特徴は薄れてきているが、その風習の地理的な違いは話題になった。そば粉で麺を作るのは小麦粉と違って難しく、手だけではスマートな麺はできない。包丁で切り、短時間茹でることでのみ完成する。現代社会では、モノツクリというと精密機械や情報機器に関連する用語のように受け取られるが、もともとは農耕の民俗用語だった。伝統的な山村の農村で、モノツクリは「作物」と「食」のことである。それぞれの家でその地域で大切な作物を使って、上手に食を作り、その技術を伝承することが大切にされたと考えられる。たとえば、信州北部の山間地では寒くてコメはあまり穫れなかったがソバやムギは穫れた。そうした寒い地域では生命力のシンボルとして、コメを象徴する餅ではなく、ソバやムギを象徴する麺を作り、自分の家風を代々伝承するために祝い食として発達させてきたと考えられる。

日本人には、餅や麺に家の魂が宿るという考え方がある。見渡してみると、モノに魂があるという考え方は食べものに限ったものではない。大切に作られた日本刀がその典型だ。刀鍛冶は「これから魂を入れます」と言って「焼き」を入れていく。また、刀には「邪気を祓《はら》う強い生命力が宿っている」という古来の考え方がある。たとえば、武士には「守り刀」という風習があったが、子供に「生きる力」を与えるという意味で授けたのだろう。「家伝の宝刀」というのも同じ考え方で、代々受け継がれる「生きる力」という意味だと思われる。民衆にとって1年でもっとも大切な節日である元旦に、家に伝わる方法で丁寧に麺を切ることは大切な意味があった。包丁で切って麺線のそばにすることで、「包丁(刀)から生命力を授かる」と考えたのだろう。年寄りが「年越しそば」とは「いつまでも長生きできるように」という意味なのだと若い人に伝えてきたのは、餅と同様に食べものに魂を見出すことと、料理作法にも意味を見出そうとする日本人の共通した心理があったからだろう。「そば作りには精神性も関係ある」と全麺協は説明しているが、その言葉からは民俗学的な心理的背景を重視していることがわかる。魂が込もっているモノツクリは、現代日本でも強く支持されているのだ。そば切りの動機、意味、加工・料理工程といった「道」全体を大切にする考え方は、民俗の伝統なのである。

(8) 世界の加工・調理法の比較

「穀物料理の一般法則」（資料1－2）では、人類は料理を開発して素材を多様化する「発散期」がある一方で、穀物の種類を特定のものに絞って減少させる「収斂期」があることを述べた。では、現代世界のソバの料理の多様性はどうなっているのだろうか。資料1－7はソバの料理を加工・料理のステップに分けたものだ。実際はもっと複雑だが、コムギほどは複雑化していないようだ。そして、日本、韓国、中国などの東アジアで加工・料理の手順ステップが多く、かなり手が込んでいることがわかる。捏ねたり、延ばしたり、切ったり、茹でたり、冷やすことは大変面倒だ。たとえば、もりそばは茹でてから冷やすという工程を踏むが、その複雑な意味が理解できないといった意見をヨーロッパの研究者から指摘された。

世界のソバの料理の過程を比較すると、日本のもりそば・ざるそばはもっとも手が込んだものであることがわかる（資料下部の数字は加工ステップの数）。そばの加工・料理法が発展

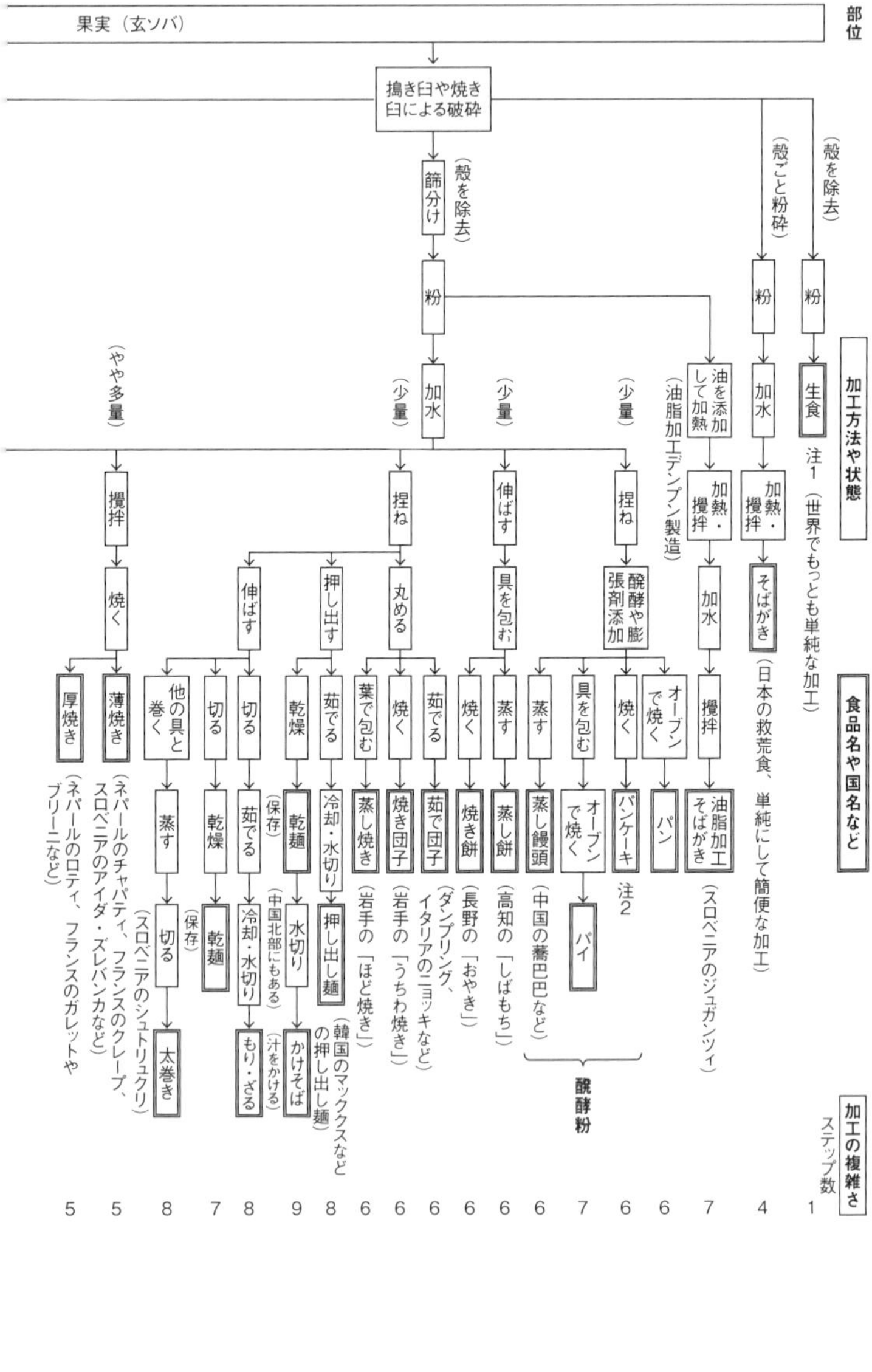
部位
果実（玄ソバ）
搗き臼や焼き臼による破砕
（殻を除去）
篩分け
（殻ごと粉砕）
（殻を除去）
粉
粉
粉
加工方法や状態
（やや多量）
（少量）
（少量）
（少量）
加水
油を添加して加熱
（油脂加工デンプン製造）
加水
生食
注1（世界でもっとも単純な加工）
攪拌
捏ね
伸ばす
捏ね
加熱・攪拌
加熱・攪拌
焼く
伸ばす
押し出す
丸める
具を包む
醗酵や膨張剤添加
加水
そばがき
（日本の救荒食、単純にして簡便な加工）
厚焼き
薄焼き
他の具と巻く
切る
切る
乾燥
茹でる
葉で包む
焼く
茹でる
焼く
蒸す
蒸す
具を包む
焼く
オーブンで焼く
攪拌
食品名や国名など
（ネパールのロティ、フランスのガレットやブリーニなど）
（ネパールのチャパティ、フランスのクレープ、スロベニアのアイダ・ズレバンカなど）
蒸す
乾燥
茹でる
（保存）
乾麺
冷却・水切り
蒸し焼き
焼き団子
茹で団子
焼き餅
蒸し餅
蒸し饅頭
オーブンで焼く
パンケーキ
パン
油脂加工そばがき
注2
切る
（保存）
乾麺
冷却・水切り
（中国北部にもある）
水切り
押し出し麺
（岩手の「ほど焼き」）
（岩手の「うちわ焼き」）
（ダンプリング、イタリアのニョッキなど）
（長野の「おやき」）
（高知の「しばもち」）
（中国の蕎巴巴など）
パイ
（スロベニアのジュガンツィ）
太巻き
（スロベニアのシュトリュクリ）
もり・ざる
（汁をかける）
かけそば
（韓国のマックスなどの押し出し麺）
醗酵粉
加工の複雑さ
ステップ数
5
5
8
7
8
9
8
6
6
6
6
6
6
7
6
6
7
4
1

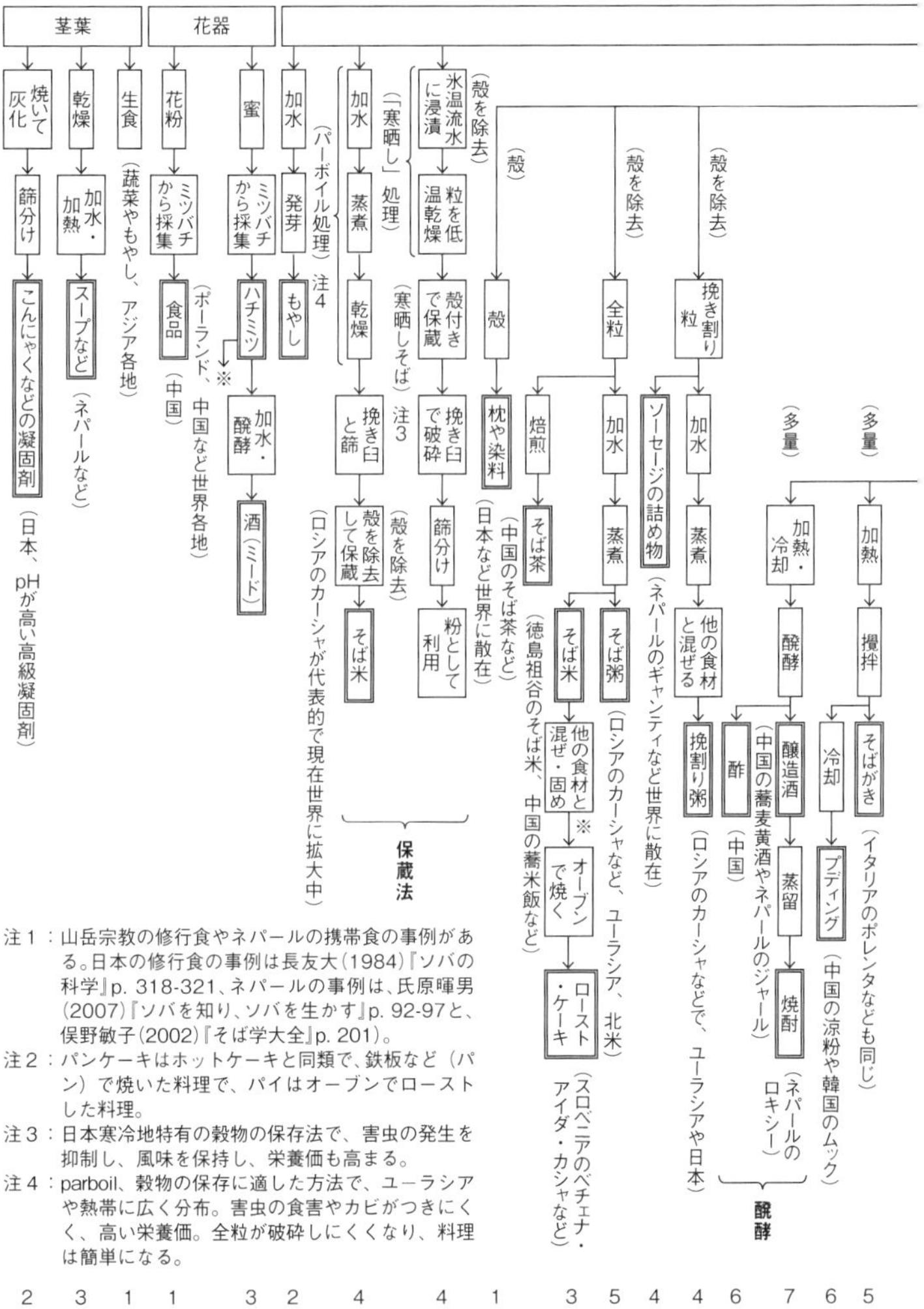

注１：山岳宗教の修行食やネパールの携帯食の事例がある。日本の修行食の事例は長友大（1984）『ソバの科学』p. 318-321、ネパールの事例は、氏原暉男（2007）『ソバを知り、ソバを生かす』p. 92-97と、俣野敏子（2002）『そば学大全』p. 201）。

注２：パンケーキはホットケーキと同類で、鉄板など（パン）で焼いた料理で、パイはオーブンでローストした料理。

注３：日本寒冷地特有の穀物の保存法で、害虫の発生を抑制し、風味を保持し、栄養価も高まる。

注４：parboil、穀物の保存に適した方法で、ユーラシアや熱帯に広く分布。害虫の食害やカビがつきにくく、高い栄養価。全粒が破砕しにくくなり、料理は簡単になる。

資料1-7　ソバの加工・調理方法　井上直人（2014）の『おいしい穀物の科学』（講談社ブルーバックス、p.120-121）に加筆して江戸で花開いたわけは、①ファストフードを必要とする職人が多かったという就業事情②火災を避ける必要がある木造大都市という住環境③さほど加熱しなくても消化がよい栄養食であること④冷水で締めると食感がよくなるといったそばの食品物性の特性⑤安価——といった複数の事情が関係している。細い麺線にした理由は、事前に作っておけば少ない熱源を使って数秒で調理できるという実用性がひとつ。もうひとつは、細長い麺にまじないとしての意味があり、非実用的だか儀礼的な重要性である。うどんは生茹でては食品として無理があるがそばは生でも消化できるから——といった人の消化生理による違いといった実用的な側面だけに注目すべきではない。

ソバ食品にはムギ食品にないよさがある。資料1－7の右端に生食があるが、この加工がいちばん単純であり、殻や実が硬いムギ類にはできない食べ方である。つまり、ソバは生でも食すことができるまれな穀物だ。ユーラシア大陸の山岳地帯民族のソバの生食は、原始的だがもっとも便利な食べ方だ。標高が高いと加熱調理に必要な木が少ないため、生食はもっとも合理的なのである。

室町時代から行われているとされる修行のひとつである比叡山延暦寺の千日回峰行では、100日間五穀（コメ、オオムギ、コムギ、ダイズ、アズキ）とさらには塩をも断った荒行中

★千日回峰行：7年かけ4万 km 歩く
★前行：その前の行で、100 日間は五穀絶ちしてソバだけを食べる
（1）栄養的に過不足なく、修行食になる
（2）ソバは「水気」の作物で「生命を孕む」胎動のシンボルとされる

資料1-8　京都の北方（水気）の山での荒行を世界に発信

に、ソバのみが食されていた。1983年の第2回国際ソバシンポジウムで故・葉上《はがみ》照澄《しょうちょう》・天台宗大阿闍梨《おおあじゃり》が「比叡山とソバ」と題して特別講演し、密教僧の荒行ではソバだけを生で食べることが紹介されて世界の研究者が大変驚いた（資料1－8）。この講演が契機となってソバがほかの穀物と違う栄養的特徴を持っていることが世界の食品科学者に知れ渡り、その後、ソバの食品化学的な研究が急速に発展した。ソバのタンパク質は消化がよく、グロブリンが多く、穀類に少ないリジンやシスチンなどのアミノ酸を多く含み、穀物中でもっともアミノ酸バランスがよいこと、生食でも消化がよいこと、栄養バランスがよいことは、

山岳地帯の携帯食文化が成立した最大の要因と考えられる。

現代では、加熱するのが普通になった中で、そば粉の生食は非常に珍しい。コメでは古代の加熱しない粉食として「シトギ」があり、神社の神行事のほか、現代中国にもまれに残っている。こうした古い生食の食習慣は日本の日常食からは消えてしまい、過去を振り返るという目的を持った神事や、精神性を重んじる仏教の修行の中に生きている。

【コラム】 苦味食文化圏

ダッタンソバは世界の穀物の中でも苦味を持った唯一の種である。こうしたまれな作物が誕生したのにはそれなりの理由があると考えられるが、それについての研究はなかったので、長い間フィールド調査で追究してきた。

嗜好性は世界の地域によって大きく異なるだけでなく、数千年を経ても維持されると考えられている。その典型は、環太平洋と東アジア、東南アジアに広がる「粘る食品を好む食品物性的嗜好」だ。民族植物学の中尾佐助氏は粘るイモの起源地である東南アジアを中心に「根菜農耕文化複合」があることを指摘し、地理学の佐々木高明氏は「東南アジア地域で粘る餅が好きなのは、根菜を中心に食した時代に形成された『粘り』に対する嗜好性がイネなどの穀物が主食になった時代にも引き継がれたからだ」いう説を述べている。穀物が約1万年前に世界各地に拡散して主食の座を得る前には、「粘り」が強いイモを蒸して食す農耕文化が東南アジアに存在し、それが穀物の中に粘る「モチ性」の発見と遺伝的改変につながり、モチ文化圏が現代まで維持されているとの考え方だ。そうであるならば、その食品物性に対する嗜好性は1万年以上にわたって代々引き継がれていることになる。

味の嗜好性についてはどうだろうか。２０００年頃に、中国科学院昆明植物学研究所の謝立山氏と雲南省西部と南部の山中の食資源と味の嗜好性を探る調査をした。雲南省は少数民族が20以上も住む。でこぼこ道を1日数百㎞移動し、１０００mの標高差を登り降りする日もあって、気温40℃以上にもなる熱帯から数十㎞林道を上がっただけで信州のような涼しい冷温帯に移動できた。その地域には、普通ソバだけでなく、ダッタンソバや宿根ソバ、そのほかの野生ソバ種が多数分布し、日本茶のもとになるチャノキ以外にもアッサムチャ、苦い大理茶《ダーリーチャ》(*Camellia taliensis*)などの数種類の茶が分布していた。さらには、薬草のセンブリに近い苦味を持つ苦丁茶《クーディエンチャ》(3科3属10種以上の植物種がある)があり、その苦味は世界中にないものだった。

これらの調査から、その地域には苦味や渋味を嫌わずによく利用する多数の民族がおり、

「苦味食文化圏」ともいえる実態があることがわかった。どうしてそんなに苦渋いものを食べるのかを彼らに聞くと、「暑くて食欲がなくなるときに苦いものを食べると食欲が出る」という。また、「熱帯には毒が多いのでその解毒にもよい」そうだ。これは漢方の説明とよく似ていて、長い間の経験にもとづくものだと思われる。

雲南省の少数民族地帯では、大変苦い野生のナス（水茄《スイジア》、*Solanum torvum*）やヒラナス（紅《ホン》茄《ジア》、*Solanum integrifolium*）も好まれていた。東南アジアには山菜や木の芽をはじめとした苦い食材がたくさんあり、苦いものに対する嗜好性の分布が確認できた。韓国や日本の山間地の田舎にも苦い山菜があるが、実際に食べたところそれらよりも強烈だった。ラオス、ベトナム、ミャンマーの国境に近い中国の山間地では、文字通り「苦い」体験をした。雲南省瑞麗の人々の苦味食品で「苦蕎麦飯《クシアオファン》」、「熊胆酒《シィオンダンチュ》」、「胆汁烤肉蘸料《ダンヂィー》」（熊の胆汁で作った焼肉たれ）だ。「苦蕎麦飯」はダッタンソバや普通ソバをいったん蒸して乾燥させて脱皮した後で炊いた濃黄色のもの、「熊胆酒」は熊の胆汁入りの薄黄色の白酒《パイチュ》（穀物を原料とする中国の蒸留酒）、「胆汁《ダンヂィー》烤肉蘸料」は日本やアイヌの伝統薬「熊胆《ゆうたん》」（クマノイ）に似た味で薬か料理か判断不能なものだった。

なぜ雲南西部や南部の山岳地帯に苦い味の料理があるのか、後に民族学者の石毛直道氏に聞いてみた。そのところ、「世界中の狩猟《しゅりょう》民族は内臓内容物をベジタブルとして普通に食べるから、苦味を苦にしないのではないか」とのことだった。消化器の中の胆汁酸は苦い物質だが、殺菌力が強くて消化を助ける。古い時代の狩猟生活の食習慣が熱帯の山岳地帯の環境では生理的に合理性があったことが、この嗜好性が残った理由のひとつとして考えられる。

苦い草木の芽や花の芽を食す苦味を好む食文化が成立したのは、照葉樹林がいつも茂っていたからだとも考えられる。照葉樹とは、乾燥害が少ないアジアの温帯で寒さに耐えるように進化した常緑樹の総称だ。モンスーンアジアは雨が多くて冬枯れも少ないので、大きな葉の常緑樹が進化し、その軟らかい葉をいつも利用する食文化が栄えたと考えられる。暖かい地域では植物の葉に虫がつくので、植物は害虫対策のためにポリフェノールなどの苦渋い物質を多量にため込む性質を持って生存競争に打ち勝ってきた。それらの苦い樹木の葉を食料とする人々は、生存するために苦味をあまり感じないように味覚が進化したり、油を使った料理方法を開発したと考えられる。油は舌の上に膜を作って苦味を軽減する効果がある。地中海からきたアブラナ科の野生種からナタネなどの油料作物が進化したのがこの地だというのは必然だったのではないだろうか。

穀物の中では異端の苦味を持ったダッタンソバや苦味を生かしたたくさんのチャの仲間

は、こうした風土やヒトの嗜好性が織りなす苦味食文化圏が生んだものだと考えることができる。そして、その中から苦味がないソバやチャノキが開発されて日本や世界に伝播し、普及していったと考えられる。

第2章

——ソバの神秘的な力

(1) 成長の速さ

ソバは初期成長が極めて速いために古代中国で人々が驚き、それを意味する発音からその名に「蕎」や「莜」の字が用いられるようになったとの説を1章で述べた。多くの人々が驚くほどソバの成長はほかより速く、そのために雑草を抑制する能力がほかの雑穀よりも格段に高い。ソバが盛んに成長する神秘的な力は植物生理の何に由来するのだろうか。

穀物はトウモロコシのように種子の粒が巨大なほど成長に必要な貯蔵物質が多いため、発芽直後の成長が速いが、ソバはそれほど大きくないにもかかわらずすばらしい成長力を持っている。したがって、ソバの成長の速さは種子の大きさ以外に体内の生理的な潜在力が関係していると考えられる。資料2－1は、穀物の成長にもっとも関係が深い植物ホルモンの基質となるアミノ酸の比率に注目したものだ。トリプトファンとメチオニンの比をとって、比率の高いものから低いものへと並べている。

トリプトファンは代謝されてオーキシンという伸長成長を促進する植物ホルモンとなる。他方、メチオニンはエチレンという伸長成長を抑制して根張りをよくする植物ホルモンになる。だから、トリプトファン／メチオニン比は穀物の初期の伸長成長の能力を見るのに適当

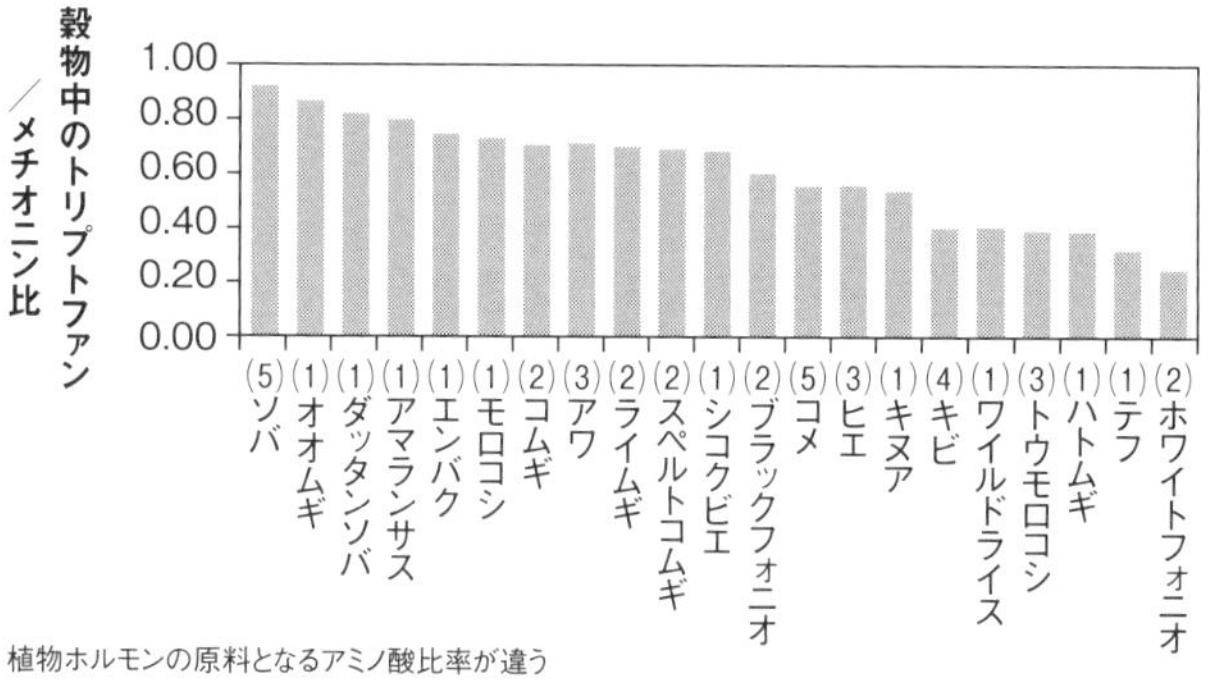

植物ホルモンの原料となるアミノ酸比率が違う

( ) 内は分析データー数を示す。データーの出所は、
『USDA Food Composition Databases』(2018.3.19 閲覧)、
『日本食品標準成分表 [七訂]』(2018.3.19 閲覧)、
Belton ら (2002)『Pseudocereals and Less Common Cereals』、
小原哲二郎 (1981)『雑穀　―その科学と利用―』、
日本蕎麦協会 (2008)『そば関係資料』

資料2-1　ソバの初期成長が早い生理的な理由

だと考えられる。伸長ばかりして根張りが悪ければ作物としては失格だが、スタート直後は話が別で、根張りよりもいち早く地上部を伸長させて葉を展開することが最優先となる。つまり、トリプトファン／メチオニン比は体内の貯蔵物だけでスタートダッシュできるかどうかの潜在力の指標のひとつになる。この比較から、普通ソバとダッタンソバは穀物の中でもっとも伸長成長の潜在力が高いことがわかる。この違いが、ソバの初期成長が速くて雑草に強い理由のひとつと考えられる。ただし、これはあくまでも潜在力を示すもので、水中でのイネの苗の初期伸長は例外で、エチレンの発生が伸長成長を促進することが知られて

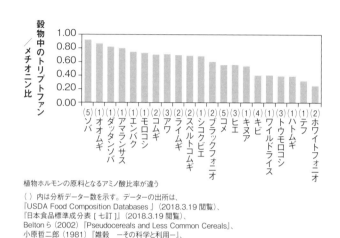

いる。

しかしながら、ソバが雑草に強い理由は、初期成長が早いだけではない。ほかの植物の発芽や成長を抑える物質をソバが出すからでもある。根や地上部から、パルミチン酸、没食子酸、ファゴミン(fagomine)と呼ばれる低分子の物質などを出して、ほかの植物の成長を阻害していることが報告されている。こうしたほかの植物に対する作用のことをアレロパシー(他感作用)と呼び、この力が強いと除草剤を使わずに栽培できる。ソバが持つ神秘的な成長力は、自らの高い成長力と雑草を抑制する力の両方で実現しているのだ。

(2) 露と霧を逃さない力

起源地より高緯度の黄河流域の陝西省のソバ畑を見に行ったときのことだ。黄土高原は乾燥していて天気がよく、葉は日中はかなり萎れているのに、なぜソバが栽培できるのか不思議だった。しかし数日後、朝早く起きて外に出てその謎が解けたような気がした。朝霧が出て、ソバの葉がびしょ濡れだったのだ。内陸なので急な夜温低下によって大気に含まれた水蒸気が水滴になり、ソバに給水されていたようなのだ。ところが、黄色い土壌はほとんど濡れていなかった。そこで、ソバは土壌を通して根から水を吸うだけでなく、それ以外にも水を得る方法があるのかもしれないと考えた。つまり、葉からの直接吸収である。そこで帰国後に、ソバの地上部を切り取って上下を逆さまにし、葉と茎だけを水に浸ける試験をした。その結果、根がないにもかかわらず、枯死せずに20日以上生き続けて花が咲いた。間引きしたソバの個体を畝間に倒しておくと、根がついていないのに長い期間生きていることがよくあり、葉から水を吸収する力はかなり大きいようである。

ソバは霧が出る場所や気温日較差が大きい場所が栽培適地とされる。霧は水蒸気を含んだ大気の地面付近が放射冷却現象で冷え、水蒸気が小さな水粒となって空中に浮かんでいる状態だ。そして、露は冷えたソバの表面や地表に水蒸気が水滴となって付着した状態である。空気中に含まれる水蒸気圧の上限は気温で決まっており（飽和水蒸気圧）、気温低下によって上限が低くなると大気中で水蒸気が飽和してソバの表面に露となって付着する。直射日光が当たった30℃の畑が夜間に10℃になると、それだけで20g／㎥の水分がソバの葉や花につく（資料2－2）。単位土地面積あたりの葉面積は土の表面の2倍程度なので、約10gの水が葉1㎡につくことになる。湿った大気がほかから畑に流入すれば、葉に付着する露の量は相当な量になるだろう。

それらの水滴を効率的に捉えるメカニズムがソバにあると考えられるので、葉の表面を電子顕微鏡で観察したところ、意外にも葉の裏だけでなく表にも気孔《きこう》がたくさんあった（資料2－3）。葉の表面から露を直接吸うことができるのだろう。気孔には大きいものと小さいものがあったので、孔《あな》によって役割分担がある可能性もある。ほかの作物では気孔は葉の裏面だけにあるのが普通で、水分が十分なときに開いて二酸化炭素を取り入れて酸素や水を出す。ソバには、雨だけではなく霧や露を葉の表面から直接取り込む高い能力があったのだ。

日本の山里では、夜温が下がるだけではなく湿った涼風が山から下ってくるので、夜露は葉にたまり水分がどんどん補給される。江戸期の日本で「霧下そば」がよいと言われたのは、霧が出るような水ストレスが小さい環境がソバ栽培に適すると言っているのだと理解できる。それに関連して、幕末から明治期に信州伊那谷を旅した元長岡藩士で歌人の井上井月《せいげつ》は、ソバの生育環境と性質を見抜いた次のような句を詠んでいる。

糠雨《ぬかあめ》は　里のこやしや　蕎麦の花

糠雨とは霧のような細かい雨のことで、霧とも小雨ともつかないその中間。「それぐらいのわずかな雨こそが、山里の生活を豊かにしてくれる」という句である。糠雨をキャッチするソバの知られざる力を表している。大雨では土砂崩れが起きるだけで山里によいことはないが、糠雨はソバと山間地の人々にとっては恵みの雨なのだ。

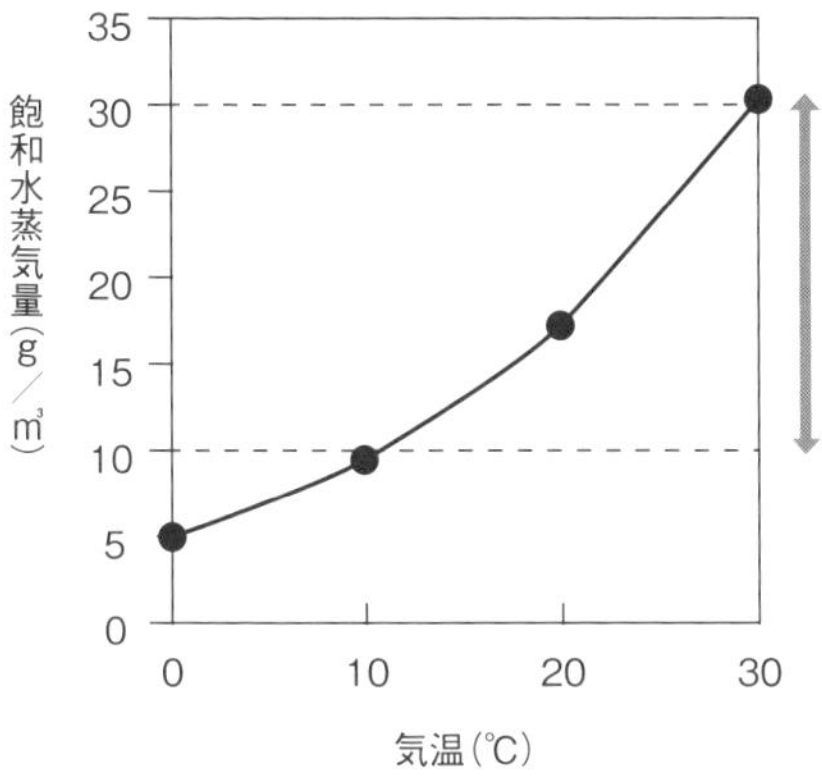

飽和水蒸気量（大気が含むことのできる水蒸気量）は気温で激変して露となる

資料2-2　気温日較差がソバの成長によい理由

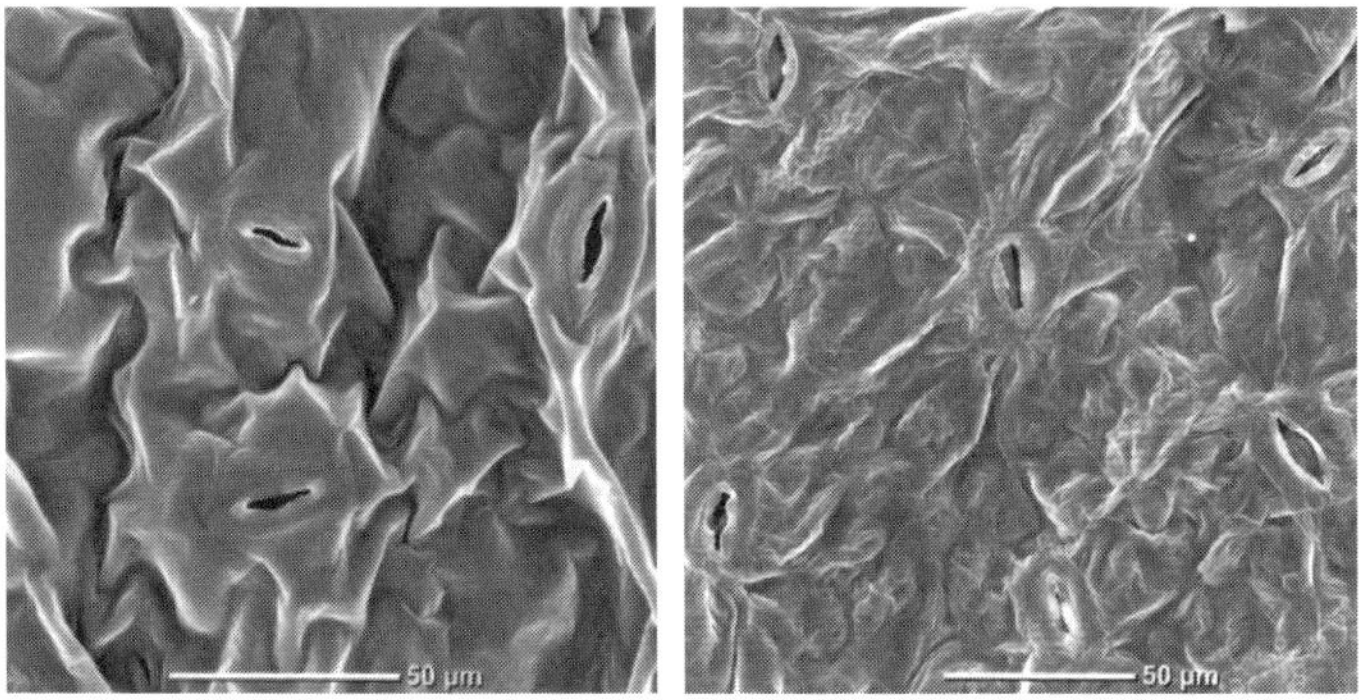

表（37 個 /mm²）　　裏（平均 69 個 /mm²）

ソバの葉の表面　　**くちびるのように見えるのが気孔**

資料2-3　葉の表と裏に見える気孔

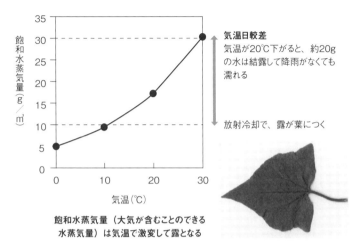

(3) 虫との共生力

ソバは虫によって生かされている。訪花昆虫が花粉を運んでくれると効率的に受精できるからだが、ソバが虫に頼るようになった理由は何だろうか。

ソバが進化してきた中国の四川や雲南の山間地は高湿度で天気が悪く、そのわりに常春《とこはる》のような環境で、病害が広がる危険性が高い。湿度が高くて雲が多いと、普通は植物病害が多くなる。また、ソバはガレ場のような植生が破壊されたような、ほかの植物との競争が少ないところで生存してきたと考えられる。まとめると、①病害が拡散しやすい②住み場所が離れている――という2つの要因が他殖に進化した主な原因と考えられる。

植物は植物病害を予防しつつ種として生存し続けるために、地理的に遠い場所の違った遺伝子を取り込んで、地域で孤立した集団の遺伝的多様性を高めるといった戦略をとる場合がある。孤立した集団の中での近親交配では、強力な病害が侵入したときに全滅する危険性が高まるからだ。生物進化に関する学問では、遺伝的なシャッフルが重要だと説いている。生物集団内でいろいろな個体と絶えず交配して遺伝子を入れ替え、病害などに抵抗できる個体を常に集団内に一定程度準備しておくことで絶滅を防ぐわけだ。このことは植物よりも動物にとって重要で、多くの動物では、交配による集団内の遺伝的シャッフルが起こっている。

つまり、ソバが受精を虫に頼るようになった理由は、遠い場所にある集団が持つ病害虫に強い遺伝子を持った花粉を虫に運んでもらうためで、まさに「虫のいい話」なのである。ただし、ソバはその代わりといってはなんだが、虫にはエネルギーとなる蜜とタンパク質となる花粉をたくさん作って提供しなければならない。こうした生物種の双方の利益になる関係を生態学では双利《そうり》共生《きょうせい》と呼ぶ。これがソバが虫に頼るようになった理由として考えられる。

ところが、ダッタンソバは自殖性のためまったく虫に頼っていない。それはダッタンソバがほかの植物との競争が少ない場所にいち早く侵入して群落を作る先駆植物（パイオニアプランツ）の性質を持つからだと考えられる。先駆植物は植物群落の遷移の初期段階に侵入する植物のことで、厳しい環境に強いという特徴がある。草本植物だとイネ科のススキやタデ科のイタドリなどがこれにあたり、裸地にいち早く侵入する雑草はその性質を持つ。ダッタンソバの野生種は中国からヒマラヤ山系の高山に広く分布しているが、紫外線が強くて低温で、病原菌や害虫も生存しにくい山岳地帯に適応してきたため、あえて虫を必要とする複雑な他殖性でなくともよかったと考えられる。

セセリチョウの仲間であるイチモンジセセリ（資料2－4）は、幼虫のときはイネの葉など

イチモンジセセリ（*Parnara guttata*）は遠方からも来る

セイヨウミツバチは数㎞飛ぶ
（写真：北林広巳氏）

資料 2-4　ソバの受粉を助けるありがたいチョウとハチ

を食べる害虫だ。イネの葉を束ねて巣（苞、ツト）を作る青虫で、農家から「イネットムシ」と呼ばれる。しかし、成虫になるとソバの花粉を運ぶ益虫になり、自然界で「害」と「益」の２つの顔を持つ種である。信州木曽谷では、このイチモンジセセリが晩夏から秋にかけて水田が多い平地である松本平から山間地の畑に集団で飛んでくる。このチョウは日本ではまれな集団移動性を持ち、農薬の多量散布をしなかった昭和初期には大きな塊となって松本方面から飛んできて、木曽谷から中央アルプスも越えて伊那谷に行くのを見たという人もいるくらいなので、１００㎞ぐらいは飛ぶのだといわれる。いったんソバ畑に来ると何日も滞在し、盛んに蜜を吸って飛び回って花粉を運び、ソバの受精に貢献する。秋に蜜源になる花は少ないのでソバ畑に集中するのだと思われる。

信州の中信地方ではこのチョウを「ソバッチョー（蕎麦蝶《そばちょう》）」とか、羽の色に由来する「カバッチョー（樺蝶《かばちょう》）」と呼ぶ。色が樺色なのは鳥に狙われにくいからだろう。このチョウが飛来するとソバは多収になると言われており、ソバはこうしたチョウに助けられているのだ。このイチモンジセセリのように遠方から飛来して働くチョウ以外にも畑の横に棲《す》みついて長い間働くチョウもおり、シジミチョウの仲間は畑の横の道端の草地に定住している。観察していると、小さいながらもかなり長生きで、日中は飛び回って夜はソバ畑や草地の葉の下で休んでいて、寒さにも強いので晩秋まで受粉に役立っている。

ミツバチは秋までに年越しのためのエネルギーである蜜をため込んで寒い冬に消費し、それが不足すると死滅してしまう。日本列島の在来の半野生のニホンミツバチは小型で黒っぽい色をしており、セイヨウミツバチは明治期以降にヨーロッパから導入されたミツバチである。ニホンミツバチが集めたソバ蜜はセイヨウミツバチの蜜ほどクセがなく濃厚だ。セイヨウミツバチが集めたソバ蜜は醤油のような色と独特の香りで、フランスのブルターニュ地方ではsarrasinという名で「個性的な森の蜜」として売られており、パンにつけて焼いて食べたりする。セイヨウミツバチのソバ蜜の特性を調べてみると、アカシアやナタネなどの蜜よりも活性酸素消去活性が高い。つまり、同じソバ蜜でも集める植物種によって味や食品機能性に違いがあるのだ。世界のハチミツを集めて比較実験をしたところ、中部山岳地帯のニホンミツバチが集めた赤花のソバから採れた蜜は活性酸素消去活性がさらに高いことがわかった。濃い茶色をしている理由は総ポリフェノールなどの色素が多いためだが、香りも独特で食品としての機能性が高いという特徴があった。

ソバに含まれるポリフェノールは紫外線カットフィルターの役割を持ち、低温や乾燥ストレスへの抵抗性を高めていると指摘されている。また、紫外線が当たるとルチンが急に増える。低温だと作物の体内の抗酸化酵素の働きが鈍るため、それを補うために日傘効果と抗酸化力を併せ持つ色素を増産して、いたるところに蓄積しているのだ。

ヨトウガの幼虫（資料2－5）で一般にヨトウムシとも呼ばれるものにはいくつかの種類がおり、ソバの柔らかい葉を暴食する害虫だ。日中は土中や株の地際に潜み、夜間に地上部に出て食害するので「夜盗《よとう》」の名がついた。盛夏に大繁殖して、餌になる葉が少なくなると昼もソバの茎を登って葉を暴食する。幼虫に刺毛《しもう》はなく、頭部は黄褐色で胴部は灰黒色から暗緑色で黒点がある。それが大発生してやがて土の中で蛹《さなぎ》になり、次年にさらに大発生するかと

ヨトウガの幼虫
（夜盗蛾、チョウ目・
ヤガ科 ヨトウガ亜科・*Mamestra* 属）

大発生した様子
（信州大学、2015）

資料2-5　ソバ畑に大発生するヨトウムシ

思いきや、幼虫は大量死するので被害が増え続けることがほとんどない。その原因は、幼虫に核多核体ウイルスがついて体が液状化する病気が蔓延して死ぬためだとされてきた。

ところが、最近になって普通ソバやダッタンソバの葉にファゴピリン（fagopyrin）という動物に対して毒となるアルカロイドの一種が含まれていることがわかってきた（資料2－6）。ソバの種子にはほとんど入っていないのでヒトに大した影響はないが、葉をたくさん食べる動物や虫には大いに関係する。ファゴピリンはヒペリシン（hypericin）という物質の一種で、草食家畜などの動物が多量に摂取すると光過敏感

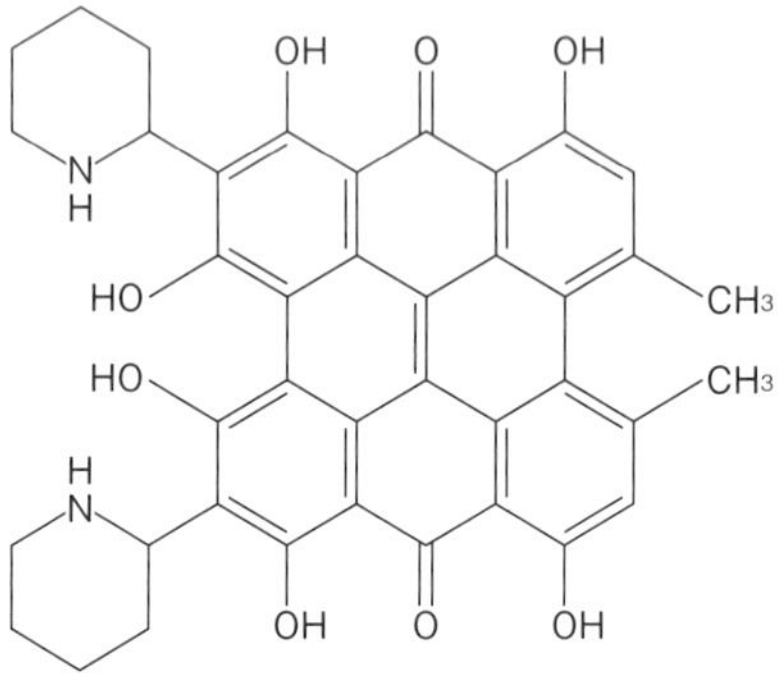

資料 2-6　ソバの葉に多いファゴピリン

反応を起こして皮膚炎になり、重いときは死に至る場合もあることが知られる。この皮膚病はかつて「ソバ病」と呼ばれていたという。体内に蓄積したファゴピリンに光が当たると、その分子から励起エネルギーがほかの分子に移動して光化学反応を起こす。その結果、体内で活性酸素が多量に発生し、細胞に酸化障害を起こす。ファゴピリンはヒペリシンにピペリジン(piperidine)が結合した色素で、ヒペリシン自体もまた光化学反応を起こす。

葉緑素(クロロフィル)も光化学反応を起こす力がある植物色素で、光合成のもととなる。そのため、ファゴピリンと同様に動物による過剰摂取は障害を起こす場合がある。海藻を食べて育つアワビの内臓にはクロロフィルが濃縮されてたくさん含まれており、食べすぎると漁師でも皮膚炎を起こすことがあって俗称「アワビ病」と呼ばれた。「アワビを食べさせるとネコの耳が落ちる」という江戸期の風説ができた原因ともされている。

ソバの葉はクロロフィルだけでなくファゴピリンも含んでおり、ヨトウガの幼虫が多量のソバの葉を食べるとそれらの物質が体内に蓄積されていく。ヨトウガの幼虫は日光を嫌って行動するが、ソバの下葉を食べ尽くしてしまうと茎の先端部まで食べ進まざるを得なくなる。すると次第に日光に当たるようになり、それに伴って身体に障害が起こってくると推測される。つまりヨトウガの幼虫は、夏の強い日射を浴びて光による酸化障害が起こり体力を消耗しているところに核多核体ウイルスが拡散するというダブルパンチに見舞われ、大量死に至っている可能性がある。虫の防除にソバが光エネルギーを活用していると考えられるのだ。

ソバはこのように虫を全滅させるほどの力を持たずに適当なところで折り合いをつけており、ほかの生物にやさしいといえる。植物が強力な毒性物質を多大なエネルギーを使って作っても、虫はその植物毒に対する耐性を持った突然変異体を作るのが普通だから、毒の生成が食害対策の決定打にならないのだろう。

(4)「ソバは枝で稔《と》れ」と言われる理由

ソバはイネと違って葉と花と枝を同時に成長させ、だらだらと花を咲かせて実を結んでいく。資料2－7のように花房のつき方に規則性があり、大きい花房の塊（S_O）と小さい花房の塊（S_I）が相似形になっている。これを植物個体群生態学では花房単位（モジュール）と呼び、ひとつのモジュールがダメになってもほかのモジュールがカバーして成長する。また、ひとつのモジュールがさらに小さい花房（小花房）に分かれていて、分枝、花房、小花房が相似形の階層構造を作っている。イネは分げつ（分枝と同じ）と穂がほとんど同じ大きさで出穂《しゅっすい》する時期もほぼ同時なので、どれが主茎でどれが分枝なのか区別がつかない。ソバはその大きさが違い、成長する時期もずれているので大変乱雑に見えるが、きちんとした規則性にもとづいているのである。

これらのモジュールの中にある小花房ごとに開花した花の数（開花小花数）と受精した花の数（受精小花数）を調べてみると、そこにはおもしろい規則性が見られる（資料2－8）。小花房というのは資料2－7の楕円内で、大きいものも小さいものもあり、先端部ほど小さい。ひとつの個体を取り上げてみると、乱雑に花が咲き乱れているように見えるが、どの小花房

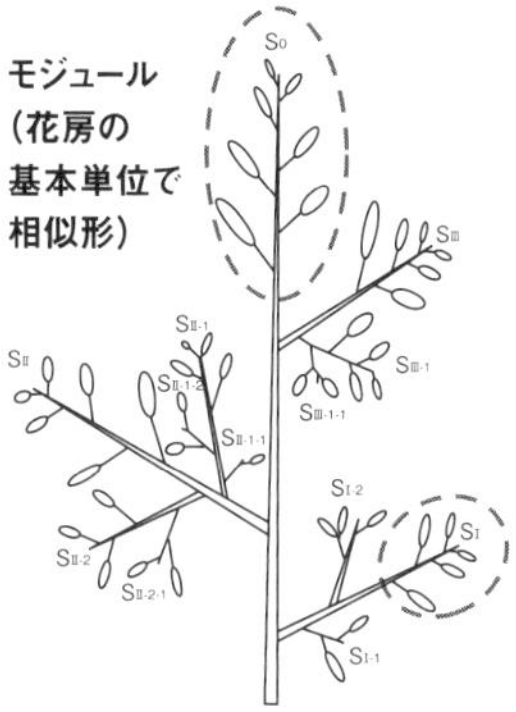

S0：主茎
S_{I}：1番側枝
S_{I}-1：1番側枝の1番分枝
S_{I}-2：1番側枝の2種類分枝
…S_{II}へ続く

ひとつのソバの主茎に 13 の別次元の「モジュール」がついている例

ひとつのモンジュールはさらに細かいモジュール（小花房）に分かれる

長友大『ソバの科学』新潮選書、p93 より

資料 2-7　花房のつき方の規則性

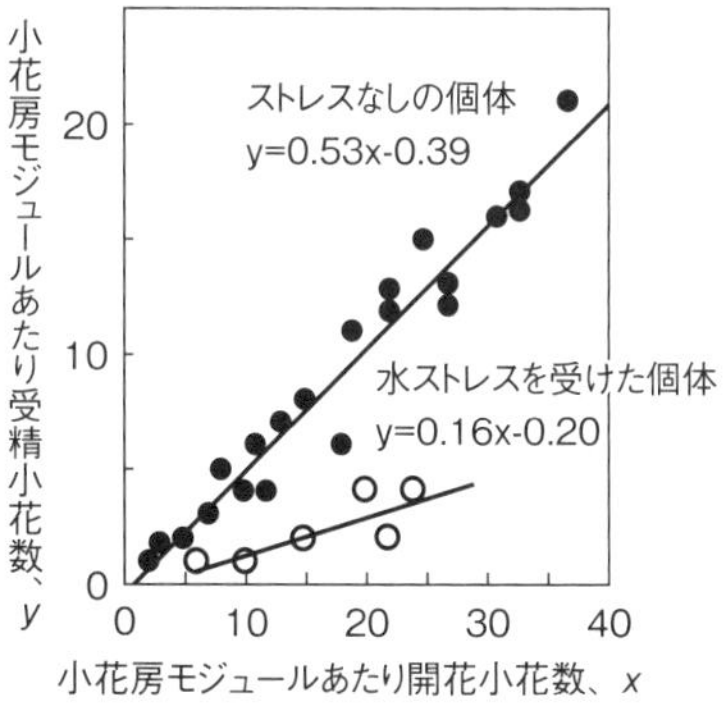

（Inoue ら、1998）

注：1 本の式は 1 個体で、開花した小花が一定の割合で受精する。
　　回帰係数（傾き）は受精率を示す。
　　この例は、優良個体（●）では 53%、水ストレスを受けた個体（○）では 16% である。

図 2-8　個体の小花房モジュール別にみた開花数と受精数の関係

の受精率もほぼ一定（資料2－8のグラフの傾きが受精率）で、早く咲いた花も遅く咲いた花も小花房ごとに見るとほぼ一定の割合で種子をつけようとする。そして中には受精率が高い個体があり、親子を細かく調べてみると受精率はよく遺伝し、遺伝率は約60％にも達した。

しかし遺伝的な要因が大きいとはいえ、栽培環境のストレスが大きいとその傾向（資料2－8のグラフの傾き）が大きく違ってくる。水ストレスが強いと傾きが小さくなり、受精率が低下することが見てとれる。つまり、開花期の日々の気象や虫の訪花によって変動はあるものの、それらの日間変動には耐えて、下でも上でも同じように受精しているようなのだ。調査してみると、受精しない花は5日くらいの間は咲き続けており、朝開いて夕方閉じることを繰り返して受精のチャンスをうかがっている。なお、個体の成長全体を抑制するほどの大きな水ストレスがかかると、個体自体が小さくなってすべての小花房が小さくなり、受精率が低下することも資料2－8からわかる。

また、モジュールをたくさんつけた低い節から出た分枝とモジュール数が少ない高い位置の節から出た分枝では、受精率は同じでも開花した花の数が違うため、受精粒数が違うことによって分枝あたりの収量が違ってくる。資料2－9にあるとおり、成熟に早く達する低い節ほど収量が多く、遅れて成熟期になる高い節ほど収量が少なくなる。

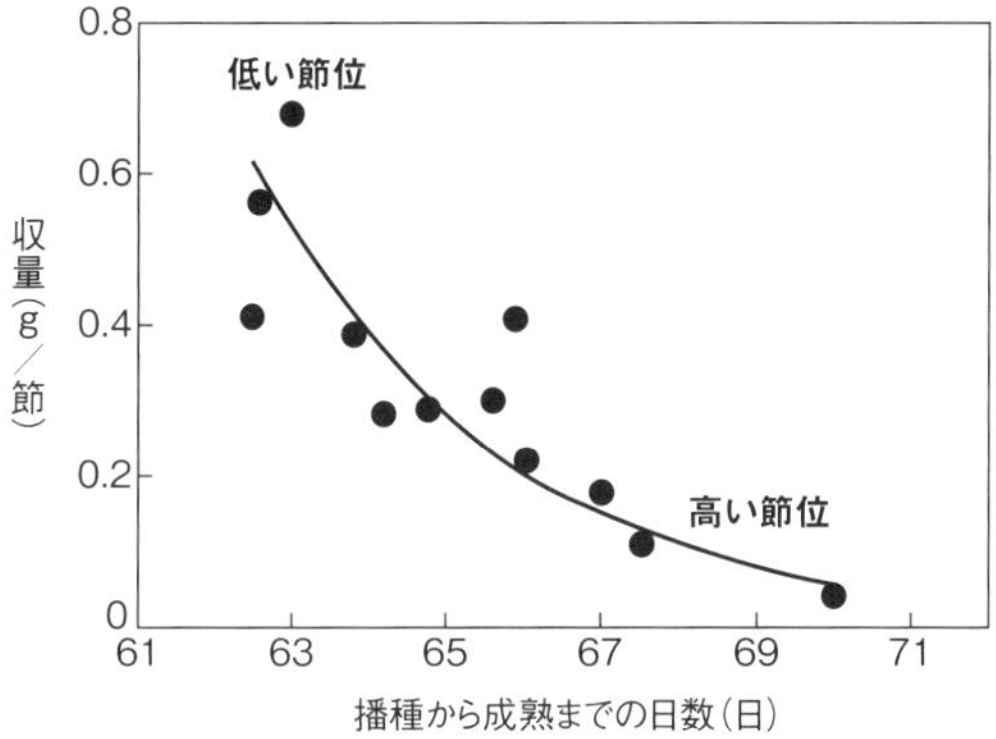

キタワセソバ、Kasajimaら（2016）のデータから作図
「ソバは枝で穫れ」とのことわざの証拠

資料2-9　節位ごとの収量（節ごとのg）

古くから農民は「ソバは枝で穫《と》れ」と伝えてきた。これは「早く成熟に至る下の枝を十分に生かすような栽培法をとると収量が穫れるよ！」と伝えているのだ。高密度栽培は分枝の成長を抑制するので、多収を得にくいのが普通だ。高密度だと各個体の相互遮蔽《しゃへい》が起こり、下部の枝のモジュールの成長が阻害されるためだと考えられる。この伝承はソバの形態と成長特性をたった1フレーズでうまく伝えている。

ソバは草丈が低いときに除草が目的の中《ちゅう》耕《こう》をして、さらに膝丈くらいに成長したときに除草と土寄せを目的にした培土《ばいど》をするのが多収のための栽培方法であることは古くから知られている。しかし、それらの作業に雑草防除と倒伏防止以外の効果があることはあまり知られていない。畝を作って個体の間隔をあけると、風の通りがよくなり、二酸化炭素が供給されて光合成が盛んになり、湿度が低下して病害が減る。加えて、土をソバの根元に寄せるときに表土を少しだけ深く掘ることにも意味がある。培土をすると大気の動きばかりでなく、表面の根が切れて植物ホルモンのひとつであるエチレン（C_2H_4）というガスが植物体から出る。エチレンは「傷害ホルモン」ともいわれ、物理的な刺激で植物自体が出すガスである。このガスがホルモンの働きをするのだ。また、地表を攪拌することで土壌に酸素が供給されて土壌微生物による有機肥料などの有機物の分解が進み、土壌からもエチレンが発生する。エチレンはソバの地上部の徒長を防ぎ、分枝と根を細かく分岐させる植物生理的な力があるので、その結果として根が十分に張り、養分吸収に有利に働いて充実した作物体ができると考えられる。そうした植物生理学の細かいメカニズムは知らなくても、昔の農民は栽培の経験からソバの力を引き出す方法を学んでいた。「培土をするとよく穫れる」という理由である。

「高密度の全面ばら播き栽培」が普及したのは昭和末期のことで、播種後にロータリーカルチベーターで攪拌する簡便な農作業法が主流になったことによるものである。畑全面にばら播きする方法では種子を多く播かないと播種ムラが出やすく、雑草が繁茂しやすくなる。近年、収量が低下傾向にある理由のひとつは、ばら播き法の普及で増加した高密度栽培による下部節の成長阻害と、中耕や培土を省いた簡易な栽培管理による根張り不良である。ソバの潜在力を引き出すために、栽培方法こそが見直される時期にきているといえるだろう。最近ではドリルシーダーも増えており、農業機械で畝間に入れれば中耕・培土も簡単になるはずである。培土をすれば排水する溝としても機能し、大雨による水田転換畑での湿害も軽減できる。

(5) 土を積極的に変える力

ソバは土壌環境を変革する力を持っている。ソバが栽培される土地はほとんどが酸性だ。とくに野生から作物に進化してきた重要な場である東アジアは雨が多く、植物に必要な塩基性養分が洗い流されてしまっており、そうした畑は強酸性土壌になる。たとえば、第二次世界大戦後に日本各地で農地開拓事業がはじまった。開拓地は荒地や原野だったところが多く、当時の土壌分析データを見るとpＨ４・０～４・８という強酸性のところばかりで、「ソバぐらいしか作れない」と嘆かれ、極貧生活をせざるを得なかったと伝えられている。ソバは土壌が強い酸性（pＨ５前後）のほうが中性よりも高い収量を得られ、ほかの作物にない特殊な生産力を持っている（資料２－10）。「ソバは荒地に向く」と言われてきたゆえんである。

　低ｐＨの酸性土壌ではアルミニウムイオンが遊離して根に障害が出るため、普通の作物は成長不良になる。アルミニウムイオンは植物の根端に働いて根の伸長を阻害するために有害なのだ。コムギなどの一部の作物はムギネ酸のようなアミノ酸を根から分泌して、根の周辺（根圏《こんけん》）の吸収しにくい鉄をキレート（分子の隙間に金属を挟むこと）して吸収しやすくする能力があることが知られている。ソバも古くからいろいろな有機酸を出すといわれてきたが、馬建鋒氏らは根からシュウ酸を分泌してアルミニウムをキレートして無毒化していることを明らかにした（資料２－11）。シュウ酸の働きは、ソバにとっては大変重要な積極的環境改善力のひとつなのである。

　シュウ酸はソバをはじめとするタデ科植物にはよく含まれる有機酸の一種で、味にえぐみが出るので動物が嫌う。同じタデ科のギシギシは放牧された牛が食べない雑草で、その理由はシュウ酸（$C_2H_2O_4$）にある。「タデ喰《く》う虫も好きずき」ということわざの意味は、タデのようにえぐみがあってまずいものでも好んで食べる虫もいるように、人の好みはさまざまであるという意味で、世間のことを自然界にたとえたものだ。その祖先種（資料２－12）は葉や花は小さいが荒地でたくましく生き、虫にも強い抵抗力を持つ。その秘密のひとつの理由はソ

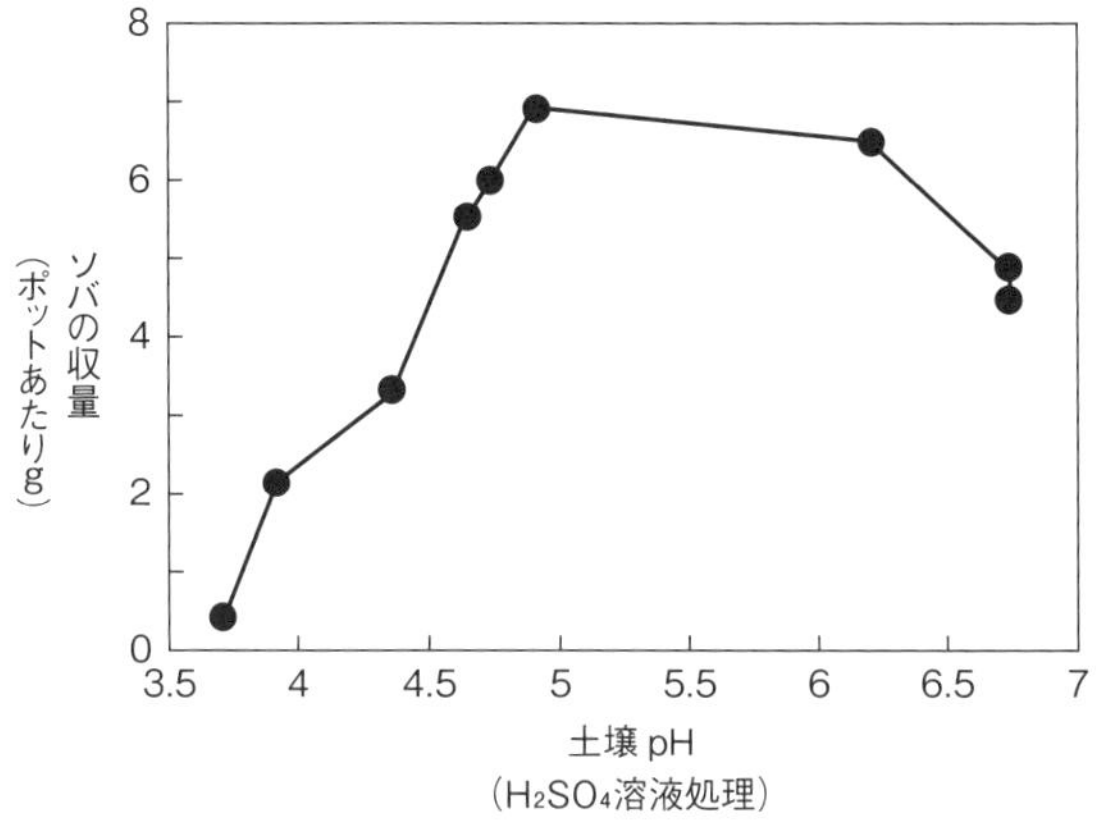

資料2-10　土壌pHがソバの収量に及ぼす影響

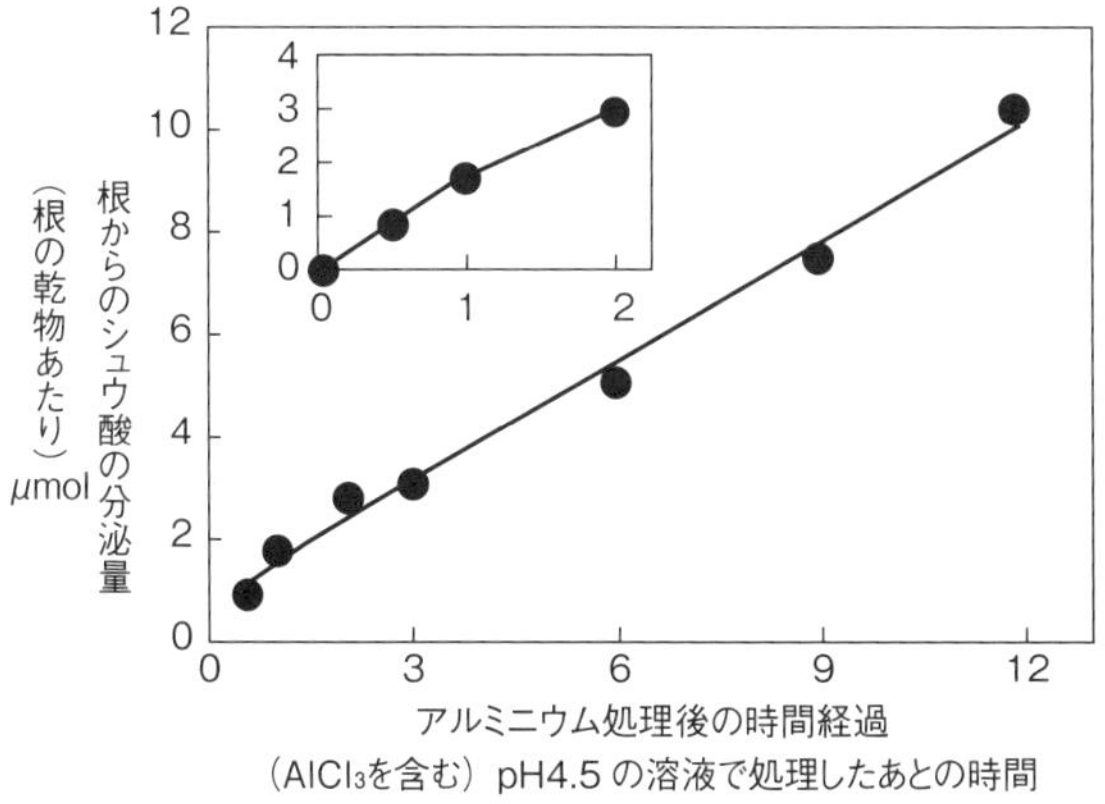

資料2-11　ソバのアルミニウム耐性の発現

ソバ祖先種、アンセストラーレ
(*Fagopyrum esculentum ssp. ancestrale*)

資料2-12

バ属植物が作るシュウ酸にある。ソバの祖先種の茎を電子顕微鏡で観察したところ、シュウ酸カルシウムの四角く見える結晶(正八面体／資料2－13)を見つけることができた。シュウ酸カルシウムは水に溶けにくいので、動物はカルシウム欠乏を起こす可能性もある。

このようにシュウ酸はソバにとって動物環境と土壌環境の双方に対応するための重宝な物質である。動物除けと荒廃した土壌の解毒をする一石二鳥の役割を担うからだ。こうした便利な物質を植物が作ることはよくある。たとえば、果樹のポリフェノールは日傘効果や抗酸化効果を持つだけでなく、それらが持つ色で鳥に果実の存在を

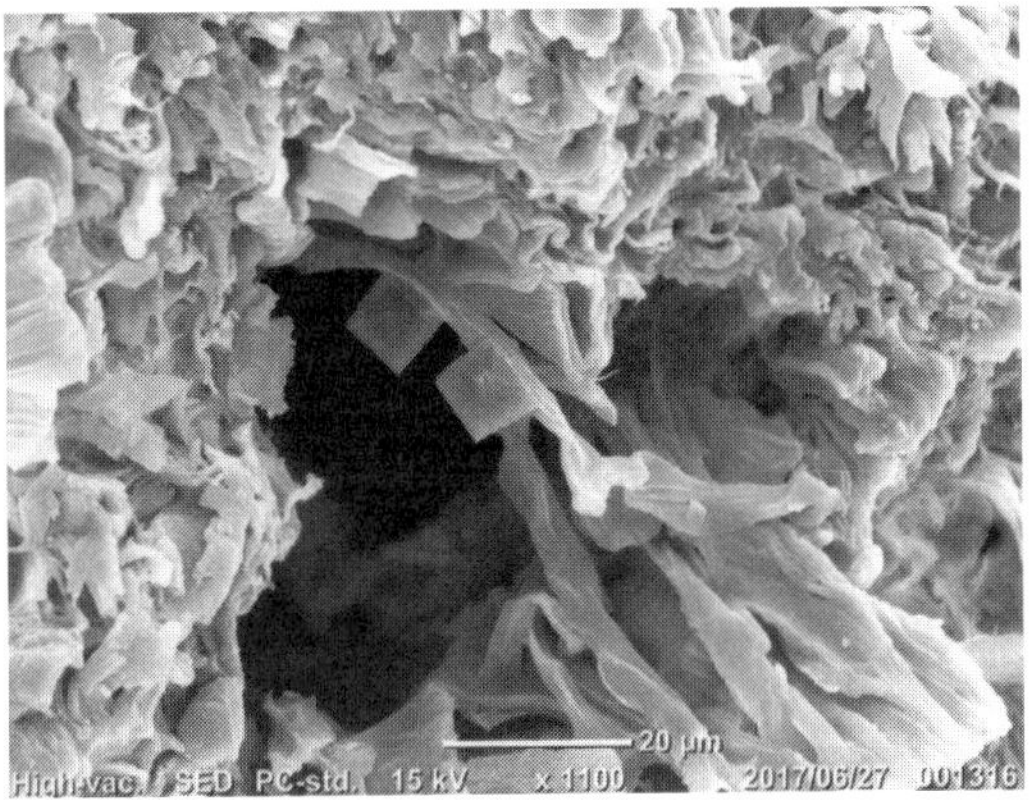

酸性土壌や光合成で分解が進むと考えられる。
シュウ酸は「えぐ味」のもとで昆虫や動物の食害を避ける効果

資料2-13　ソバ祖先種の導管中に見られたシュウ酸カルシウムの結晶

知らせて食べてもらい、鳥に種子が入った糞をほかの場所に分散してもらうという重要な役割を果たす。

(6) 水中発芽と湿害

ソバは水中でも発芽するが、水温が高いとすぐに腐敗してしまう。玄ソバを25℃の水に浸けてからあげてろ紙の上で発芽率(湿らせたあとに種子から芽が出る割合)を見ると、品種による違いはあるが、3日ほどの浸漬でほぼ全滅する。ところが、10℃の低温だと発芽率はさほど低下しない(資料2－14)。そして、異なる温度の水に浸けておいたそれぞれの玄ソバを土壌に播種して出芽率(土壌表面から芽が出る割合)を

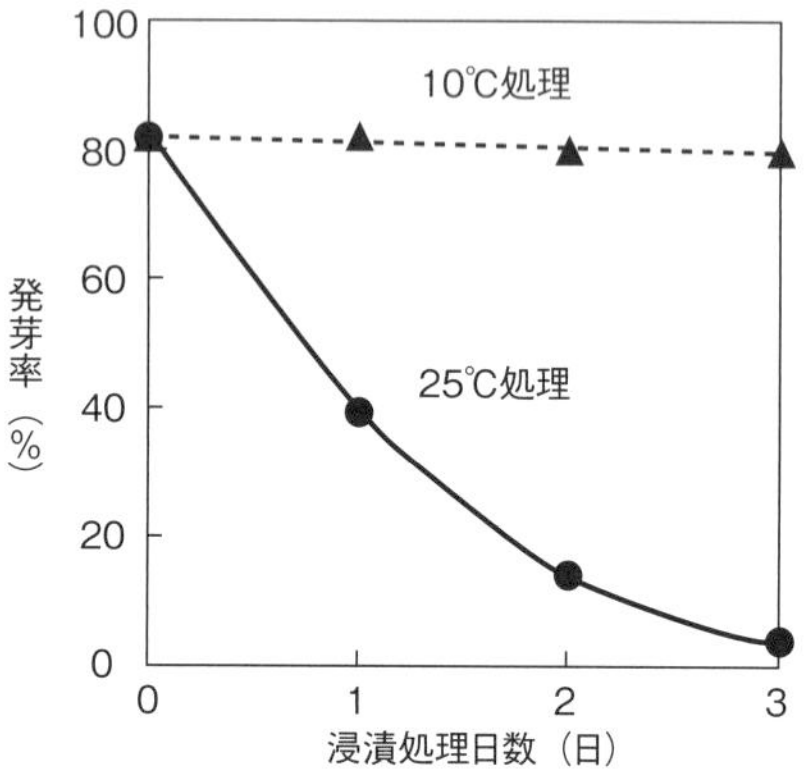

25℃処理、48品種に平均（Murayamaら、2004）と井上のデータから作図
10℃処理、「信濃1号」と「しなの夏そば」の平均

資料2-14　冠水が発芽率に及ぼす影響

見ると、発芽率と同じで低温の水ではその割合はさほど低下しない。このことから、ソバは低温の水には強いことがわかる。ソバは冬に雪が降っても春に雪がとけても、暖かくなると出芽して畑で雑草化する場合がある。水があっても低温では生理的に発芽のゴーサインが出ないため、芽が動かないのだ。また、種子のデンプンを多量に含む胚乳に水が浸透しにくい構造であることも見出すことができた。「ソバは1℃で動き出す」という言い伝えがある。これはソバは水があればほんの少しの温度でも生理的にムクムクと動き出すという意味で、ソバが寒冷に強い作物だということを伝えたかったのだろう。

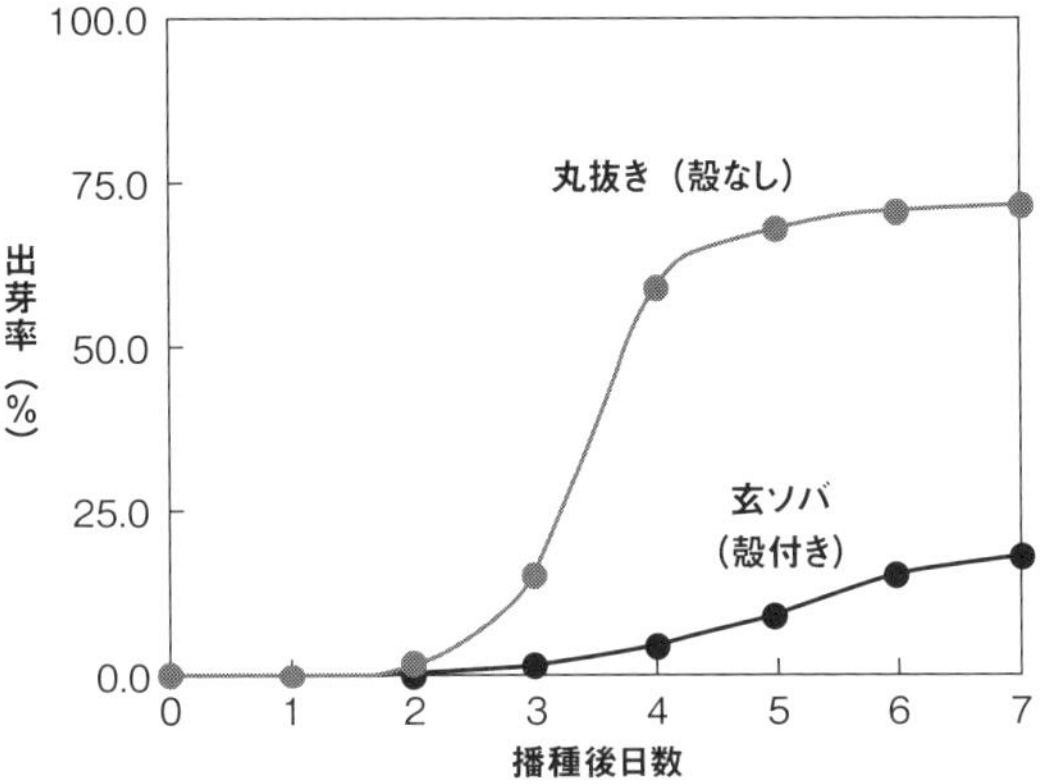

5日間 25℃の蒸留水に浸漬したあとの出芽率

資料2-15　浸漬したときの出芽率に及ぼす殻の影響（武田・井上ら）

　一方で、暖かくなってからの過剰な水はかえって害になる。とくに土壌に播種してから本葉2枚程度が展開する前までの成長初期は冠水に弱くて枯死してしまう。水田を畑に転換すると水はけが悪いために初期成長が不良になり、枯死する場合が多い。ところがこれは玄ソバに限ったことで、殻（果皮）を取り払った丸抜きは25℃の水に浸けておいてもなかなか出芽率が落ちず、意外に水に強いことがわかる（資料2－15）。

　種子を守るためにあるはずの殻は水に浸かったときにはマイナスに働くようだ。殻はポリフェノールを多量に含んでいるために、周囲は極端な還元状態（酸化とは逆の現象で、物質から酸素が奪われる反応や水

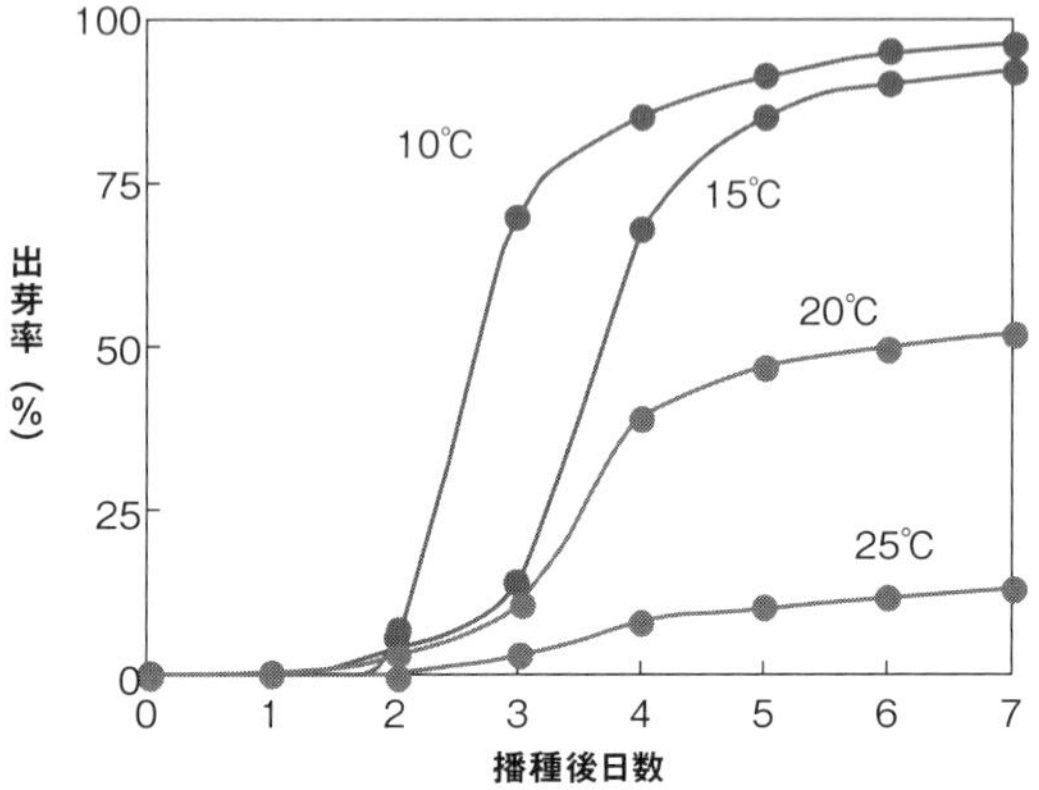

3日間、違う温度の蒸留水に浸漬したあとで土壌に播いたときの出芽率

資料2-16　浸漬温度が玄ソバの出芽率に及ぼす影響（武田・井上ら）

素と化合する反応のこと）となって生理的に害を与えたのだと想像できる。ポリフェノールは酸化しやすいが、それは周囲を還元することになるからだ。酸化と還元は同時に起こる化学的反応で、未分解の有機物をたくさん投入すると還元状態になって苗が枯死する田を想像してほしい。水田土壌で酸素欠乏状態になったと考えるとわかりやすいのではないだろうか。それと同じような酸欠状態がソバの種子内部で起こり、死に至ったと推定される。水温や気温が高いと種子の呼吸速度は高まり、酸素の消費量が高まる。殻付き種子を高い水温に浸漬するとそのあとで土壌に播種しても出芽しないこと（資料2－16）は、高い水温による

呼吸増進とそれによる酸素不足で種子が障害を受けたことを物語っている。湿害は殻などの水溶性有機物による還元と呼吸による酸素不足の双方が関係している。

葉が2枚程度しか展開しておらず、まだ根系が小さい状態で光合成も本格化していないとき、つまりソバの葉で酸素を生産する能力が低く、根系に酸素を供給する力も弱い成長段階に土壌が急に還元状態になると、適応できなくなって養分吸収できずに次第に衰弱して枯死すると考えられる。

ソバ（品種／信濃1号）の丸抜きを冷水に浸漬する実験をすると6℃以上で発芽し、そのあとに水を毎日入れ換えるとどんどん伸びる。そしてそのときにデンプン分解酵素が種子から出てデンプンが分解され、麺食品としては劣化してきて粘りや硬さが低下する。トウモロコシやコムギといった畑作物の場合でも発芽すると急速にデンプンの分解が起こり、食品としては使えない。これが穂発芽（収穫前後で発芽してしまうこと）が恐れられる大きな理由である。ただし、ソバの場合は根が5㎜ぐらいに伸びて「発芽そば」になってても意外にデンプンの劣化が遅いことがわかっている。

ソバの新食品の開発にはこの微妙な成分や物理的な変化が重要であり、また今後の課題である。たとえば「発芽そば」は、これらの成分や味の変化を研究して商品化されたものだ。

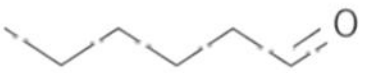

花やソバの草の香り成分を作る主な物質（左：ノナナール、右：ヘキサナール）

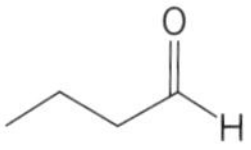
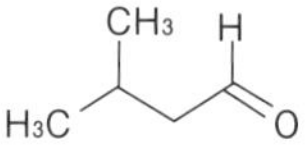

甘酸っぱい焦げた香り成分を作る主な物質（左：ブタナール、右：メチルブタナール）

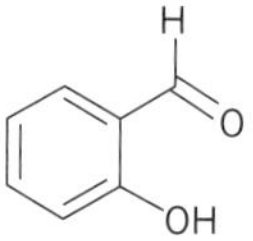

ナッツのような香り成分（ベンズアルデヒド類）

資料2-17　ソバ種子の香り物質

(7) 病害を防ぐ香りと種子の構造

ソバの香りは穀物の中でも特徴的だ。これまで、その原因となる物質を見つけるためにいろいろな研究がされてきた。農水省大型特別枠研究では「ソバの香気成分の特性解明」が実施され、揮発性の脂肪族アルデヒド類の物質であるノナナール、ヘキサナール、ブタナール、メチルブタナールなどが関係することが報告されてきた（資料2－17）。ノナナールは花や果実の甘い香り、ヘキサナールは青臭い香りで、これらは「柑橘系の香り」と呼ばれることがある。揮発や酸化して消失しやすいため、ソバの種子の鮮度の低下や製粉による熱の発生、篩《ふるい》のかけ方で香りが飛びやすくなる。これらの物質は濃度にもよるが殺菌作用があり、外敵から種子を守るために作られていると考えられる。

食味官能試験でナッツの香りがするソバに出合うことがあるが、その要因はアーモンド風味のもとであるベンズアルデヒドに似た物質だろうと推察される。これは芳香族アルデヒドの仲間で、虫除けの機能を持っていると考えられる。また、ナッツやアーモンドの香りがするサルチルアルデヒドが関係するとの報告もある。こうした香りを増強する効果がエチルベンゼンやキシレン類にもあるとされている。

ソバの種子の構造は蔵に類似している。ソバの種子の断面と甘皮（種皮）の表面を電子顕微鏡で見ると、①殻（果皮）と甘皮の間に隙間があることと②甘皮の表面に細かい毛（毛状突起／トリコーム）があること――が観察できる（資料2－18）。①の隙間は種子の中身を守るための二重構造だ。あたかも外壁と内壁があるヒトの住宅や蔵のようで、温度・湿度のストレスから物理的に守るための緩衝機能があると考えられる。②の毛は長いものでは100㎛（0・1㎜）以上あり、まるでエコ住宅の壁の中の断熱・緩衝材料のようだ。

普通の植物は物理的防御のためだけではなく、こうした毛に特殊な物質をためている。たとえば、ハーブの香り物質は毛に蓄積されていて害虫を予防している。その成分はテルペノ

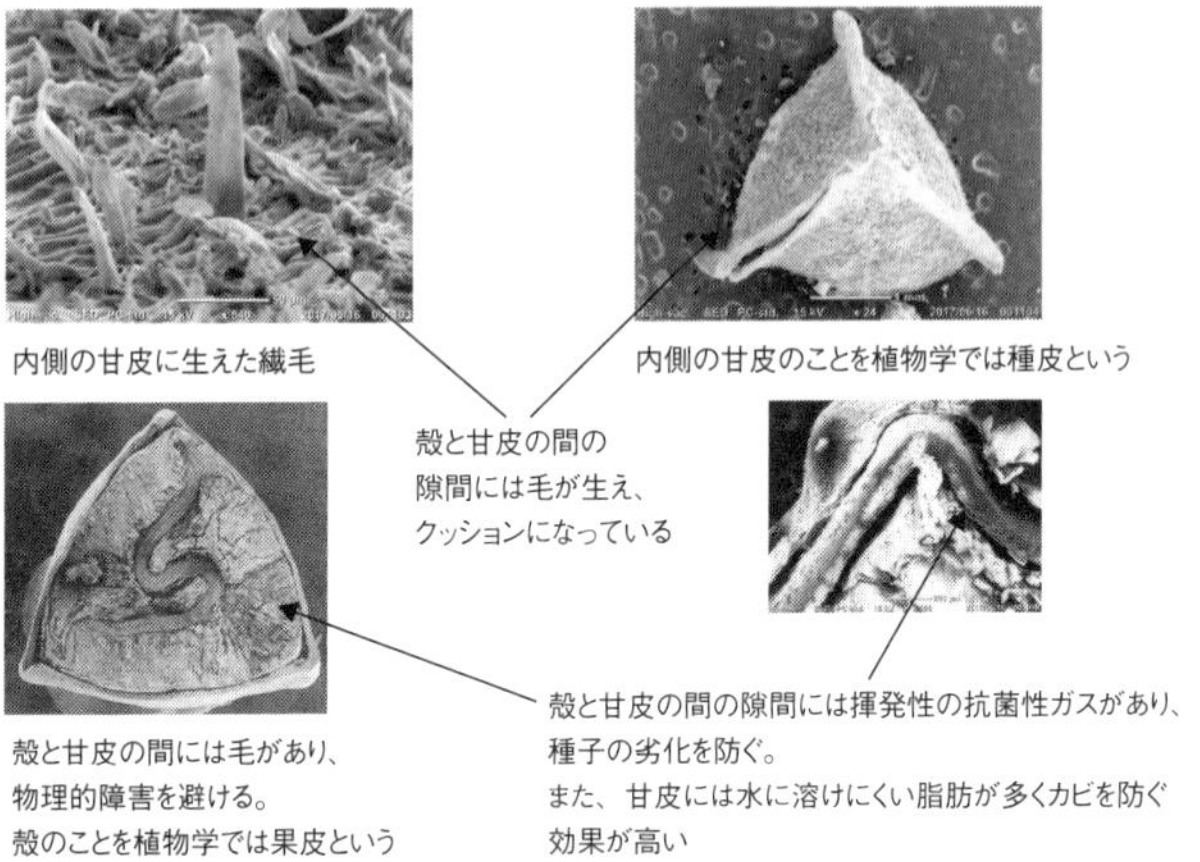

左下の断面写真は赤羽章司氏（2004）提供、ほかは建石繁明・井上直人による

資料2-18　ソバの種子の構造

イドのような油やフラボノイドのような色素が多いようである。ソバにはルチンのようなフラボノイドの一種が大変多いことが知られているが、とくに甘皮に多いことがわかっている。毛を持った甘皮は酸化抑制や紫外線除けだけでなく、防虫・防カビ効果もあると考えられている。香り物質はこのように殻と甘皮の隙間に漂っていて、その隙間に揮発性の香り物質を少しずつ放出することでカビや虫の害から身を守る働きをしていると考えられる。

「おいしさ」を構成する要素の中でも重要な「香り」だが、作物の側から見ると「害虫やカビに対抗するための武器」ということになる。玄ソバでの流通が主流な理由は、生存を脅かす生物を撃退する香り物質を逃がさず、また、物理的障壁にもなる種子の「蔵造り」を維持したほうが劣化しにくいことを人々が経験的に知っているからだろう。

玄ソバはバクテリアの力でカビを抑制する力がある。玄ソバが乾燥する前の水分が多くて殻が軟らかいときにカビや虫の害を受けにくい理由は、こうした殻と甘皮の二重構造と揮発性の香り物質だけかと思いきや、殻や内部に棲みついている微生物も関係がある。

ソバの種子はもっとも微生物がたくさんついた汚れた穀物といわれていた。たしかに培養をすると20種を超えるさまざまなカビが検出され、種子の中にまで棲みついていることもわかった。他方で、そこにはカビの生成を抑制する強力なバクテリアも見つかった。*Psudomonas syringae*（鞭毛を持ったグラム陰性桿菌の一種）や*Erwinia ananas*といったバクテリアだ。とくに*Erwinia*はソバの種子の抽出物で培養すると水溶性の抗カビ物質をよく生産するようになる。玄ソバはこのように抗カビ性物質を生産するバクテリアを種子に棲まわせることで、よりいっそう防カビ効果を高めていると考えられる。つまり、抗菌性の香り物質、殻と甘皮の隙間がある二重構造、そして種子の中に棲む微生物にも協力してもらうことで、高い生命力を実現しているのだ。これはソバの種子の神秘的な力の一部にすぎない。

道路の土を土塀の上にあげると、いち早く成長して生息して、「先駆植物」の能力を発揮

中国四川省と雲南省の境、涼山《リャンシャン》州沪沽《ルグク》湖の沿岸納西《ナシ》族系の摩梭《モソ》人の家
（井上、2005）

資料2-19　先駆植物の性質を持つダッタンソバ野生種（*F. tataricum* ssp. *potanini*）とソバ近縁雑草種（*F. homotropicum*）

【コラム】ソバの近縁種の潜在力

ソバの近縁種の能力は未知なことが多く、その遺伝資源をヒトが十分に活用するには至っていない。ソバがヒトの健康に及ぼす機能性、土壌環境を変える力、昆虫や動物から身を守る力などのわかっているものはその能力のごく一部に過ぎないのだ。

雑草の*F. homotropicum*は自殖性で、競争が少ない場所にいち早く侵入して群落を作る先駆植物の性質を持つ（資料2－19）。この雑草はソバの近縁種であり、普通ソバと交配ができる。普通ソバは他殖性なので、農業技術を向上するのに都合のよい特性を見出しても遺伝的に固定しにくいた

第2章　ソバの神秘的な力

め、効率的な品種改良が困難だ。そこで、*F. homotropicum* の自殖性の遺伝子を私たちが食している他殖性の普通ソバに取り込もうとする取り組みが2000年頃から世界で進められてきた。

自殖性を持った普通ソバを育成しようとする試みだ。ところがこの雑草は粒が小さくて脱粒性もあり、これまでのような交配と選抜にもとづく育種技術では、そうした作物として都合の悪い遺伝的特性もソバに取り込まれてしまい、それを除去するための選抜が大変だった。現在では、重要な遺伝子だけを取り出して導入する育種技術についての研究が進められており、新たな品種改良の可能性が高まりつつある。

ソバの近縁種は野生種や畑付近の雑草が多く、大西近江氏らは中国の奥地で多数発見した。その一部が資料2－20の種子で、その中でも★をつけたものだけが日本人になじみ深い作物だ。2Xは染色体数が2倍体であることを表す。ソバの染色体の基本数（X）は8本で、体細胞の染色体数は16本である。それに対して4Xは4倍体で、基本数が倍加しているので32本あることを示している。野生である宿根ソバにはその両方があり、4倍体の種子は2倍体の種子よりもやや大きい傾向がある（資料2－20の右上）。そうした染色体が倍加する変異は植物ではたびたび観察されるので、種子を大きくして多収にする目的で人為的に化学物質などを使って染色体を倍加させる育種が1980年頃から世界で盛んに行われた。日本で人

81

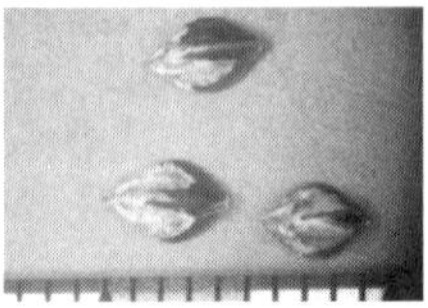

F. urophyllum
［ソバと遠縁の野生低木、
狭い分布、2X］

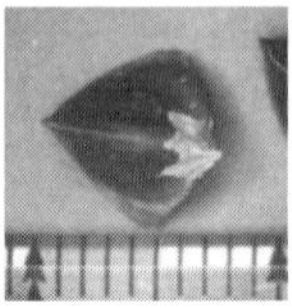

F. cymosum（四川省）
［宿根性野生種、
草本、2X］☆

F. cymosum（雲南省）
［宿根性野生種、
草本、4X］☆

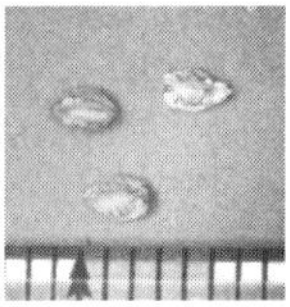

F. capillatum
［ソバと遠縁の野生種、
草本、2X］

F. giganteum
［人為交雑種、
草本］★★

F. homotropicum
［ソバ近縁種、自殖性の野生種、
草本、2X］

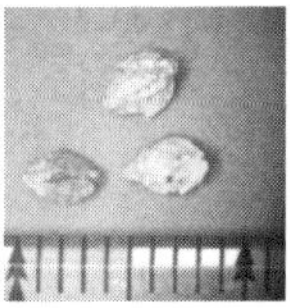

F. pleioramosum
［雑草、草本、狭い分布、2X］

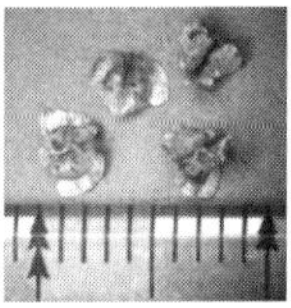

F. gracilipes
［一般的な畑雑草、草本、4X］

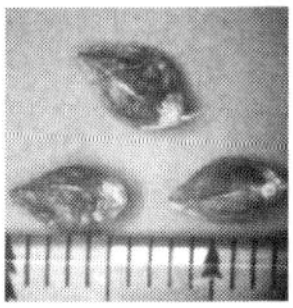

F. callianthum
［雑草、草本、狭い分布、2X］

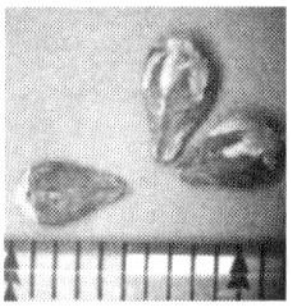

F. esculentum ssp. ancestrale
［ソバ祖先種、野生種、草本、2X］

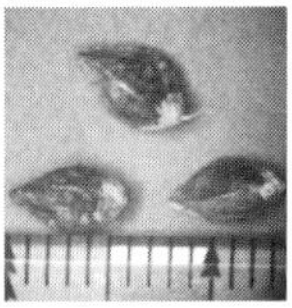

F. esculentum
［ソバ、作物、草本、2X］★

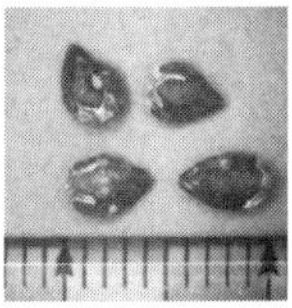

F. tataricum
［ダッタンソバ、作物、草本、2X］★

（同定とサンプルは大西近江氏の提供）
★は作物、☆は葉を利用する野生種
★★はインド産 *F. cymosum*（4X）にダッタンソバ（4X）を交配してロシアで作られた種、ほかは野生種

資料2-20　ソバ属の作物、雑草、野生種

為的に育成された4倍体ソバ品種には「みやざきおおつぶ」や「信州大《おお》そば」、四倍体ダッタンソバ品種には「信濃くろつぶ」がある。

ソバの遠縁野生種の*F. urophyllum*は低木なので低温に耐える力もかなり強いと想像されるが、その生理生態的な能力はまったく不明である。

ポリフェノールはソバには多量に含まれていて、ヒトの循環器系に好影響を及ぼすことが注目され、現在はその食品機能性が知られている。また、ポリフェノールの中でもフラボン骨格を持った有機物質のグループであるフラボノイドは、熱帯の恐ろしい寄生虫のマラリアに対して、インビトロ試験で抑制効果があるというオーストラリアの研究結果があり、とくにケルセチンの効果が高いとされている。ソバには多種多様なフラボノイドが含まれているため、ソバ属の中にも特殊な医薬資源が眠っている可能性がある。そこで著者らは帯広畜産大学原虫病センターの協力のもとで、普通ソバ、ダッタンソバ、宿根ソバなどが熱帯熱マラリア原虫の活性に及ぼす影響を調査した。

ダッタンソバは水を加えるとルチン分解酵素が働き、すぐにケルセチンに変化する。ダッタンソバの原虫活性に対する抑制効果は高かったが、それはケルセチンによるものであることがわかった。さらに、宿根ソバは普通ソバの種子とは違う特殊な増殖抑制効果があるとい

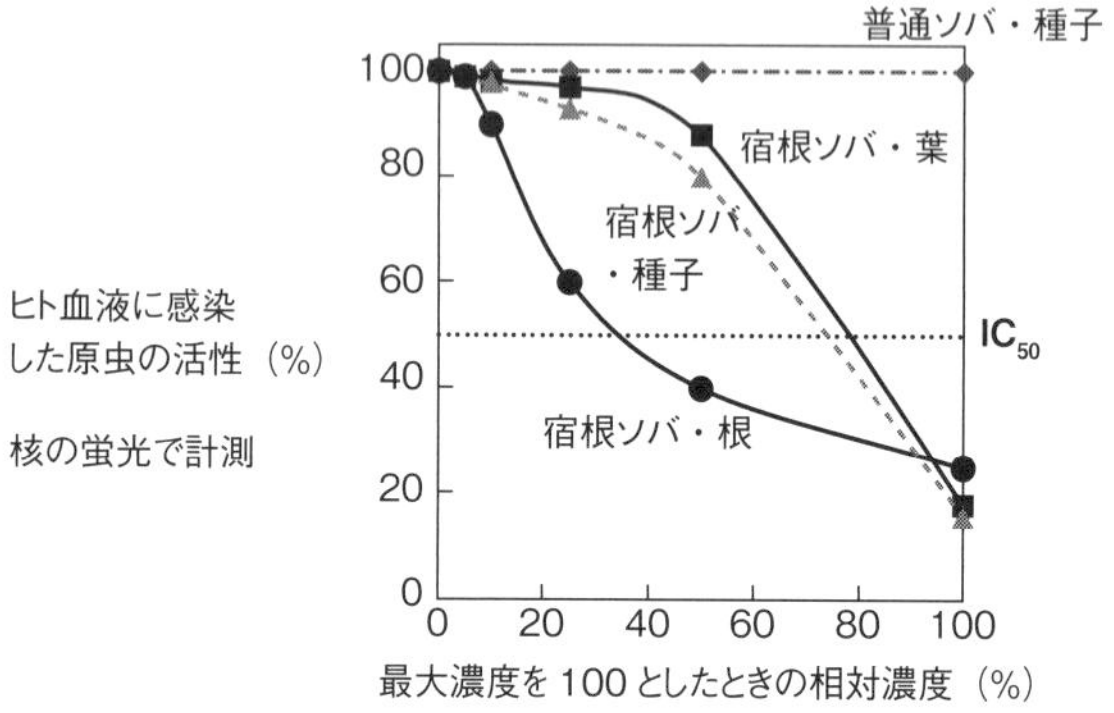

K1株（クロロキン耐性株）に感染した赤血球をインビトロ（実験室内で）評価
IC_{50}…ソバ抽出物がマラリア原虫の活性を 50%阻害する濃度
（泉澤陽介・井上ら、2009）

資料2-21　宿根ソバが熱帯熱マラリア原虫に及ぼす影響

う新しいデータを得た（資料2－21）。これはソバ属野生種の宿根ソバに特殊な物質が含まれ、薬としての効果があることを示唆している。とくに宿根ソバの根の抽出物はほかの部位とは違う原虫の活性を抑制するパターンを示していた。根の抽出物は薄い濃度でＩＣ50に到達し、抑制効果がほかの部位とは違うことがわかる。また、葉や種子も普通ソバとは違うことがわかった。

ベトナム北部のラオカイ省でザイ族の女性が、「熱が出たときに効くし野菜にもなる」といって宿根ソバを庭先に植えていた。熱帯アジアの人々は野生ソバの生薬としての効果について未知の情報を持っている可能性がありそうだ。

第3章

——おいしさを左右する環境と品種

(1) おいしいソバができる場所とは

「おいしさ」は嗜好性のようなヒト側の要因以外に自然環境と品種にも影響を受ける。この章ではそれについて考えたい。

ソバは野生種から選抜されたもので、脱粒性の減少、休眠性の消失、成長の斉一性などといった作物として必須の性質が加わる一方で、人手を加えないと雑草との競争に負けてしまう。また、ソバは作物になっても野生植物だったときに獲得した遺伝的性質がなかなか抜けない。たとえば、ソバを水田のような過湿の土地に合うようにと何回播いても適応していかないのだ。そこで、あらためて起源地の環境を見るとソバの性質がよくわかる。

中国に「蜀犬《スーチェン》吠日《フェンリ》」ということわざがある。魏呉蜀《ぎごしょく》の三国志の時代に、現在の四川省付近にあった蜀の国は水田が少なく、ほとんどが山岳地帯だったという。つまり、水田地帯に比べると穀物の生産力が低いエリアだった。そこで飼われている犬(蜀犬)は当地の気候の特性上、太陽をあまり見たことがなく、たまに晴れるともの珍しい太陽に向かって無駄吠えをしたという。つまり、先述のことわざは「四川の悪い天気しか知らない犬」を指し、つまり「ほかを知らない田舎者」、それが転じて「世間知らず」という意味になった。

このことわざの背景にあるのはソバの起源地周辺の気象環境である。四川は山深く冷涼で稲作には不向きだが、いつも雲が垂れ込めている気象はソバには適している。四川省の南隣が「雲の南」という名の雲南省であることからも、四川が曇りがちであることが推測できる。また、蜀の国の山岳地帯は交通の便は悪いが、強大な覇者から少数民族を守ってくれる砦になっている。曇天、ソバ、山、少数民族という組み合わせは、晴天、イネ、平地、強大な国家というのとは正反対の文化と風土の組み合わせだ。こうしたことわざや地名から、ソバは「涼しい曇り空を好む」という性質が推察できるのである。

資料3－1・3－2はソバの起源地に近い四川省の山中の様子で、標高が2500～3000mぐらいあるので8月下旬でも寒く、その頃にソバの収穫期を迎える。ソバのほかにエンバク(燕麦)、トウモロコシなどが栽培されている。このエリアは雲や霧が多く、放射冷却による急な温度低下が少ないために霜が降りにくい。ソバは開花期間が長く、茎の下のほうから次第に花が咲き上がっていき、急に霜が降りて成長が停止しても種子が穫れるように危険分散する態勢ができており、雲や霧の下でじわじわと登熟するほうが種子はたくさん穫れる。大西近江氏によると、この地域のように栽培種や野生種が混在している地域は世界でも珍しいという。これは起源地の特徴なのだと考えられる。

（四川省涼山《リャンシャン》彝《イ》族自治州、2005, 8/12）

（四川と雲南省の境、標高 2690m にある
納西族系摩梭《モソ》人が住む瀘沽《ルグク》湖）

資料3-1　左／収穫されたダッタンソバ栽培種の畑の島立。右／ソバ野生種、ダッタンソバ野生種と複数の宿根ソバ(野生種)や近縁野生種の自生地

（四川省涼山彝《イ》族自治州小高山、2005.8/16）

（四川省涼山彝《イ》族自治州、
2005.8/12）

資料3-2　左／ソバ栽培種、ダッタンソバ栽培種と宿根ソバ（野生）が混在する彝族の畑。右／曇り空の下での収穫

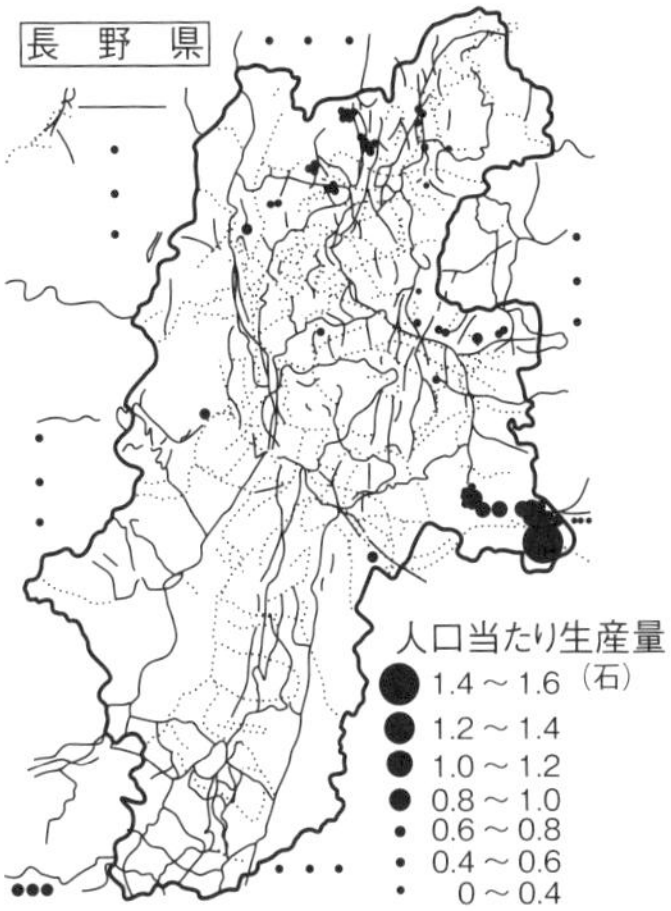

信州ソバの産地を解明するために、明治8年（1875年）の統計がある『長野県町村誌』を分析した。698町村ごとに生産高と人口から計算して上位30か所をマッピングした（飯野・井上、2000）

資料3-3　明治初期の信州ソバの生産量

日本では、江戸時代に信州から江戸にソバが運ばれて「霧下蕎麦」として知られたことは有名だが、中国の産地が「霧の中」であるのと同様に、日本でも霧がかかるような場所が名産地であり、品質がよいソバがたくさん穫れたのだと推定される。実際に明治8年（1875年）の信州全域698村の人口あたりのソバ生産量のデータがある『長野県町村誌』の統計をもとに調査してみると、八ヶ岳の東に位置する現在の南佐久郡川上村がもっとも多く、村の人口あたりのソバ生産高は1・6石もの量だった（資料3－3）。この数字は標高1200mで雲が多い低温・寡照の川上村から江戸という大都市に送って販売していたことを物語

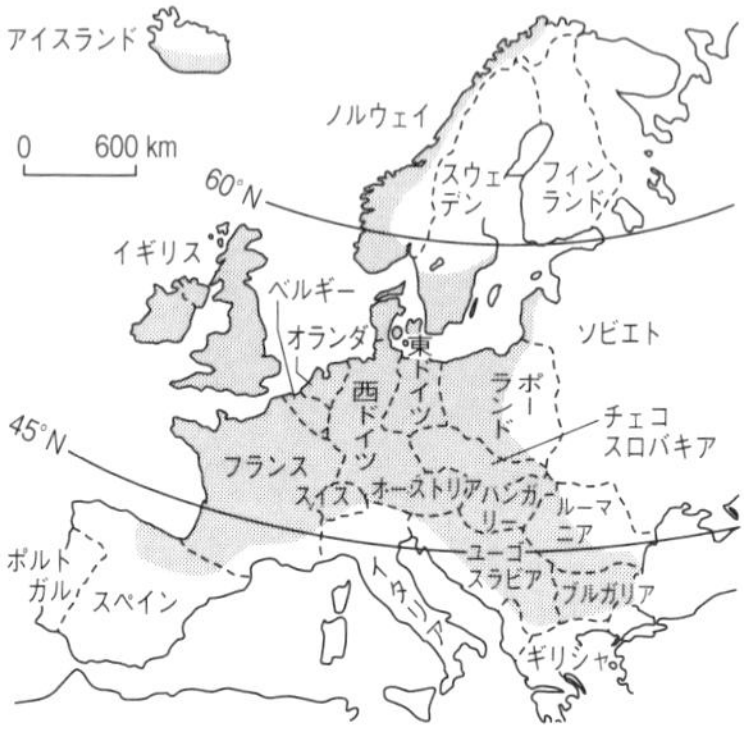

ヨーロッパブナの分布
市川建夫著（1987），『ブナ帯と日本人』，p.16
国名は1987年当時のもの

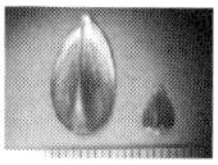

ソバの分布
Ivan Kreftら著（1999），
「Das Buchweizen Buch」，p.16.

資料3-4　ヨーロッパのソバ栽培の南限はブナ樹林帯

っており、当時の証文も残されている。ひと山越えて効率よく甲州に出て、そこから富士川を舟で下って輸送していたことも聞き取り調査からわかった。川上村は現在はレタスの大産地だが、産地の気象情報から考えると、雲が多い涼しい場所がソバ産地であることがわかる。

ソバの性質と栽培適地をほかの植物の分布と比較するとより理解が深まる（資料3－4）。ヨーロッパにもソバを栽培する文化があり、分布の南限はおおむねブナ樹林帯と重なる。ソバの種子はブナの種子と形がそっくりでソバのドイツ語の名前の由来になっている。命名の理由は、ブナとソバが冷涼な環境を好み、種子の形もよく似ていたからなのだろう。ソバのドイツ語での呼び名はbuchweisenで、「ブナ(buch)によく似たコムギ(weisen)」という意味だ。ヨーロッパでの食用としての歴史はヨーロッパブナがソバより古く、後にアジアから伝播してきたソバを見てヨーロッパの人々は驚いたことだろう。

ソバの品質を支配するものは大別すると環境と遺伝子なので、ここではそれらの影響を考えたい。穀物は主にデンプンからできていて、デンプンは次代を担う種子のエネルギーの源になる。次代のための大切な貯蔵物質なので、水に簡単に溶けるショ糖(砂糖のこと)とは違い、水に溶けない耐水性の炭水化物である。デンプンはその構造から2種類に分けることができる。グルコース分子がまっすぐにつながったアミロースと、複雑に枝分かれしたアミロペクチンだ。アミロースは自然界の穀物の種子のデンプンのほとんどが一定量を含んでいて、カビに対して抵抗力が高くて生存力が高まる。アミロペクチンは分枝の枝分かれが多いので、その枝の間に水分子が入り込みやすいために濡れやすくて吸水率が高く、カビに弱いという欠点がある。他方で、植物体内の酵素によって一度に多量に分解することで初期成長に必要なエネルギーをすばやく供給できるという利点がある。

調理するときに加熱すると粘りが出るのがアミロペクチンで、アミロースは粘りにくく硬い。麺線にするには、アミロペクチンが多すぎると麺線の表面が粘って麺線同士が離れづらくなって作りにくくなる。一方で、モチにするにはアミロペクチンが多いほど向いていて、粘って伸びるようになる。つまり、アミロース含有量が多いと製麺適性が上がる。また、デンプンの中のアミロースとアミロペクチンのバランスはソバ食品の栄養面においても注目すべき意味があり、アミロース含有量が多いと消化速度が低下し食後の血糖値の上昇が抑制される。

このようにデンプンの中の分子の構造は植物体にとって利点と欠点があり、ヒトにとっても調理、栄養の上での利点と欠点がある。

イネ、オオムギ、トウモロコシ、アワ、キビ、タカキビ（ソルガム）、ハトムギといった穀物にはアミロースがなくてアミロペクチン１００％からなるモチ（糯）性という突然変異がある。そのモチ性品種は、遺伝的性質によって出にくい作物種があることと、東アジアのインドより東に集中していることが明らかになっている。また、とくに東南アジアの限定された地域にモチ性の作物を利用する文化の中心地があることも解明され、それを阪本寧男《さだお》氏は「モチ文化起源センター」と呼んだ。しかし、その当時の研究対象はイネ科の穀物に限られていたので、タデ科のソバにもモチ性が存在するのかどうか、世界の在来種の種子の化学分析をしてみた。世界から集めたソバの種子を同じ方法で製粉し、そば粉の硬さに関係が深いアミロースの含量を分析したのである。

世界の普通ソバの品種を分析した結果、アミロースがなくてアミロペクチン100%というモチ性の品種は存在しなかった。日本、東アジア、東南アジア、ロシアの在来種はアミロースが少ない軟質粉が多い傾向があり(資料3－5の地域ごとの円グラフの白い部分が平均値以下の品種の比率)、ネパール山脈や中国南部山岳地帯の在来種はアミロースが多い硬質粉が多かった(同様に地域ごとの円グラフの黒い部分が平均値以上の品種の比率)。ダッタンソバも同様で、大まかにいうと東方が低アミロースで軟質粉、西方が高アミロースで硬質粉の傾向があった(資料3－6)。産地別の普通ソバとダッタンソバを約500点分析したところ、アミロースから見た地理的変異は両種ともに似た傾向だった。ほかのイネ科穀物のように局地的なモチ性品種が集中的に分布するセンターは存在しないことと、東西の相対的な違いは両種で似ているというのが特徴である。

このようにそば粉はアミロースの含量が多いほど硬質になるが、世界の産地によってその成分に差があることがわかった。なお、この分析方法で用いているそば粉は篩にかけて甘皮(種皮)の一部が殻とともに除去されていることから、一番粉と二番粉相当の粉のデンプンの性質を世界比較していることになる。

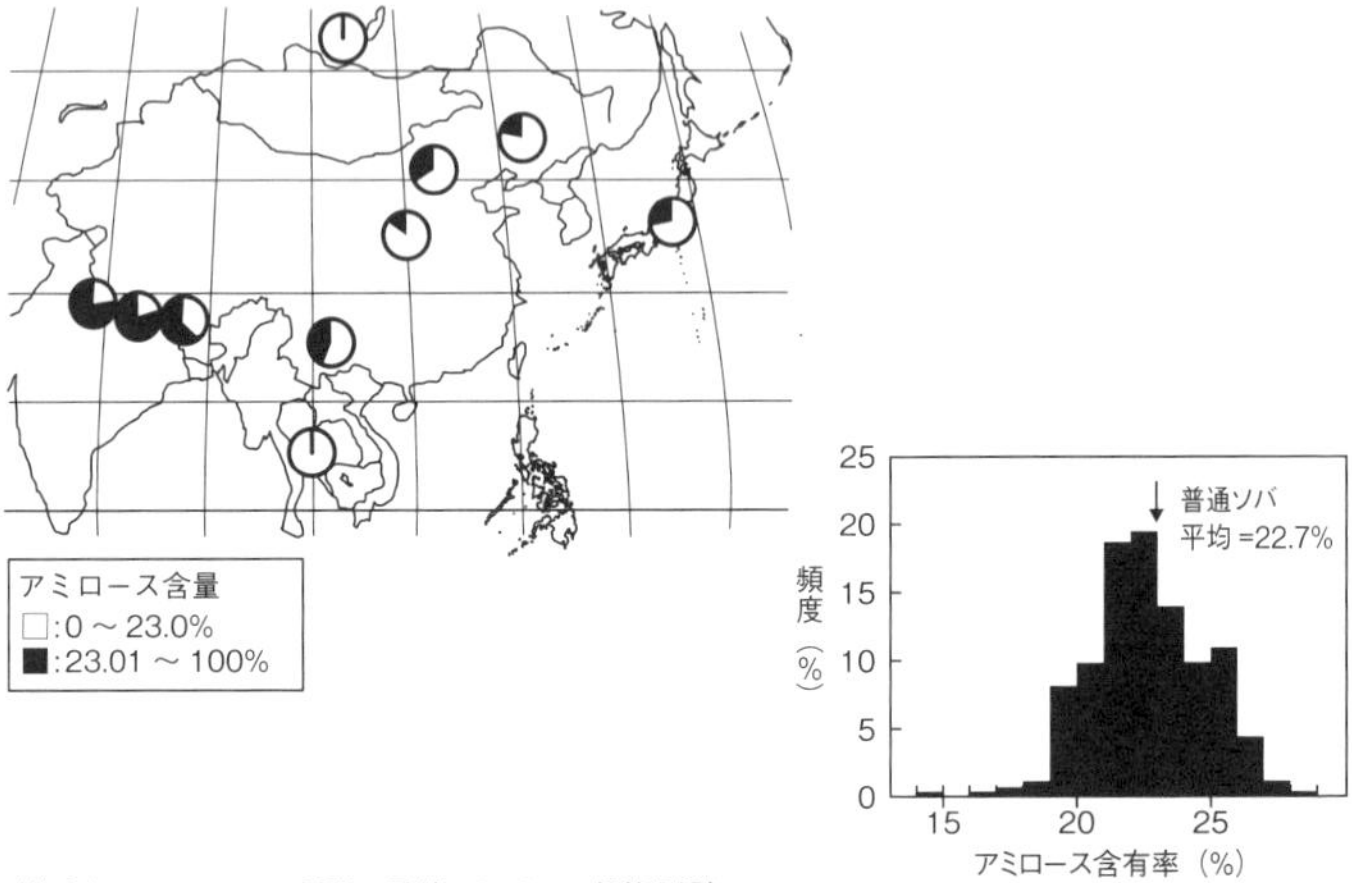

（井上ら、2001：250 品種・系統、0.16mm 経篩通過）

資料3-5　普通ソバの粉のアミロース含量の地理的変異

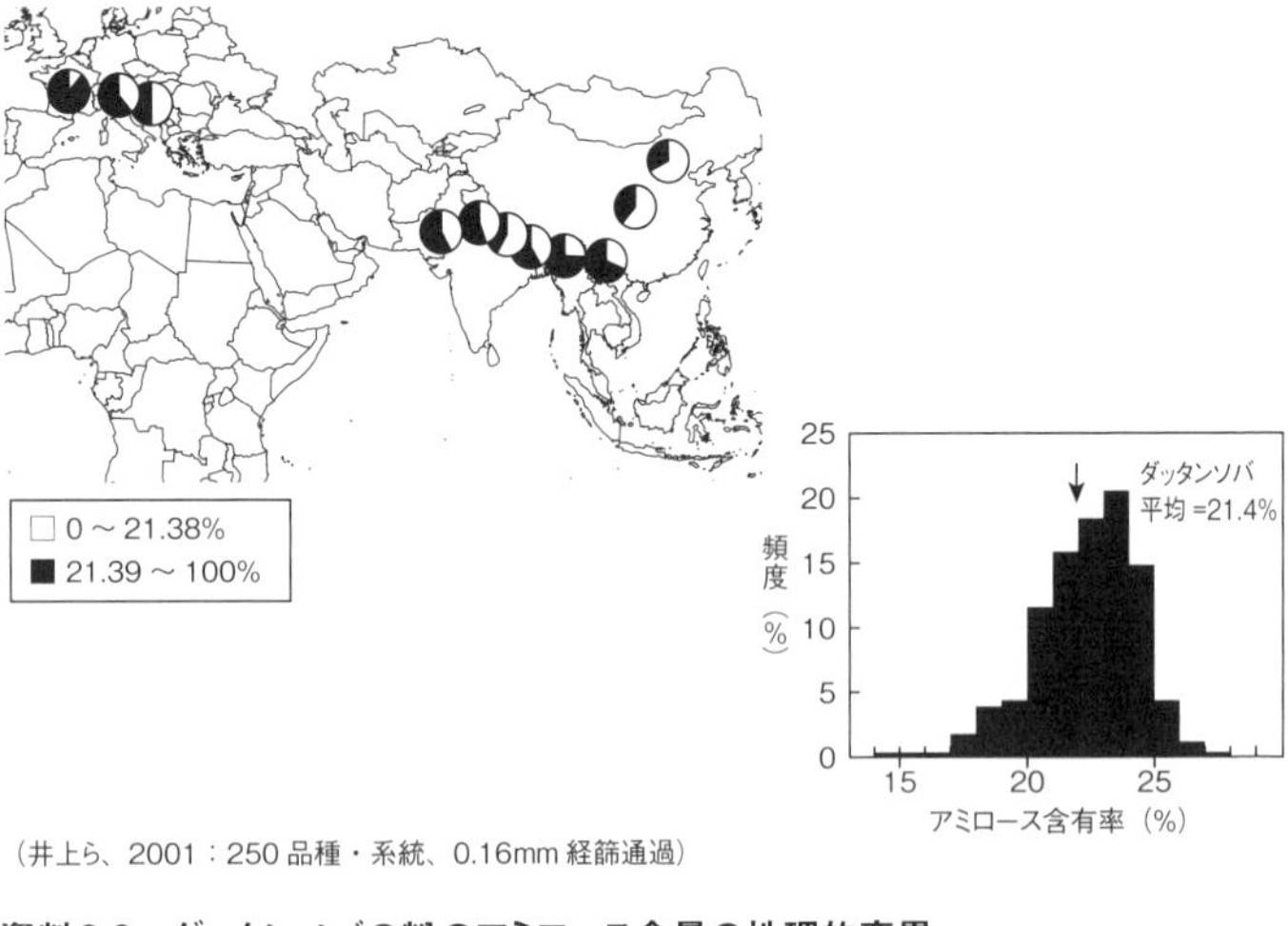

（井上ら、2001：250 品種・系統、0.16mm 経篩通過）

資料3-6　ダッタンソバの粉のアミロース含量の地理的変異

一般に、未熟種子はデンプン中に占めるアミロースがやや多い傾向があるため、ヒマラヤ山脈やアルプス山脈のようなユーラシアの高標高地帯においてアミロース含量が多いサンプルがたくさんあるということは、低温によってデンプン蓄積が遅延したり、霜によって蓄積が停止したことがうかがわれる。もうひとつ考えられることは、寒冷な山岳地帯では保水力が低いアミロースのほうが細胞内部の氷結による細胞破壊に強いと考えられ、そうした在来種が選抜されてきた可能性もある。このような環境要因と遺伝的要因が複合した結果が、この地理的変異を生んだと考えられる。

タンパク質とデンプン、デンプン中に占めるアミロースの含有率と栽培環境の関係の詳細については、次の「同一品種全国栽培試験」の結果と解説で触れたい。

(2) 品種が同じでも環境で変わる

同じ品種のソバでも栽培環境が変わると品質が大きく変わることは想像がつくが、実際にどのようなことが起きているのかはよくわかっていなかった。そこで、そば粉の品質が栽培環境によってどのように変化するのか調べた。全国200ヵ所での栽培試験では品種は「信州大そば」を用い、栽培時期と栽培方法は各地の慣行法にした。「信州大そば」を選んだのは、同品種は染色体数が普通の品種の2倍(32本)ある人為的に作成した同質4倍体であるため他品種と交雑しても種子がつかず、栽培環境がソバの品質に及ぼす影響だけを見るのに適しているからだ。ただし、播種から成熟した種子が穫れるまでの日数がかかる晩生《おくて》の品種なので、北海道での栽培は困難で分析できなかった。また、ソバは気温が高いと不稔が多くて種子が穫れないため、南西諸島では栽培自体が困難でデータはとれなかった。採取した種子は乳鉢で粉砕してから0・16㎜径の篩にかけて、タンパク質とデンプンとアミロース含有量を分析した。製粉歩留まりはできるだけ約57%に揃えたので、ここで調査した粉は一番粉、二番粉にほぼ相当する。

タンパク質は風味(味と香り)、アミロースは食感(噛み応えやのどごし)の簡易指標と考えられる。なぜならば、タンパク質は味に関係し、また、タンパク質が多いソバの種子は一般的に脂質も多く、脂質の中の揮発性の物質がソバらしい香りに関係するからである。他方、アミロースは麺線の硬さを左右し、含有量が多いほうが粘らずに硬くなってのどごしがよくなるからだ。

調査の結果、アミロースは14・9〜23・5%(1・6倍の違い)と粳米《うるち》の産地間の差以上の大きな違いがあり(資料3−7)、タンパク質は6・4〜13・4%(2・1倍の違い)だった。

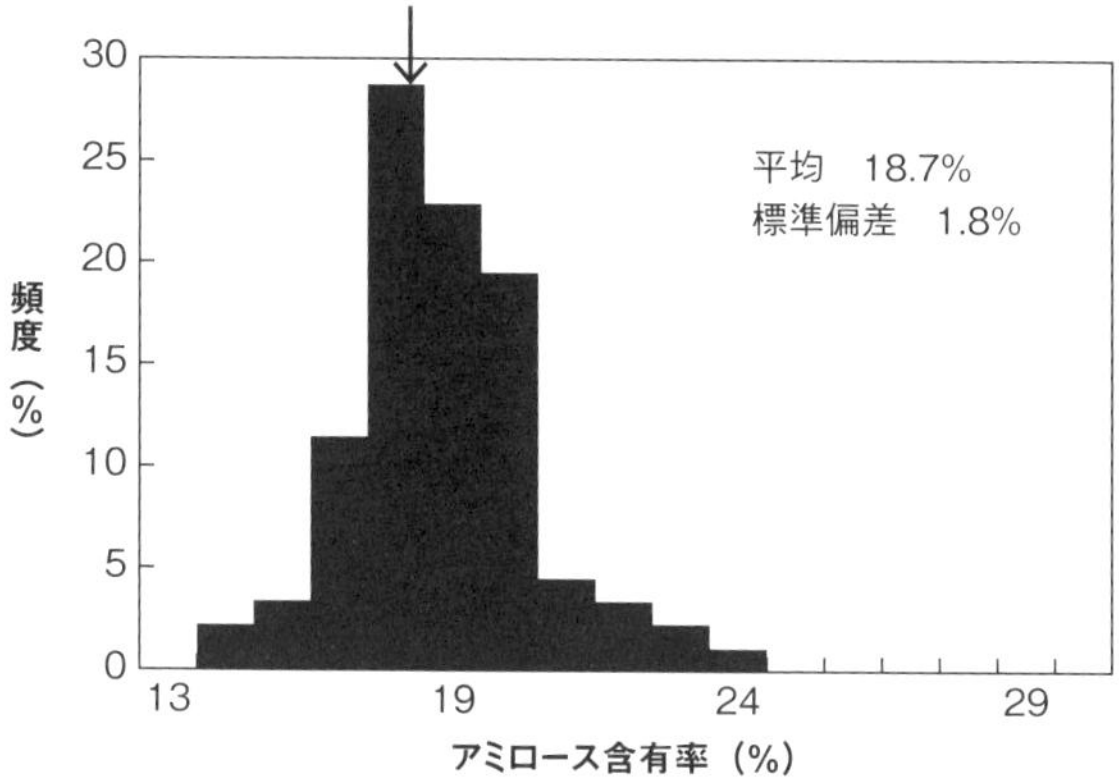

（1986年、全国200カ所の栽培試験、遺伝的要因の影響をなくすため、多品種と交雑しない4倍体品種「信州大そば」を用いた）

資料3-7　栽培環境がそば粉の成分に及ぼす影響

また、タンパク質が多いほどアミロースが少ないという負の相関関係も明らかになった（資料3－8）。タンパク質含有量は中部地方から東北地方にかけての山間地で栽培されると高くなった（資料3－9）。一方、海沿いで栽培されたものは一般的にタンパク質含有量が低い傾向も見てとれた。この試験では東北地方の山間地のソバの種子の粒重はやや重くなったが、粒重と化学成分との関係はほとんど見られなかった。

タンパク質の含有量は土壌中の窒素栄養の量と気象という2つの要因が大きく関係すると考えられる。ただし、土壌中の窒素が多いと倒伏することから窒素施肥量の地域間差はそれほど大きくないと考えられ、

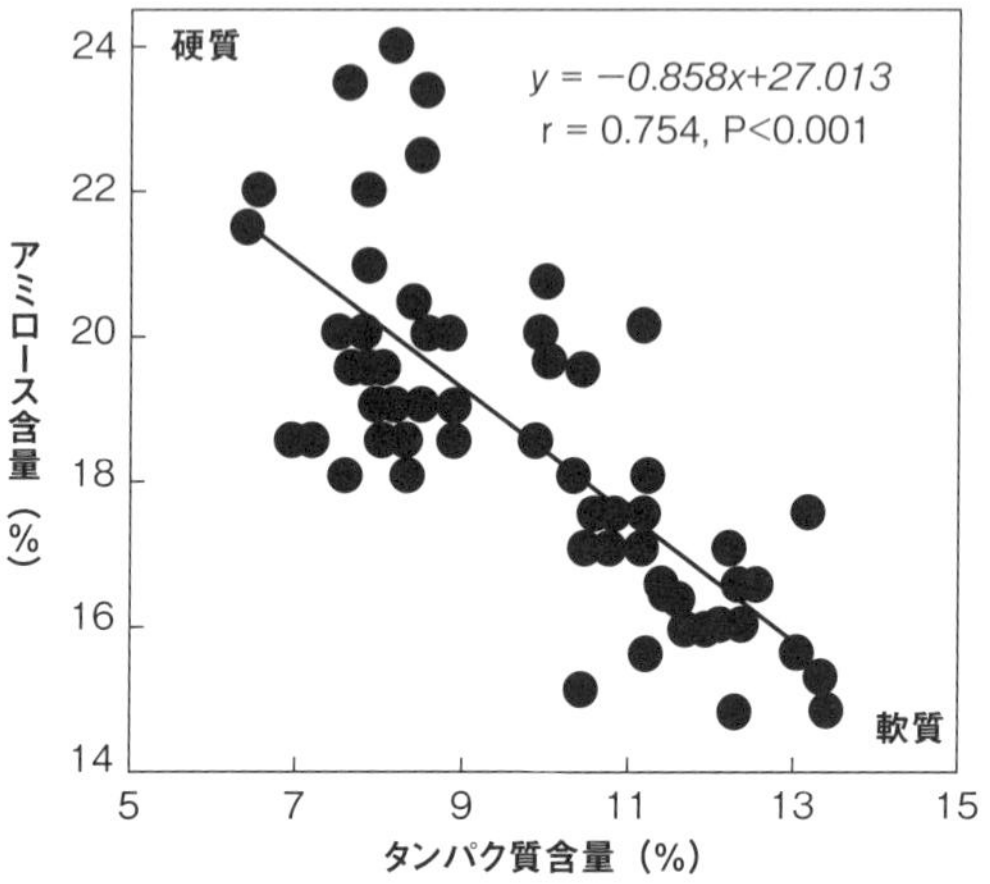

資料3-8　そば粉の化学成分にみられる規則性

中部から東北にかけての山間地の施肥量が一律に多いことも考えにくい。また、冷涼な地域では土壌からの有機窒素の分解速度も低いので、土壌からの窒素の供給の差とは結びつけられないため、タンパク質の含有量の地理的な偏りは主に気象要因によるものと考えられる。

そこで、食味官能に関わるそば粉のタンパク質やアミロースと栽培期間の気象との関係を調べてみた。資料3−10中の「＋」（プラス）符号は気象要因と化学成分との間に正の相関関係があること、「－」（マイナス）符号は同様に負の相関関係があることを示している。この分析によると、日照時間が短い時期に栽培した地点ほど、タンパク質

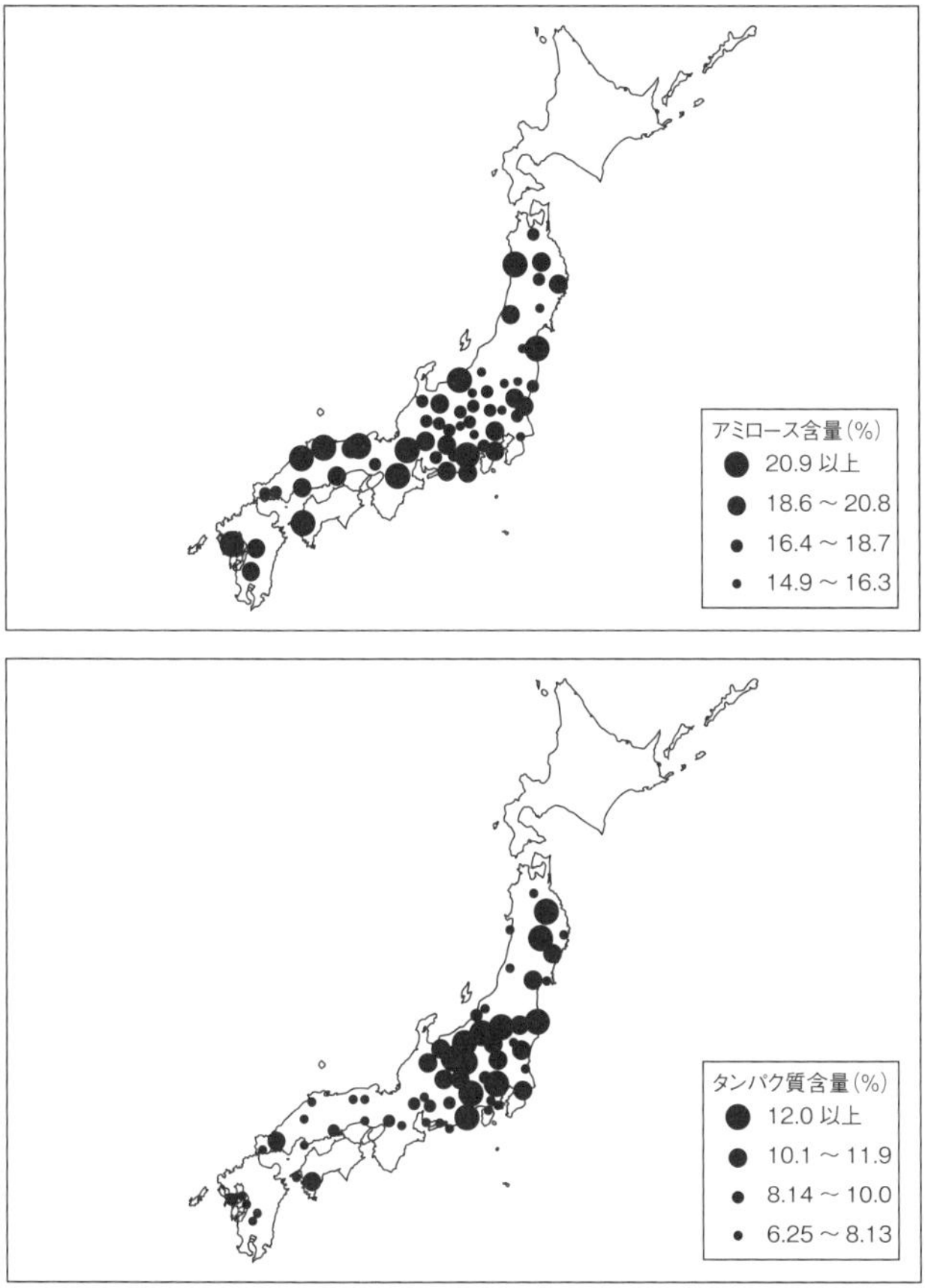

（同一品種による全国連絡試験）

栽培環境がそば粉のタンパク質に及ぼす影響
（4 倍体品種を用いた全国連絡試験の試験を科学分析、Inoue *et al.*, 2004）
注：供試品種が晩生の「信州大そば」で、北海道と南西諸島のデータはない

資料 3-9　そば粉のタンパク質とアミロース含量の地理的分布

	タンパク質	アミロース	アミロース/タンパク質比
平均気温			
最高気温		＋	＋
最低気温			
気温日較差			
総降水量			
日照時間	－	＋	＋
相対湿度		－	

単相関による分析、P＜0.05

資料3-10　そば粉の化学成分に及ぼす気象環境

含量が多い傾向にあることがわかった。このことは低温で短日の秋、あるいは日射量が少ない栽培地ではタンパク質が多く、風味がよい軟質のそば粉ができることを示している。他方、栽培期間の最高気温が高くて日照時間が長く、また湿度が低いほどアミロース含有量が多くなった。このことは、暖かく天気がよい栽培地では硬質のそば粉が生産される傾向があることを統計的に示している。

そば粉中のアミロース含有量とタンパク質含有量の比率(ここでは、アミロース／タンパク質比と表す)は、最高気温が高く、日照時間が長い栽培地ほど大きい値になる傾向があった。日照時間が長くて高温な場所で栽培されたソバは、登熟期間の光合成が盛んで種子に転流されるデンプンが多い。すると、種子の中のタンパク質よりも相対的にデンプンの含有量が高まり、硬質のそば粉になると考えられる。

他方、タンパク質含有量が多いと軟質のそば粉になるが、タンパク質が水分を含みやすいために麺線にするときに延ばしやすく細麺を打ちやすくなる。つまり、タンパク質含有量はそば打ちのしやすさに影響する。タンパク質含有量は麺食品の物性（硬さ、弾力性、粘り、付着性など）に影響し、含有量が多いと軟らかくなって噛み応えが弱まり、弾力性も低下することが知られている。九州や中国地方に太いそばが作られる地域があるのは、その地域のそば粉が硬質なために延ばしにくくて細麺にしにくいことが関係していると考えられる。また、タンパク質は甘皮（種皮）と子葉の器官に多いが、甘皮と子葉の組織中には脂質が多い。脂質が多いと香り成分も多いので風味が強くなる。

精白したコメはタンパク質が多いと炊飯時の水の浸透を妨げ、アミロースが多いと粘りが弱くて冷えたときに硬くなる。タンパク質とアミロースはどちらもコメの食味を引き下げる要因になり、両者に直接の相関性はない。しかし、そば粉はコメの場合とは異なり、アミロースが多いとタンパク質が少ないという負の相関があり、両方の成分が味と香りと物性に同

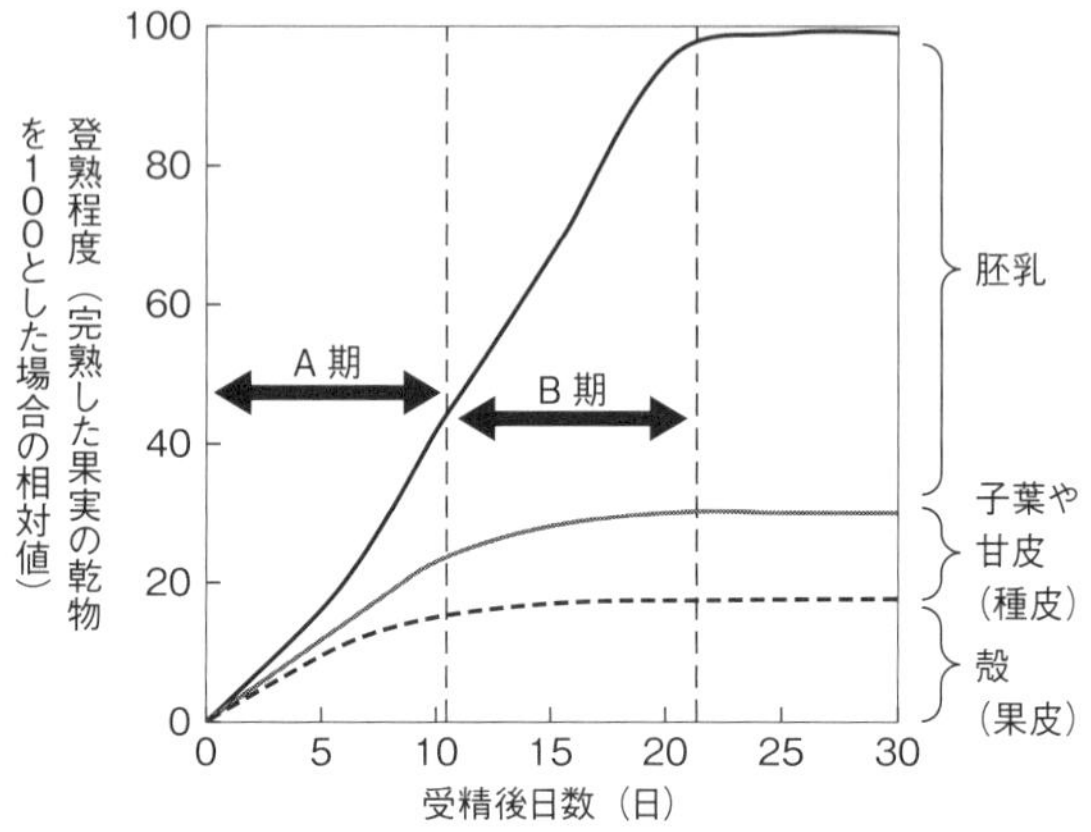

A 期：殻（果皮）と子葉の形成期、主にデンプン以外が蓄積
B 期：主にデンプンが蓄積する期間

資料3-11　種子の成長と化学成分が蓄積する時期

時に影響するため、地方ごとの特色あるそば粉ができると考えられる。

次に、種子の成長期間の気象環境が化学成分に及ぼす影響について考えてみたい（資料3－11）。ソバの種子は受精後の成長前半（A期）で子孫としての生存力を高めるために、まずは種子の中核である殻（果皮）、甘皮（種皮）、子葉（子葉と胚軸）を形成し、成長後半（B期）で胚乳を作っていく。はじめに子孫のDNAと種子としての基本形を作り、時間的な余裕があれば子孫のためのエネルギーとしてのデンプンを蓄えるという順番である。未熟の種子でも発芽力が強いことから、この成長の優先順位はソバにとって合理的と考えられる。大まかに見ると、A期ではタンパク質と脂質と繊維、B期では主にデンプンを蓄積していく。最高気温が低く、日照時間が短い時期に栽培したものほどタンパク質が多くてデンプンが少ない傾向があるということは、A期の成長は十分だがB期の成長は不十分であることが考えられ、登熟(種子が充実していくこと)が停滞して完全でない種子が多い傾向にあるといえる。ただし、コメの場合は完全に登熟していないと食味の評価は低いが、ソバは登熟不良のほうがむしろ風味は優れている傾向がある。

天気が悪いと湿度が高いのが普通である。天候不順のところでは登熟不良になりやすく、デンプンが十分に種子に入らないまま収穫されることも多くなる。しかし、種子は未熟でもカビがつきにくくできていて、種子が若いほど抗カビ性が高く、抗菌力のもとになる香り物質の含有量が多い。また、冷涼なところで収穫されて乾燥されるとこの揮発性香り物質は揮発しにくく、香りがよいのでおいしいそば粉になる。

ソバの種子は成熟が進むにつれてデンプンが蓄積するので、種子の中のデンプン含有率が低いということは未熟な種子であることを示している。そうした未熟な種子は製粉歩留まりが低く、種子中のアミロース含有量が少ない傾向にある。他方、デンプン中に占めるアミロースの比率が高まる傾向もある。日本各地で同じ品種を栽培したときにその比率が40%以上にな

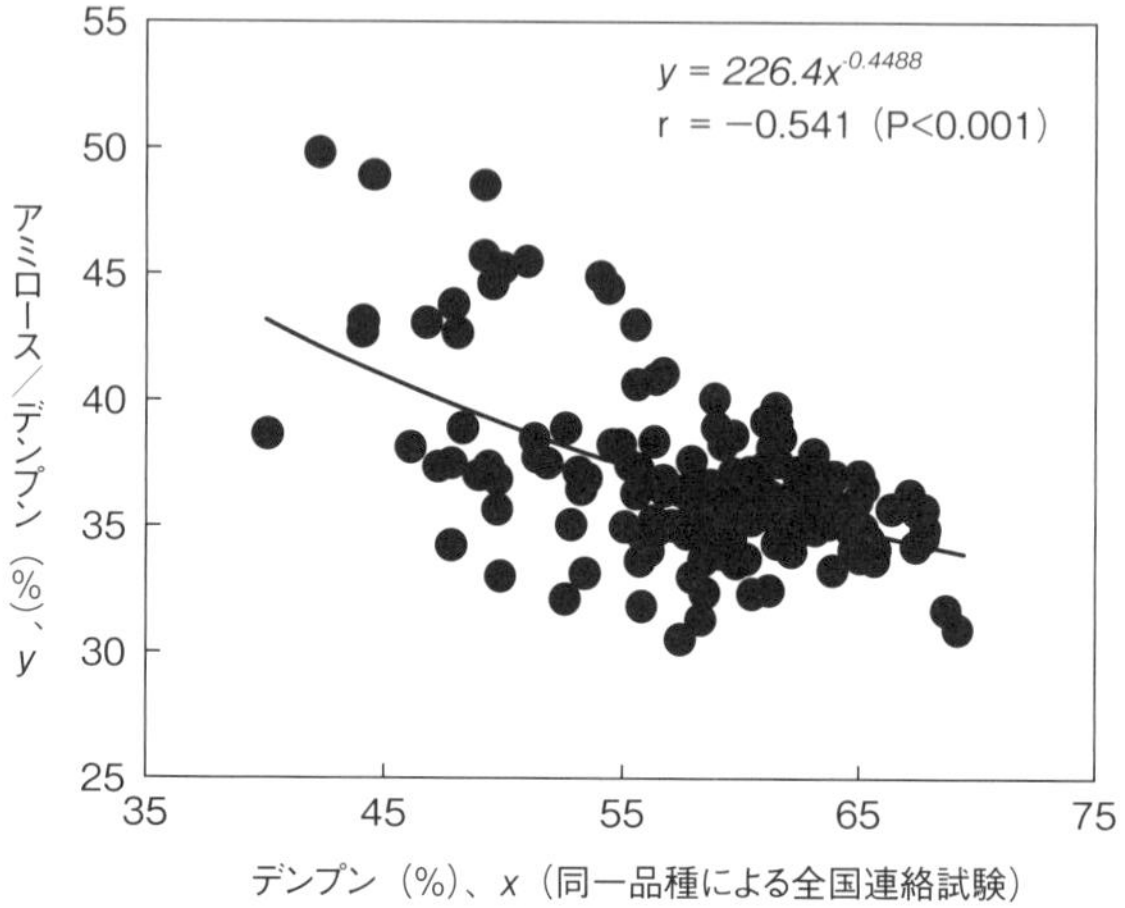

資料3-12　デンプン含有率とデンプン中のアミロース含有率の関係

る栽培地もあり、その場合はデンプン自体が硬質になると考えられる（資料3－12）。デンプン自体が硬いということは、デンプン主体の一番粉はかなり硬くて吸水しにくいという特徴のそば粉になる。

種子は登熟初期に耐水性が高いアミロースを中心に蓄積して、登熟の後半で複雑な枝分かれ構造のアミロペクチンを蓄積していく傾向があると推察される。食味官能の観点からすると、栽培環境によって未熟で歩留まりが低い場合は、風味を向上させ軟質になる原因となるタンパク質が全粒粉中に多いものの、デンプン含有量が少ないわりにはデンプン中に占めるアミロースが多いので、タンパク質に原因する軟質の性質

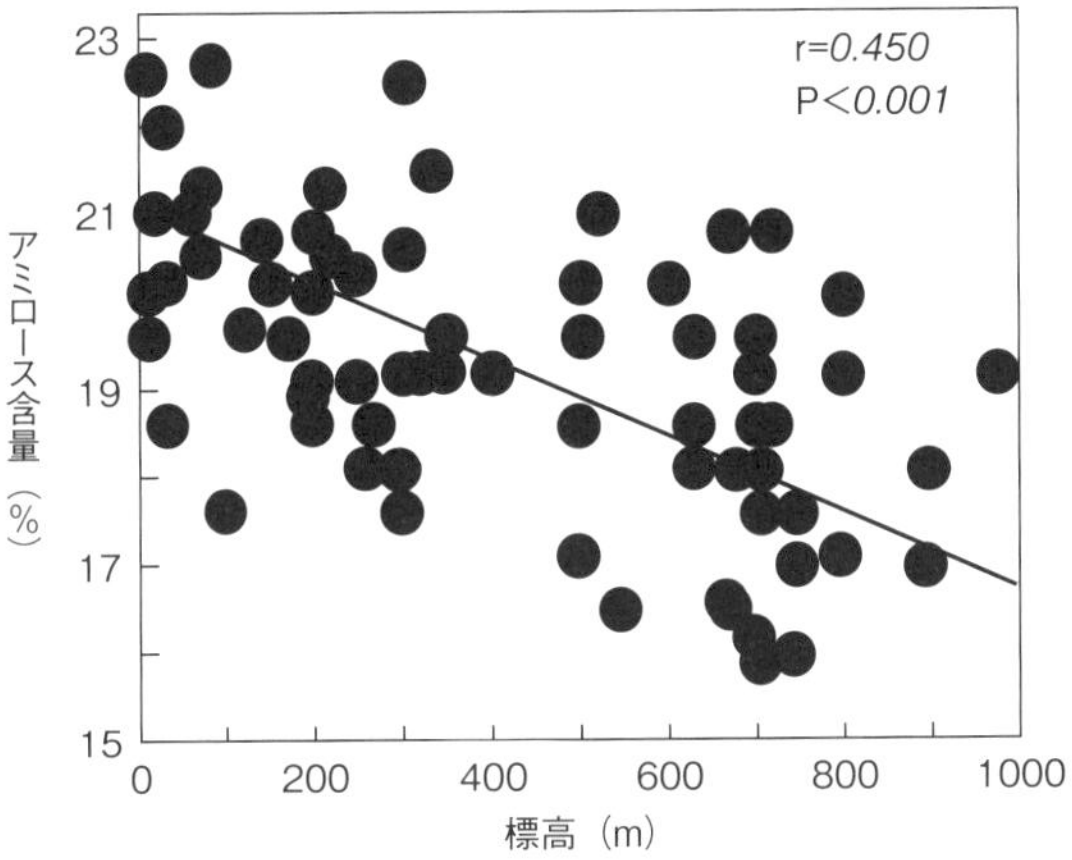

（同一品種による全国連絡試験）

資料3-13　栽培地の標高がそば粉のアミロース含量に及ぼす影響

を硬質のデンプンが相殺し、風味が高いわりに食感がよい麺線を作ることができるそば粉になるということになる。

精米したコメはほとんどデンプンだが、ウルチ種の場合はアミロースの比率は約15～20%で、ミルキークイーンのような粘性が高いモチ種に近いウルチ種だと約10～5%である。それらのデータと対比すると、ソバのデンプン中に占めるアミロースが資料3－12に示すように平均35%程度もあるということはコメのウルチ種に比べて耐水性が高く、かなり硬質だということになる。

同一品種全国栽培試験の試験地は標高の違いが大きく、標高0mから1000mま

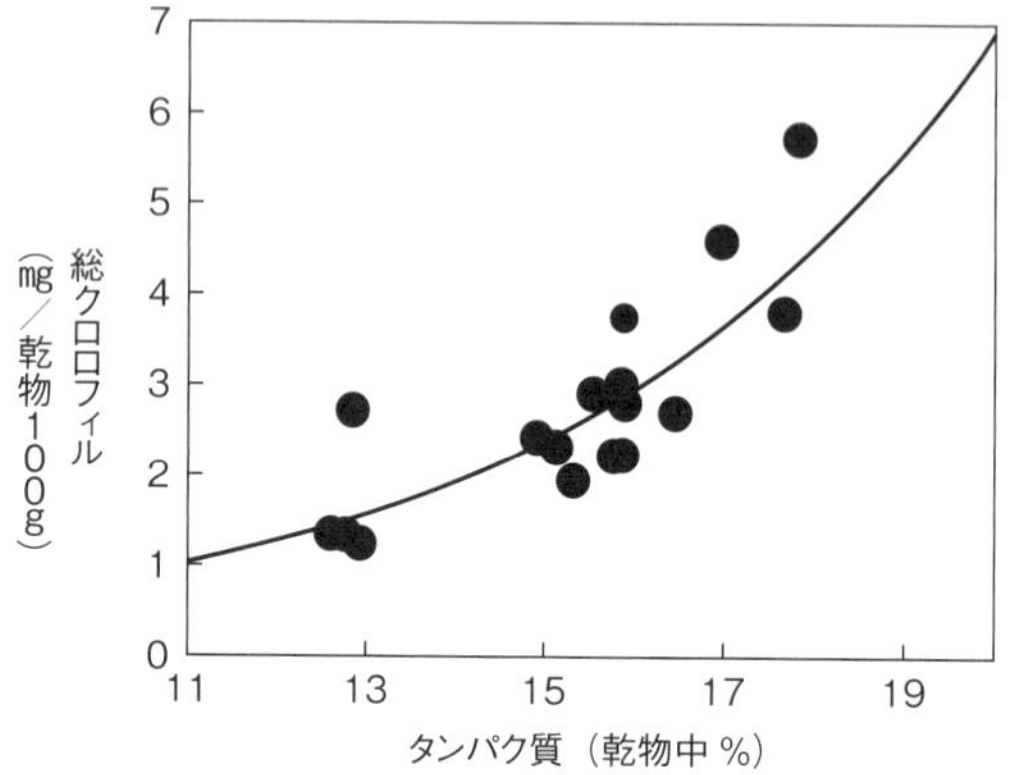

（「信濃1号」、長野県伊那市の標高680-945mの農家圃場、2017年、比重選と磨きのあと、コーヒーミルで製粉し、42メッシュ（目開き：355μm 篩で殻などを除去）井上による

資料3-14　そば粉の風味成分と色味の関係

で開きがあったので、標高の違いとそば粉の化学成分との関係を調べた。すると、ばらつきはかなり大きいものの、標高が高いほどアミロース含有量が低くて軟質になる傾向があった（資料３－13）。このことは、同じ品種ならば栽培地の標高が高いほどタンパク質含有量が多くて味と香りがよい傾向があることを意味している。長野県伊那市の調査によって、約６００ｍから１０００ｍの標高が異なる試験地で「信濃１号」のそば粉の化学成分を調べた。すると、タンパク質が多いほど総クロロフィルが多い傾向があり、タンパク質含有量が多くて風味がよいものほど緑色が濃い傾向にあった（資料３－14）。このようにソバは栽培地の

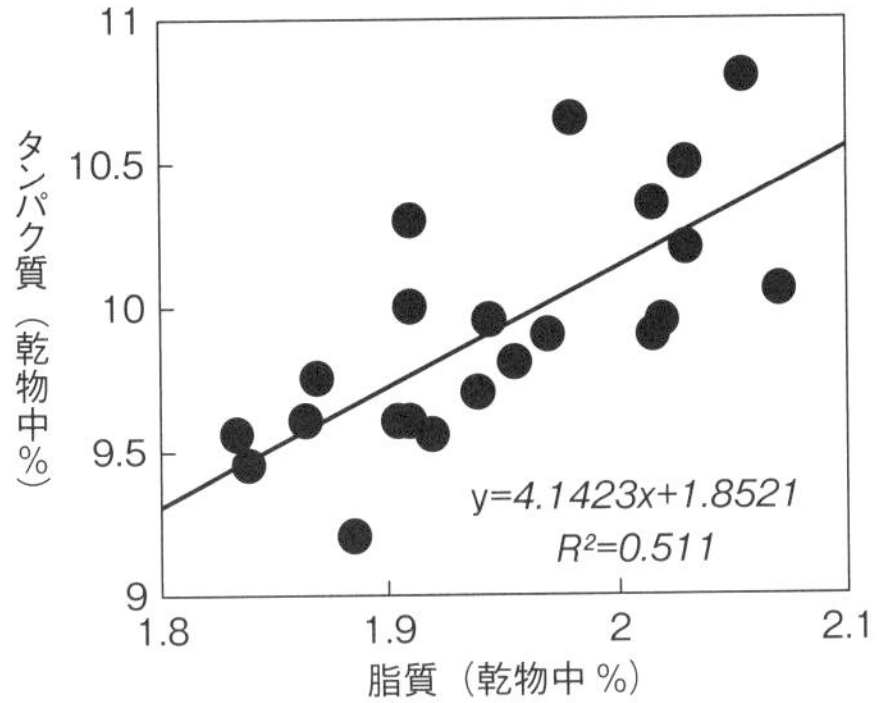

ブラベンダー・テストミルで粉砕後に60メッシュの篩を通過
森下・手塚（2002）が報告した九州産業試験場での2年間の成績をもとに作図した。
北海道の夏栽培型品種から九州の秋栽培型品種まで広範に比較

資料3-15　在来種の成分の品種間差異

標高の違いによって、おいしさや概観品質に違いが出てくることがわかる。

(3) おいしい品種はありえるか

品種の違いが品質に及ぼす影響については世界各地の研究機関が調査しているが、日本の品種ではどうだろうか。先述した同一品種全国栽培試験では同じ品種で違う栽培環境の比較をしたので、今度は同一環境条件で遺伝的な差がどの程度出るのか、日本の在来種間の比較をした結果を見ることにする。その結果、タンパク質は9・2〜10・8%の幅でその差は1・2倍弱ほどで、味と粘弾性に差があることが推定できる。また、香りのもとになる物質を直接調べるのはかなり困難なので、その指標となる脂質も整理してみた。味に関係が深いタンパク質と香りに関係が深い脂質の相関関係は強いものの、脂質含有量の品種間の差異は1・1倍程度であることがわかった（資料3－15）。通常は小粒の在来種ほどタンパク質が多く、またタンパク質あたりの脂質も多く、味が濃い品種ほど香りも濃い傾向がある。なお、ナッツに近い香りがする品種があるが、その原因は品種による脂質成分の内容の違いとも考えられるが不明な点が多い。

２０００年頃にカナダの育種家が日本に来て、次のように尋ねた。「カナダや北アメリカでソバを栽培すると多収で種子も充実している。そして、実需者の日本人が好む緑色が濃い品種を育種している。それにもかかわらず日本であまり評価されないのはなぜか」。彼は著者の研究室に来て新品種候補を並べて見せてくれたが、たしかに甘皮（種皮）の色はこれまでに見たことがないほどに濃い緑だった。しかしながら、日本のソバの伝統的な栽培法は収穫時の無駄な脱粒を防ぐために早刈りするのが普通で、その結果として、日本人は未熟の緑色が濃くて青臭い香りのソバを好むようになったのだと考えられる。つまり、日本の伝統的な栽培方法で収穫されたソバは早刈りの未熟粒であり、それに対して北米の近代的な機械栽培で収穫されたソバは遅刈りの完熟粒である。このカナダの育種家とのやりとりを通じて、育種によって緑色が強い遺伝的な性質だけを強化しても必ずしもおいしくなるわけではないことがわかった。そして、日本人が色はさることながら、果実のような香りをとくに重視しているという点を理解できないところがソバ食文化の伝統がない北米との違いだと感じた。

ソバには遺伝子型が違うさまざまな地方在来種があるが、それらは栽培環境に対する反応で大きく3タイプに分類することができる。主に温度反応する「夏栽培型（夏型）品種」、日長反応と温度反応の両方をする「秋栽培型（秋型）品種」、そして両者の中間である「中間栽培型（中間型）品種」だ。あくまでタイプによる分類であり、実際には中間型品種が多く、栽培地の環境によって次第に遺伝的組成が変化してきたと考えられる。それぞれの栽培生態型の地理的分布は、氏原暉男、俣野敏子両氏による研究成果があり、資料3－16のように規則的に分布していたことがわかっている。ただし最近では、第2次世界大戦後に育成された新品種が遠隔地で試験的に導入栽培されるケースもたくさんあるため、栽培生態型の地理的分布の規則性は調査当時と比べるとかなり攪乱《かくらん》されていると考えられる。

大まかに見ると、中部山岳地帯から北海道にかけては主に温度によって開花期や成熟期までの期間が決まる夏型品種が分布している。その理由は霜が早く降りるため、日長が長い春から秋にかけて栽培せざるを得ないからである。もし日長に対して反応が敏感な品種だと、

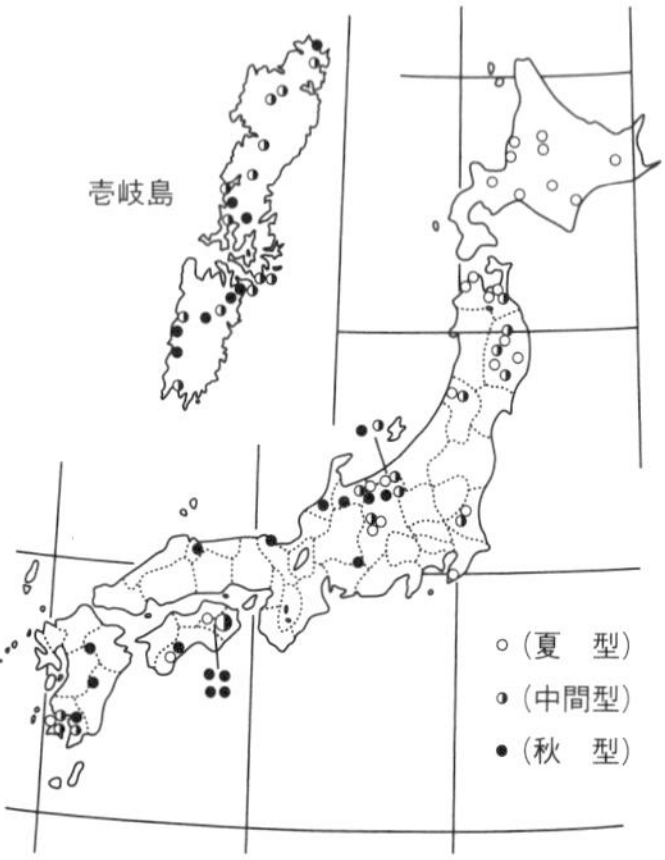

（氏原暉男・俣野敏子、1978）
信州大学での開花反応、収量性および粒型から総合的に分析された

資料3-16　在来品種の栽培生態型の分布

栽培期間の日長が長いといつまでも栄養成長が続いて晩生《おくて》になり、成熟する前に霜が降りてきてしまう。中部地方の高冷地や東北、北海道のように短い夏の気象資源を活用して成長するには、日長は制限要因にならず、足りない温度をシグナルにして発育をコントロールするのだ。

それに対して、中部地方から九州にかけては主に秋型品種が分布している。その理由は夏に栽培すると高温で生理的不稔が発生して収量がとれないことと、台風などの大雨や倒伏によって安定した生産ができないからである。そのような地域は逆に霜が遅いので、涼しくなる秋での栽培が適するのだ。しかし、涼しいからといって成長が

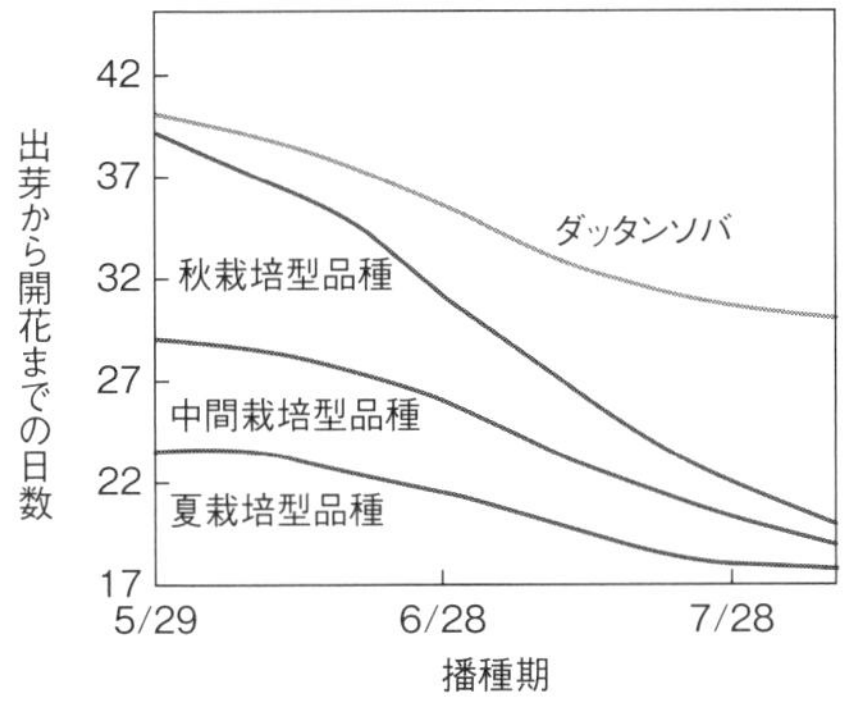

夏栽培型品種：「しなの夏そば」…主として温度に反応し、日長反応は弱い
中間栽培型品種：「信濃1号」…日長反応はやや弱く、温度に反応
秋栽培型品種：九州の在来種…日長と温度の双方に強く反応
ダッタンソバは「気の力」と「信濃くろつぶ」の平均値…日長と温度に反応

資料3-17　栽培生態型の発育反応

だらだらと続いて結果的に霜が降りて枯れても困るので、温度だけでは発育を制御する要因としては不十分となる。そこで、霜が降りる成長停止の危険性が高まる冬期になる前に発育を終了するために、日照時間も発育進行のシグナルにして、開花と成熟をコントロールするのである。暖かいところでは、正確に生理的シグナルに働きかける環境要因として温度だけでなく日長も重要なのだ(資料3−17)。

起源地に近い中国の雲南省の高地は1年を通じて寒暖の差が小さく、日長に対する生理的反応がなければ冬がくる前に正確に種子をつけることができない。つまり、温度だけでは季節を感じ取るためのシグナルとしてはアテにならないので、発育の期間を決めるには天候に左右されず年次間差異が小さい日長が大切なのだ。

そして、夏型品種と秋型品種との中間的な反応を示すのが中間型品種で、温度にも日長にも反応する。本州の高冷地（おおむね標高１０００ｍ以上）を除いた中山間地帯で広く栽培されるもので、それほど寒冷ではなく、霜が降りるのが遅い地域で栽培されてきた。中間型品種は大変作りやすいので、第２次大戦中やその戦後に「広域適応性品種」として喜ばれてきた。たとえば、長野県が１９４４年に福島県会津の在来種の中から選抜・登録した「信濃１号」がその典型だ。

秋型品種の登熟期は涼しく夜温が下がって寒露が降りるような時期だ。ソバはイネやムギなどの主作物の栽培が失敗したときの保障として栽培されてきた救荒作物のひとつだが、品質を決める晩秋は種子が登熟不良になりやすいことが意外にも高品質に結びつく。北日本の夏型品種は夏に栽培されるものだが、西日本と違って気温が低く登熟期間はさらに低温になる。日本各地の在来種が冷涼な地域や季節に栽培されることで高品質のソバができるのである。夏型品種でも秋型品種でも温暖な環境で栽培すると粒が小さく貧弱になり（資料３－18）、高温に弱い日本のイネを熱帯の高温条件で栽培した場合と同じ傾向である。

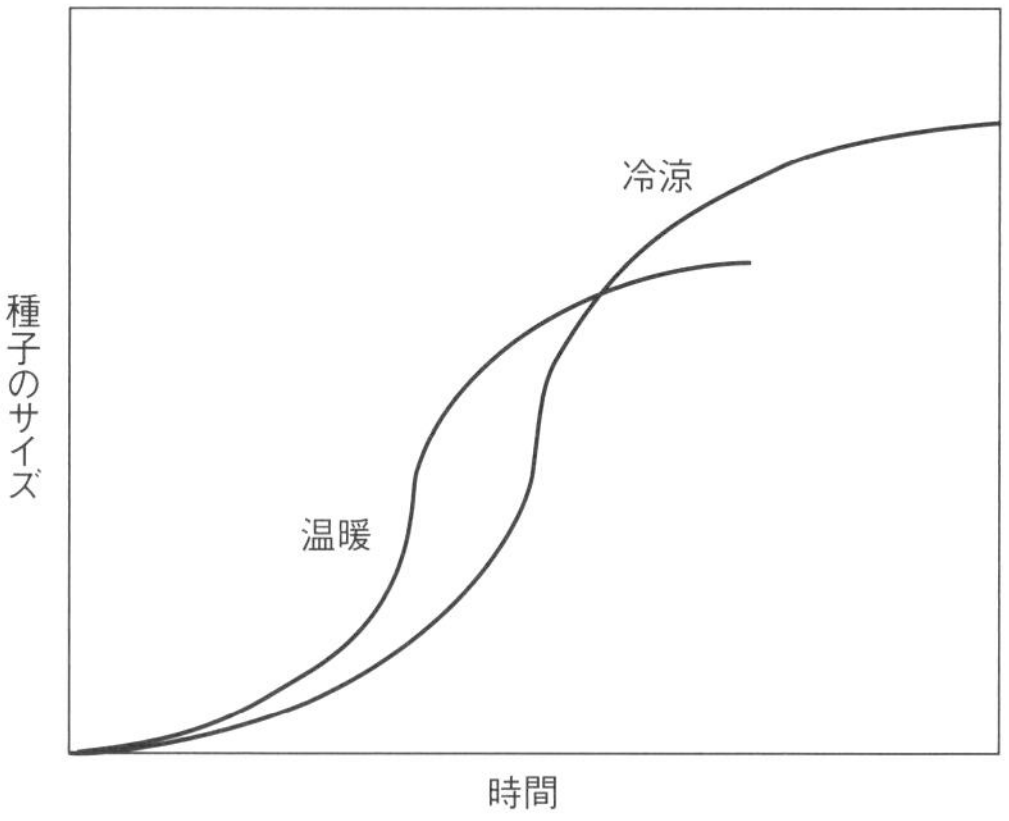

ソバの種子のサイズと温度環境（模式図）

資料3-18

また、ソバは最低気温が18℃以上になると結実率が極端に低下し、収量が激減して栽培が成り立たなくなる。花粉管伸長停止、雌蕊《しずい》（めしべ）の奇形、登熟停止といった生理的障害によって受精率や登熟歩合が低下するために結実率が低下することがわかっている。暖地で気温と結実の関係を調べた試験結果があり、最低気温が約18℃を超えると不稔でほとんど種子がつかなくなる（資料3－19）。つまり、登熟期の気象条件は風味だけでなく収量にも大きく影響する。秋型品種は秋深くて冷涼な環境で登熟期を迎えるが、夏型品種も北方や高標高地帯で栽培されるので、夏栽培とはいっても冷涼でなければならない。夏型品種といえ

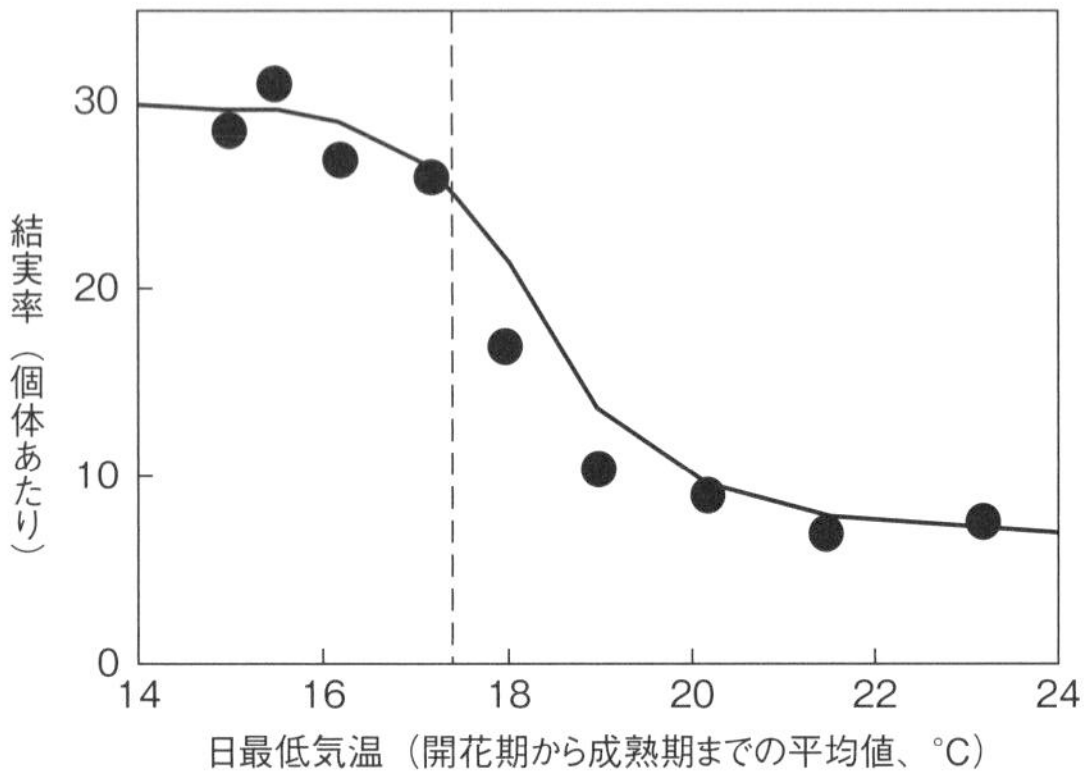

破線の気温を超えると、生理障害が起こり、受精・結実率が低下する
（夏栽培型品種「キタワセソバ」、杉本・佐藤，1999のデーターから作図）

資料3-19　気象環境が結実率に及ぼす影響

ども耐暑性が高いわけではなく、秋型品種とあまり変わらない。

アジアに目を転じてみると、ソバは霜が降りる時期、大雨が降ったり大風が吹いたりする時期、乾燥が激しい時期、暑い時期以外であれば、季節の隙間をぬって冷涼で水分がある期間に栽培されていることがわかる（資料3－20）。雲が出ていることが多い地域では放射冷却現象が小さいために霜害を受けにくいので登熟を妨害せず、高温による風味低下も起こさずに良質の種子ができる。大雨は訪花昆虫を激減させて受精を阻害し、高温は生理障害を誘発して受精と登熟を阻害する。ソバは数千年にわたっていろいろなところで栽培されてきたが、

	栽培類型	場所
日本	夏栽培	中部の高標高地帯、東北、北海道、
	秋栽培	本州、四国、九州
	暖地春栽培*	四国、九州（最近試みられている作型）
中国**	北方春栽培	万里の長城以北の高緯度、高原
	北方夏栽培	黄河流域の低海抜、平原
	南方秋冬栽培	沿海地区
	西南高原春秋栽培	西蔵、青海高原
ネパール	乾季作	西部や高標高地帯
	雨季作	北部山岳地帯
タイ・ベトナム	乾季作	北部山岳地帯

*九州と四国に存在した戦前の「三度蕎麦」品種の春播栽培とは異なる
**林汝法（リンルーファ）「中国蕎麦」（1994）にもとづく農業地理的な栽培類型による

資料3-20　ソバの栽培類型

その性質は大きく変化することはなく、起源地の中国の四川や雲南のようなどんよりとして霜が降りにくい気象や、夜温が低下して露がつきやすい場所を好むのだ。

著者は神奈川県の湘南や関東の武蔵野で春栽培を試したことがあるが、3月末に中間型の品種を播種したところ、6月の暑さによって種子の殻が弾けてしまったので65日ぐらいで無理やり収穫した。種子が弾けたのは暑さによる生理障害である。暖地であれば夏型の品種を霜に注意しながら春に栽培することができるが、暑くなる前の収穫が必須であり、登熟期の気象が暑いと風味がよい高品質のそば粉を得るのは至難の業である。

(4) 広域適応性品種の普及と在来種の復権

広域適応品種とは「さまざまな環境に適応できて多収できる品種」という意味で、この考え方は近代育種が発達してきてからのものだ。広域適応品種は徒長《とちょう》や倒伏しにくく、種子も大きくなって食用になる部分の歩留まりが増加し、単位面積の収穫量も上がるように、農業試験場が中心となって地方にたくさんある在来種の中から選抜して作られた。第2次大戦前後の食料難を解決するのが最大の目的なので食味向上をめざしたものではないが、小粒なものが多い在来種と比較すると粒が大きいため、タンパク質と脂肪が少ない傾向がある。また、ほかの品種と交雑するうえに集団の中の個体間変異が大きいため、品種の特性を維持していくことが困難で、育成当初の品種の特性が変化しているものもあり、一概に食味が悪いとはいえない。

典型的な品種に長野県が戦時中の1944年に開発した「信濃1号」がある。福島県西部の会津の在来種から系統選抜された多収穫の中間型品種で、暖地に見られる秋型の在来種のように強い日長反応はせず、温度反応が主体の夏型品種との中間的なものだ。そして、古い在来種よりも早生《わせ》で作りやすい。

また、戦後に育成された有名な広域適応性品種のひとつが北海道の「キタワセソバ」で、「信濃1号」よりもさらに広域適応性がある。この品種は1930年に北海道・伊達の在来種から選抜されて作られた品種「牡丹《ぼたん》そば」の中でも富良野で栽培されていたものをもとにして、早熟、多収穫、斉一といった特長を目標にして北海道農業試験場で開発され、1989年から北海道に普及された(本田裕《ゆたか》氏による)。揃いがよいことと収穫量が多いことと、広域で栽培できたために生産量と知名度が高まった。早生の夏型品種なので、緯度によって日長が大きく異なる日本列島においても暑さや風雨を避ければ南下しても栽培できる。

緯度が高いと夏の日長が長くて温度が低いため、普通は日長反応性が鈍くて温度反応が高い品種が残る。夏の低い気温条件下でもよく反応して葉が展開して開花・受精・登熟し、一生をまっとうできるためだ。逆に、低緯度地域は温度が十分でも季節によっては降雨が期待できない場合がある。そのため、季節を感じるための確実な気象情報が気温だけではなくて日長も重要なのだ。日長反応性が鋭い品種は、日本においては北上すると栽培期間の日長が長いので成長が遅延し、登熟が終わらないうちに霜が降りてしまう。早生の夏型品種は北は北海道から南は九州でも栽培しやすいので、果ては東南アジアの僻地の農業振興にも使われることになった。こういった北方の早生品種は栽培地の気象環境が冷涼なために高品質なそば粉が生産でき、日本のおいしいそばの生産に貢献してきた。

他方で、最近では広域適応性品種とは別に再び在来種が大切にされるようになっている。その理由は、①小粒で風味がよい品種が実際にある②広域適応性品種では地方の特色を出しにくい③人々に「在来種がおいしかった」という記憶が残されている④消費者の舌が肥えて一般的な品種では満足できなくなっている――といったことだ。

ソバの味の官能試験はコメと違い、麺線のそばにするのに手間がかかるのと、時間を置くとそばがのびてしまうために実施が極めて困難である。そこで、広域適応品種と近年再評価が進んできた小粒の在来種を、風味に関係が深い化学成分を分析することで簡便に比較してみた。資料3－21のブランドソバ(▲)とは、国産が岩手・紫波《しわ》産「にじゆたか」、福井・武生《たけふ》産「大野在来」、北海道・ニセコ産「キタワセソバ」、石狩・沼田産「キタワセソバ」、秋田・鷹巣《たかのす》産「階上《はしかみ》早生」、山形・新庄産「最上早生」、福島・会津産「会津在来」、茨城・八千代産「常陸秋そば」、外国産が中国産「マンカン」、ロシア産「ロシア玄ソバ」、アメリカ産「マンカン」、モンゴル・ドルノド産「キタワセソバ」である。「奈川《ながわ》在来」は長野県松本市奈川(旧奈川村)の有名な在来種で種子のサイズは4・4㎜ほど。「入野谷《いりのや》在来」は長野県伊那市長谷《はせ》(旧長谷村)の古い在来種で同様に3・8～4㎜ほど。地域全域の農家が生産した多数のソバを用いて風

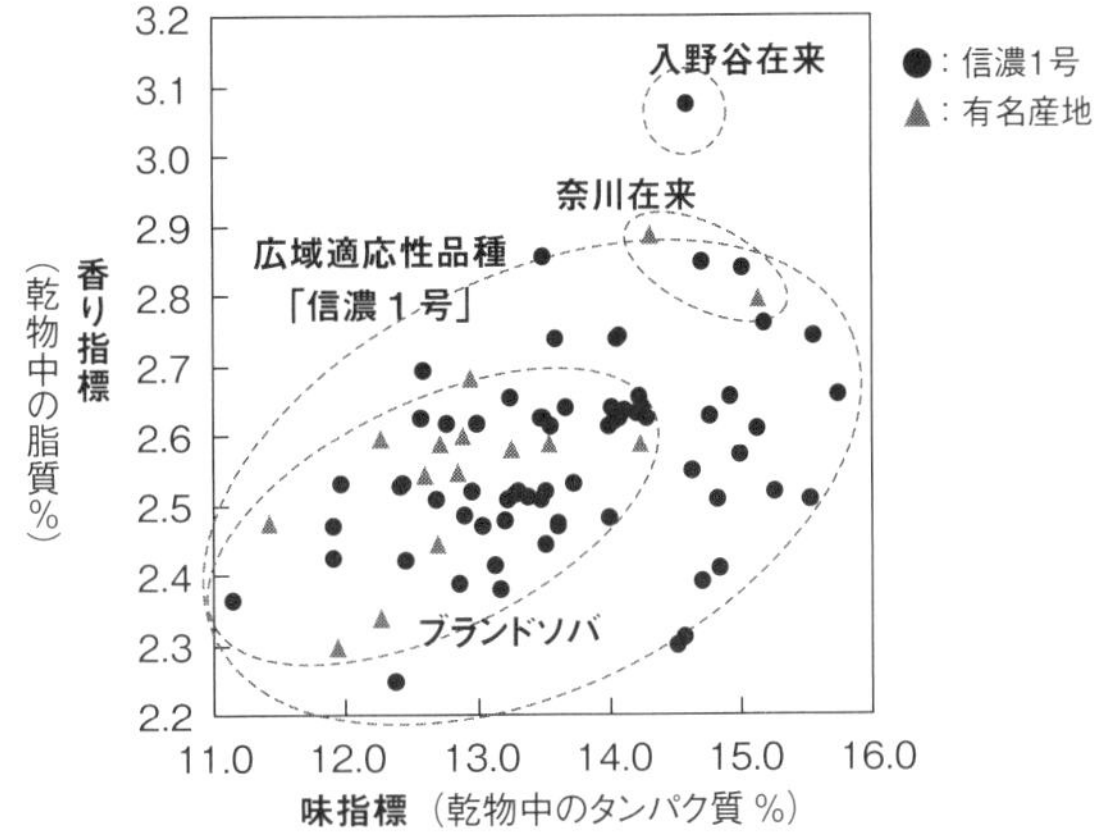

（井上、2018年、長野県伊那市全域と有名産地産の品質の比較）

資料3-21　味と香りの簡易分析

味関連成分を比較することはこれまでほとんどなかったので、貴重な情報が得られた。

この分析結果によると、極小粒の在来種はタンパク質と脂質が多く、とくに脂質の多さが際立っている。これは風味を構成する香りがほかより勝っていることを意味する。また、「信濃1号」も標高600〜1000mの準高冷地である伊那市産の風味は高いことがわかった。これらは戦後の増産政策の下で日本各地に埋没していた在来種の復権に有用な情報だといえる。他方で、広域適応性品種も栽培方法を検討することで、在来種のように風味の強いそば粉を生産できる可能性を示している。

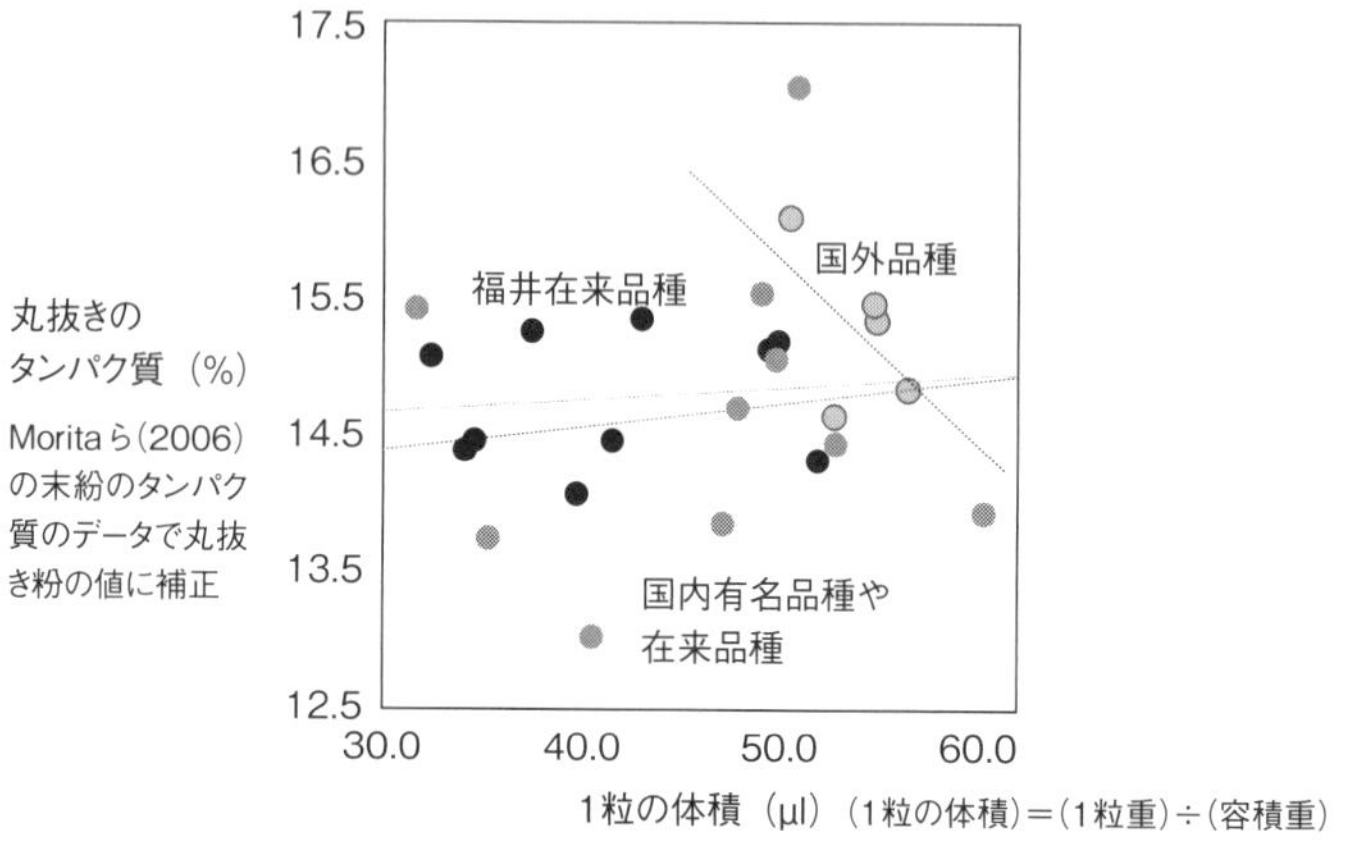

福井県の杉本雅俊ら（1993）の試験データから作図

資料3-22　そばの種子のサイズとタンパク質の関係

在来種の利点は風味が強いことだが、在来種を地域全体の主力品種に位置づけて研究している福井県では、同一圃場でいろいろな在来種や主な育成品種を栽培し、その種子のサイズと風味に強く影響するタンパク質について比較調査している。そのデータは製粉時にタンパク質を多く含む末粉《さなご》が除去されているため、末粉の化学成分情報を用いて丸抜き（玄ソバから殻を取り除いたもの）のタンパク質含有量に補正した。そして、種子のサイズ（ここでは1粒あたりの平均体積を計算）とタンパク質含有量との関係を資料3－22に示した。すると、種子の体積が小さいほどタンパク質が多いという傾向は見られなかった。これは種子

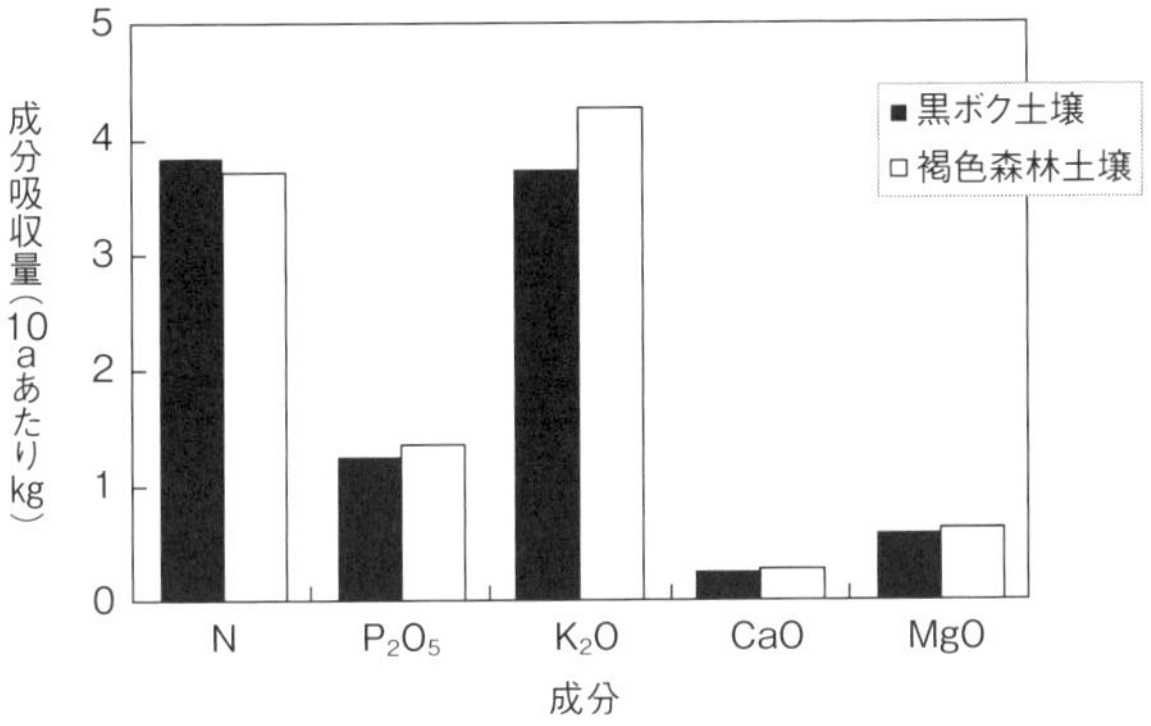

（種子収量が 10a あたり 100kg、茎 120kg を収穫すると仮定した場合）
長野県（1983）『土づくりガイドブック 改訂増補版』をもとに作図

資料3-23　ソバの養分吸収量

の風味をよくするためには単に種子のサイズを小さくするのではなくて、高タンパク質や高脂質を育種目標にした品種改良に意義があることを示している。

(5)「作りまわし」や焼畑で作られる理由

焼畑で作られたソバはおいしかったといわれるが、現在では焼畑がなくなったので味を比較することはできない。ただ、焼畑で作られた理由は植物栄養学の観点から理解できる。ソバは窒素とカリウムを多量に吸収している（資料3－23）。山焼きをすると山に育っていた植物体が灰になって地表面に薄く降り注ぐ。無機態の窒素やカリウムは雨で流されやすいが、ソバはそれらが流される前にすばやく吸収できる。灰の中でもっとも多い元素がカリウムで、それがソバの身体を大きくしタンパク質やミネラルが多い充実した種子を作る。現代の日本はカリウムの大半を輸入に頼っていて、日本の土壌や母岩からの天然供給は少ない。肥料を輸入しなかった時代に、焼畑で山を焼いてソバを作付けした大きな理由はここにある。北海道の開拓時代に山から薪を採ったり炭を作ったりしたあとに山のヤブを焼いてソバを栽培したのは、カリウムと窒素が多いと良質のソバがたくさん収穫できたからなのだ。

土壌窒素がそば粉の風味に及ぼす影響は明瞭である。土壌有機物からのゆるやかな無機窒素栄養の放出量が多いほど、そば粉のタンパク質が増えて風味が増す。ただし、即効性の化成肥料を用いた普通の栽培では、有機物を施用している資料3－24の試験結果ほどにはタンパク質は高まらない。速効性の窒素肥料の施用量が多いと倒伏するので、それを抑えながら品質を上げるには緩効性《かんこう》の有機物を施用するほかに優れた方法はない。窒素の施用量を増やして栽培する「うなぎ登り栽培」は、緩効性窒素を多く含む有機物をたくさん施用することでソバの風味を高めようとするもので、早い成長段階から倒伏させて起き上がってきた茎についた種子を収穫する。作業性を犠牲にしても品質を追求するとの考え方によるものだ。

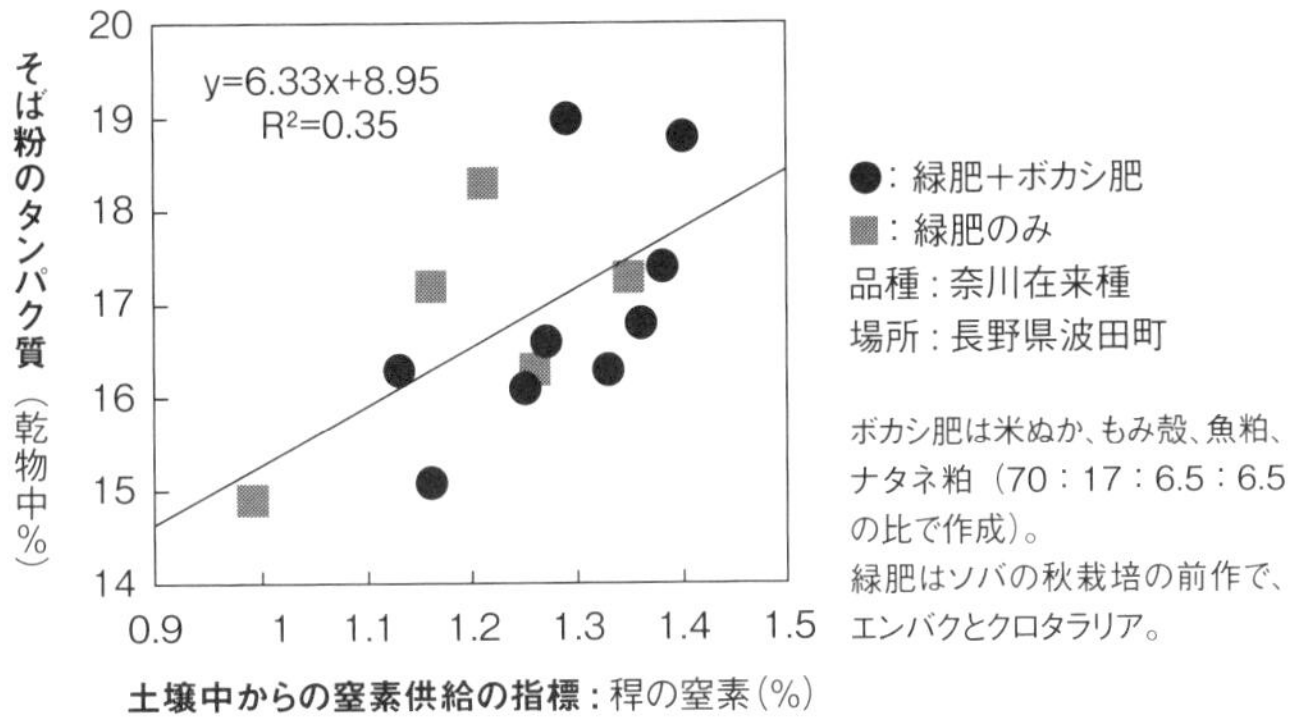

（片瀬海司ほか[2000]、自然農法国際研究センター・農業試験場報告 2:230-241 のデータから作図）

資料3-24　土壌の窒素栄養がタンパク質に及ぼす影響

輪作では土中で分解しにくいイネ科作物や窒素固定力が高いマメ科作物を組み込むのが普通だが、それを怠ってソバを栽培し続けると収量はどうなるだろうか。試験的に同じ場所でソバの連作とライムギ・ソバの二毛作をし、その収量を比較した。雑草の鋤《す》き込みと化成肥料だけでソバを連作した圃場は次第に減収していき、7年目にはほとんど収量皆無になった（資料3－25）。茎の地際が腐敗して立ち枯れるのはリゾクトニアなどの根腐病菌によるもので、連作によって病原菌の密度が高まったことが原因だと考えられる。それに対して二毛作をした圃場は、14年経っても安定した生産を続けることができている。肥料は数年に一

秋のソバ以外は作付けせず、耕起による雑草鋤き込みのみで、栽培し続けた畑。7年目で茎の地際が腐敗する病害の多発、発芽不良によって収量が激減した（信州大学・連作試験圃場）。

冬作に飼料用ライムギ、夏作にソバを作付けする「二毛作」を13年間続けた畑。毎年安定して収量が得られ、連作障害はない（信州大学・農場、標高740mで、遠くの山は南アルプス）。

資料3-25　ソバのみの連作による障害／「作りまわし」により生産が安定

度堆肥を入れるだけで、化成肥料はライムギ栽培の前のみであり、ソバ栽培のための特別な肥料は与えていない。この結果からも、ソバは連作障害がないとされていることが誤りであることがわかる。

気象環境と品種は申し分なくても、おいしいソバを栽培するにはほかの作物との組み合わせが必要だといえる。このことは伝統的なソバに関する作付け体系から読み取ることができる。資料3－26はその体系をまとめたものである。この表からは多くの地方ではほかの畑作物と組み合わせていて、ソバは主要作物の作付けの「すきま」に災害時に緊急に栽培されるだけではなく、日本では計画的に輪作などに組み込んで作

		1年次	2年次	3年次	4年次		
焼畑		ソバ	ソバ	ダイズ	休閑	長野	
		ソバ	アワ	ダイズ	休閑	長野	
		コムギ	ソバ	アワ	休閑	長野	
		ライムギ	ソバ	アワ	休閑	長野	
		ナタネ	ソバ	アワ	休閑	長野	
		ダイコン	ソバ	アワ	休閑	長野	
牧畑	（4圃式）	休閑	ムギ・ダイズ	アワ	ダイズやアズキ	隠岐	
		休閑	ムギ・ダイズ	ヒエ	ダイズやアズキ	隠岐	
		休閑	ムギ・ソバ	キビ	ダイズやアズキ	隠岐	
1毛作	（3圃式）	ソバ	ダイズ	ジャガイモ		北海道	3年3作
2年3作		ムギ・ソバ	アワ			宮城	2年3作
		ムギ・ソバ	ダイズ			秋田	2年3作
2毛作		コムギ・ソバ	オオムギ・緑肥ダイズ			東北全域	2年4作
		ジャガイモ・ソバ	ムギ・ソバ			山形	2年4作
	冬作なし2毛作	ソバ・ソバ				栃木	1年2作
		ソバ・野菜				栃木・群馬	1年2作
多毛作	3毛作	ムギ・ソバ・ダイズ				広島・三重	1年3作
		ムギ・ソバ・野菜				広島・三重	1年3作
	3毛作	ソラマメ・ソバ・野菜				広島	1年3作
		オオムギ・タバコ・コムギ・サトイモ				神奈川	2年5作
		ムギ・マメ・ソバ　ムギ・マメ・アワ				熊本	2年6作
		ムギ・アワ・ソバ				徳島	1年3作
		ムギ・ナス・ソバ				宮崎	1年3作

注：沢村東平『焼畑農業経営方式の研究』第7報、（1951）、農業技術研究所報告　2:27-43.
農業改良局『日本における雑穀の栽培』蕎麦など各編（1948）にもとづく

資料3-26　ソバの伝統的作付体系の事例

られてきたことがわかる。現在では水田を畑地に転換した農地で栽培したり、「二度ソバ」のように夏型と秋型の品種を同じ畑で連作することも水田転作奨励策の影響で増えているようにみえるが、永続的に栽培するためには品種が混ざらぬように、連作障害を起こさぬように、きちんと栽培管理していく必要があるだろう。著者はおいしいソバの永続的な栽培のためには伝統的作付け体系の再検討が必須だと考えている。

「catch crop」(キャッチ・クロップ)という英単語がある。作付け計画には入らず、土地が遊んでいる時期を捉えて(キャッチして)、前作と後作の「つなぎ」の機能を果たす作物(クロップ)を指す。基幹作物の畝

の間や、基幹作物が栽培されていない空いた短期間で栽培でき、食料不足を緩和できるので
その働きは救荒作物だ。ソバは生育期間が短いので、風水害や冷害によって夏作物が被害を受けたときに、おいしさは二の次で人々が生きていくために緊急対策で栽培されることも多かった。

江戸時代に蘭学者・医者の高野長英は、夏型品種の中から極早生の種を選んで二期作すると、春に栽培した1期目のソバに比べて夏に播種した2期目は品質はよくないが栽培は可能だと指摘していて、飢饉を緩和するための救荒作物として注目している。

【コラム】高野長英の「三度蕎麦《さんどそば》」

ソバは救荒作物として近世の日本ではとくに重視された。天候不順によって人口が激減した天明の大飢饉（1782～88年）のあとに飢饉対策の必要性を痛感した高野長英は、天保7年（1836年）に『勧農備荒《かんのうびこう》　二物考《にぶつこう》』という本を著した。高野長英は陸奥国仙台藩水沢領の知識人で、盛岡藩などの東北各地の大飢饉をよく知っていた一人である。

天明の大飢饉というのは日本の近世最大の飢饉で、太陽活動の大周期の活動低迷に関係が深いと考えられており、太陽の活動は約55年の大周期があり気象に連動しているという（資

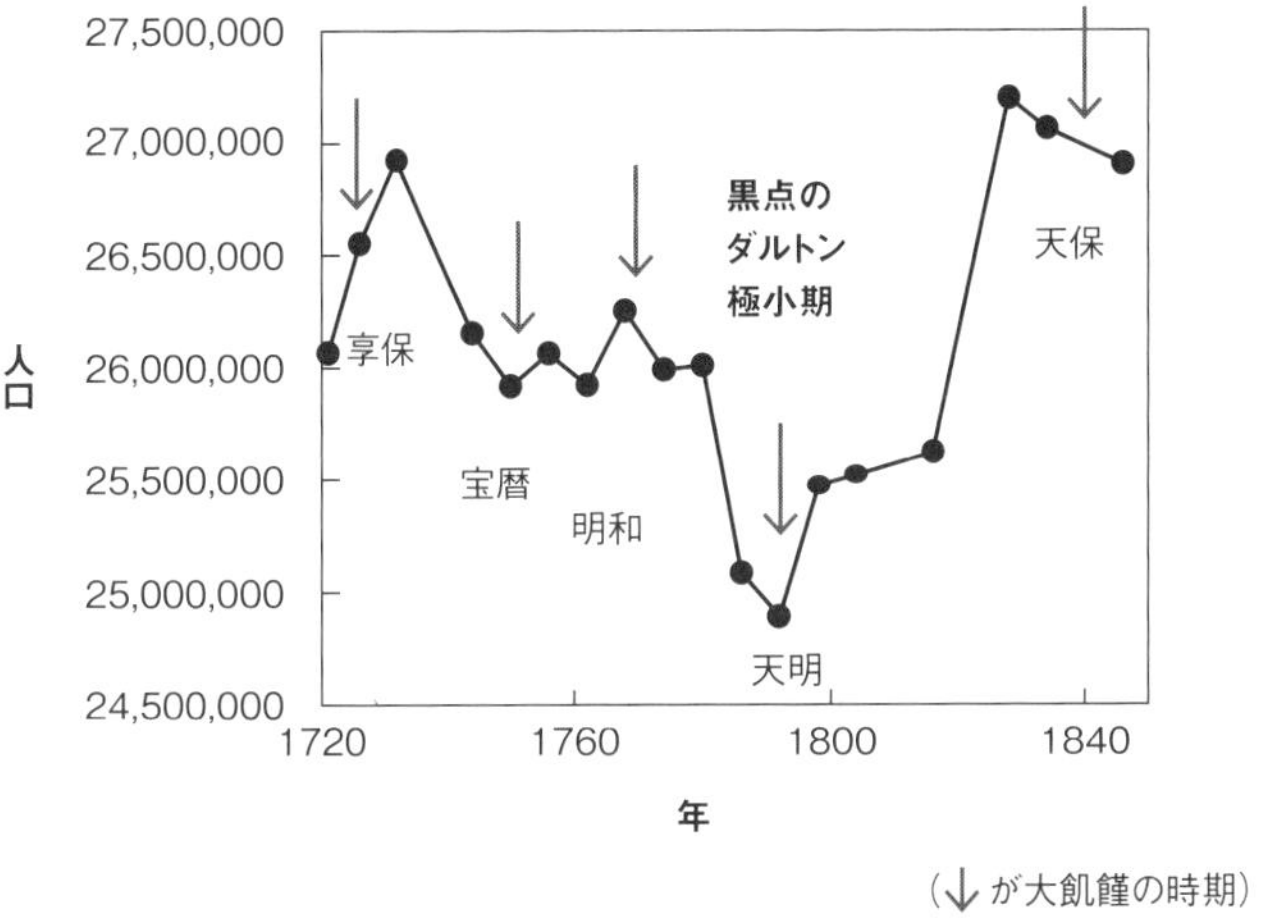

資料3-27　江戸期の飢饉と人口の変動

料3－27）。近世に太陽活動がとくに低下した時期はダルトン極小期と呼ばれる1790～1830年の時期で、地球の気温が平均より1℃低かったとされる。また、日本ではそれに加えて1783年の浅間山の天明大噴火も重なって被害が大きくなったと考えられている。水稲に大きく依存していた近世日本では太陽活動が作物生産、すなわち人々の生死に直結していた。太陽の黒点周期に関する研究結果と中島陽一郎氏による『飢饉日本史』の人口記録を突き合わせると、太陽活動と人々の死が直結していた事実が浮かび上がる。当時は「穀留《こくどめ》」といってほかの藩が飢饉に陥っても援助しないという自己防衛の法もあったほどだ。

そのような時代に高野長英は飢饉から人々を救う方法を考えて『勧農備荒二物考』を残した。同書では、救荒作物としてソバとジャガイモの2つに焦点が当てられた。そして、ソバの中でも推奨されたのが「三度蕎麦《さんどそば》」だ。現在の知識から見ると、日長に反応しにくい夏型の在来種の中でも極早生の特性を持ったソバだと考えられる。三度蕎麦は現代では消えてしまった幻のソバである。長友大《たかし》氏によると、戦前から戦後にかけて鹿児島の山間地に夏秋兼用品種の「三度蕎麦」と呼ばれるソバがあったとされる。1970年代の調査では、四国の山間地にだけそのような性質の在来種があったとの報告もある。

高野長英の『勧農備荒二物考』では、ソバの救荒作物としての栽培、貯蔵、食用やビールとして飲む方法、近縁種まで書かれている。ソバについての貴重な文献なので、以下に現代語訳した。

早熟蕎麦（和名／ハヤソバ、サンドソバ、ソウテイソバ）

このソバ品種の種子はどこの産地かは不明だが、最近世間で栽培されている。実や茎が大きくて早熟の特徴がある。だから1年のうちに3回成熟する。中国名がわからないので、仮に「早熟蕎麦《はやそば》」とか「三熟蕎麦」という。

栽培

これを育てる場所は普通のソバと同様に荒地・やせ地がよい。春の寒さが遠ざかり田畑がとけて霜が降りなくなったら、耕して播種する。通常は八十八夜の頃[*1]、立春から88日目に播く。ただし東国北部は春の寒気が遠ざかるのが遅く、霜がよく降るので、やや遅く播くのがよい。またソバは寒さを嫌うので、一晩寒さに当たれば次の日に枯れる。ソバはほかの作物と比べれば茎葉が寒さに耐えるとはいえ霜には弱いので、気象をよく考えて播種すべきである。もし霜に当たって枯れたときは、そこを耕して枯れたソバを土に埋めて肥料にして新しい種子を播くこと。たいていは播種から50日で成熟する[*2]。寒地は成熟の時期が遅いが大差はない。

あらかじめこの種子を収穫しておき、それを基種としてその土地を耕して播種することができる。これも50日で成熟する[*3]。ただし、その実は質が悪いので播種用の種子にはなりづらい。そのため、1年の最初に成熟する種子を貯蔵にまわしておき、成熟してから収穫したあとに耕して、貯蔵しておいたものを播くようにする。これは1回目、2回目の栽培に比べると収穫を期待しにくい。遅くとも60日で成熟する[*4]。

このようにして150~160日が経てば3回目のソバも穫れる。日本の東北でも1年のうち5ヵ月間は土壌がとけるので、この品種なら必ず3回は成熟する。それでも運が悪くて春が寒かったり、秋が早かったりすることもある。3回収穫しようと思ったら、2回目の栄養成長の時期に畝間を軽く耕しておいて播種すること。収穫は3回目に播いたソバの丈が2～3寸(60～90㎝)に伸びてしまう前にすべきだ。

これを農民の普段の食にすれば、1年の栽培で2年分の備蓄ができ、2年では4年分、3年では6年分の蓄えになる。これこそが救荒の備えだ。年によっては水害や旱《かん》ばつがあって、イネやムギがまったく穫れずに各地が大飢饉になったときでも、さすがに1年のうちで2ヵ月くらいは天候がよい時期がある。だから大飢饉のときにはソバを植えておき、1年間の食料に充てればよい。私がソバを天下の宝とする理由はこれだ。

貯蔵

ソバは成熟してから収穫するので、太陽に干して湿気がなくなったらイネムギの俵または桶に入れて貯蔵する。

食用

挽き臼で皮を取り、蒸して飯にしたり、挽《ひ》いて細粉にしてそば切りを作ったり、モチにして食べる。このほかの利用法も多く、次のようにソバを用いた酒を醸造することもできる。オランダ人はソバでビールを製造する。ビールは酒で少し苦味がある。しかしソバだけで製造することはまれで通常はほかの麹を加える。この方法ではソバの殻(果皮)を取り去ったあとで蒸してから器に入れて熱湯を注ぎ、麦麹《むぎこうじ》と酒の醗酵の足しになる穀物を加え、かき回して密封して温かいところに置いて酒にし、上澄みを汲み取って飲む。

性質

ソバの性質はイネやムギに比べて「水気」*5が強いため、その性は「固」や「温」ではない。しかし滋養にならないわけではなく、これを食べると消化がよい。そのため、どんな人が食べてもよい。ただし胃腸が弱い者はいつもほかの少し温かい滋養のあるものを加工して食べるほうがよい。ただし、ほかの穀物がないときにはソバを食料としても害はない。オランダ王国(鎖国時代に交流があったヨーロッパ唯一の国)の領地のフリースランド州のひとつにセーヘンオゥウェンというところがある。山々が重なって大変寒く山道が険しいところなので運送の便が悪く、石が多い砂地なのでソバしか穫れない。その土地の人々はいつもソバを食料にするというのが害がない証拠だ。

異種《かわりだね》

北海道よりも北の地をだいたいシベリアという。そこは極寒なのでイネやムギは論外だ。オオムギもコムギも熟すことがない。唯一ソバだけが穫れる。この種の茎葉は普通のソバと同じだ。ただし、種実にノコギリ歯があり、土地の人々はこれを食料にするとのことなので、霜をしのぐ性質があるのだろう。これを日本に導入して播いて増殖すれば1年に4回熟すだろうが、種子の入手ができないので残念だ。東北の地でこの種を生産していないので、私は霜に強い北方の種を探し求めている。

そのほか

ソバに類する種がある。オランダ王国ではこれを「スワルテ・ウィンド」という。西洋の本草の大家であるリンネの書物では、この種を「ポレイゴニュム・ホリース・カルダチュム」[*6]と名づけている。道の際や垣根のところに自生し、その茎は硬くて寒さに耐える。その形はソバのように三稜の実をつける。大変小さいという。おそらく日本にある苦蕎麦《やぶそば》[*7]の類だろう。

オランダ人もまだその性格を知らないので、食用にしていないという。私はこれについて追究しようとしているが、いまだにできていない。もし毒性がなくソバのように利用できるなら、国家の大変な利益になるので有識者の教えを待っている。

＊1／立春の87日後で平年なら5月2日頃。
＊2〜4／1回目、2回目、3回目の栽培。同じ場所での同じ年内の三期作を想定した記述。
＊5／ソバの性質を陰陽五行説によって説明したもの。
＊6／タデ科タデ属ポリゴナム（*Polygonum*）のこと。かつてソバはソバ属（*Fagopyrum*）ではなくタデ属に分類されていた。ホリース（polys）はギリシャ語で「多い」の意味。
＊7／ダッタンソバと推定される。

第4章

——おいしさを左右する収穫と加工

(1) 収穫期

ソバの収穫期に行う作業は①刈り取り②乾燥③脱穀――で、それらは品質を大きく左右する。収穫適期は、霜が降りる前後の「霜降《そうこう》」の時期に晴天が続き、放射冷却現象で低温になって乾燥したときだ。霜が早い高冷地や北海道ではその適期が晩夏に訪れる。濡れた種子をコンバインで一度に高速で刈り取って脱穀するよりも、ゆっくり刈り取って天日乾燥したあとに脱穀したほうがよいのはイネと同じである。

コンバインは高速刈り取り・脱穀を同時にする農業機械で、大面積の農地を有する農家には大変役立つ。ところが、効率がよいことと品質は必ずしも両立しない。コンバインによる刈り取り・脱穀の作業は、まだ乾燥していない柔らかい種子を強勢的に叩いていることになるからだ。柔らかい種子に衝撃を与えると傷がつき、傷害時に出る植物ホルモンであるエチレン(C_2H_4)が種子の内部から発生する。エチレンは気体なので拡散し、強い抗カビ効果(静菌作用)を持った酸化エチレンとなって傷ついたところに侵入する菌から種子を守る。しかし、強力な酸化力を持っているので品質が低下してしまう。

ソバの種子は植物学的には果実のことで、殻(果皮)と甘皮(種皮)の間、甘皮と胚乳の間に

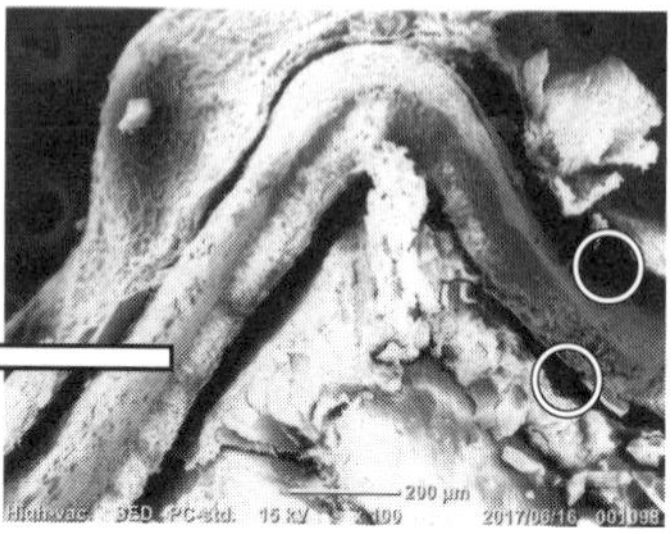

殻と甘皮と胚乳の空間
(白い丸で示している黒いところは
約 10μm の隙間)

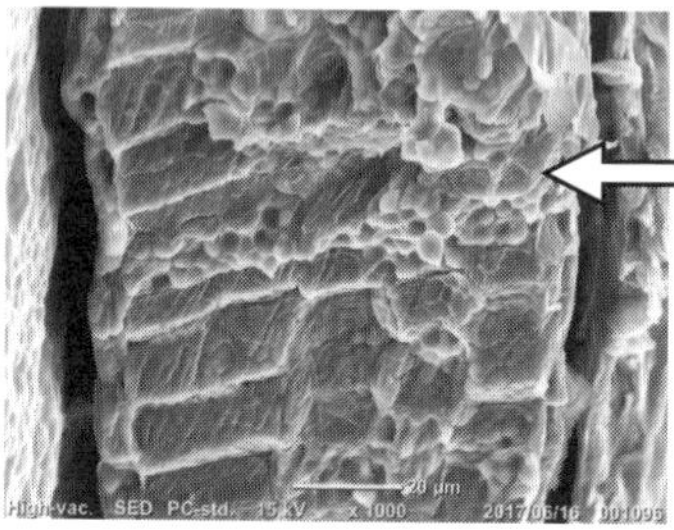

甘皮の内部
(デンプンは少ない)

(長野県・高遠、入野谷在来種)

資料4-1　蔵のような二重構造になっているソバの種子の表面(建石繁明・井上)

それぞれ空間を作っている(資料4－1)。それらの空間は次世代の遺伝子を持った子葉(子葉と胚軸)とそのエネルギー源である胚乳を環境ストレスから守るためのものだ。そのため、殻や甘皮が傷むとソバ特有の防御壁が一部破損してしまうことになり、せっかく独自の揮発性の抗菌性ガス(香り成分のもと)を作って2つの空間に充填していても無駄になる。また種子の水分は、繊維でできた殻と、水と親和性が高いタンパク質が多い甘皮の2つで主に調整しているのだが、壁が傷むとそれも困難になる。つまり、収穫時の壁の破損は品質劣化につながる。

資料4－2の右の断面図の中心の黒い部

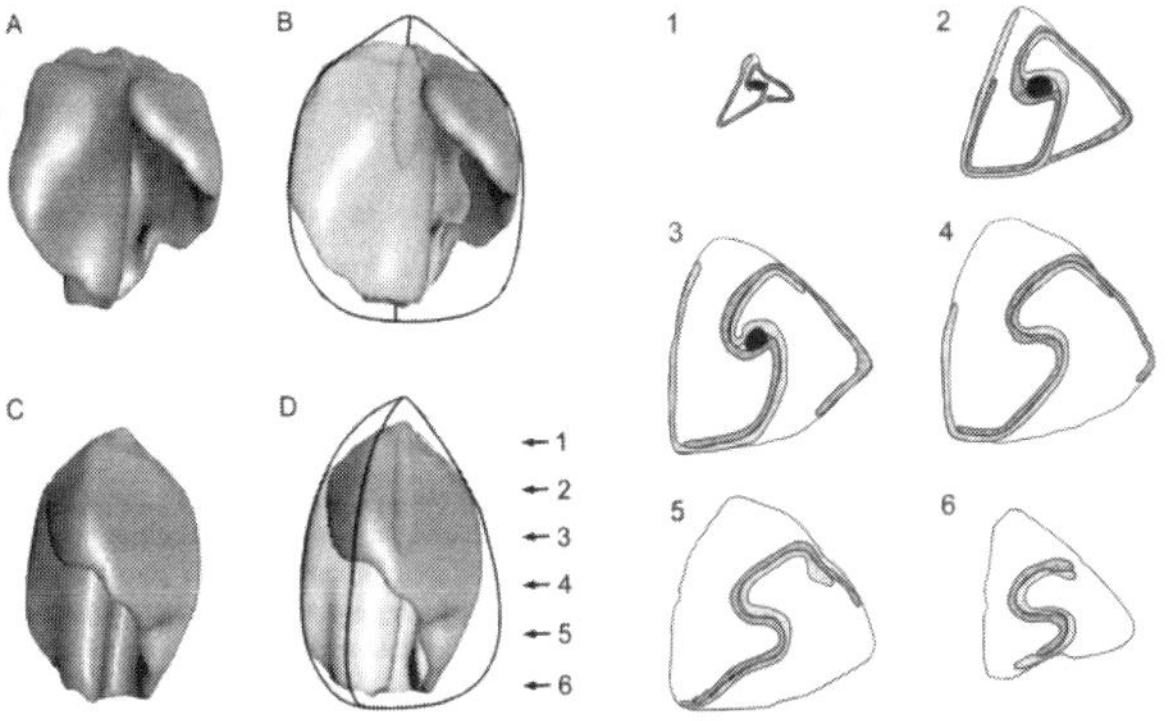

左の折りたたまれているのは子葉、
右の断面図のＳ字状が子葉で、中心の黒い部分は胚軸
（Kreft, S. and Kreft, M., 2000）

資料4-2　ソバの種子の立体図と断面図

分が幼根や胚軸となるところで、Ｓ字型の部分が播種後にすぐに成長してくる子葉である。播種されると幼根の次に胚軸が発生し、子葉と生長点を地上から持ち上げる。子葉の中心にある胚軸は若いソバの茎になる。このようにソバの種子はその中心に次世代の子葉や茎を配置して身を守っていて、発芽するとすぐに折りたたみ傘が開くようにすばやく双葉が開く。

殻と甘皮は水分調整だけでなく、種子を酸素から守る重要な役割も担う。種子を半分に切って断面の酸化障害に強い部分を特殊なカメラで解析してみるとそれがよくわかる。資料４－３の明るい部分が活性酸素消去の力が大きい場所だ。普通ソバは殻と

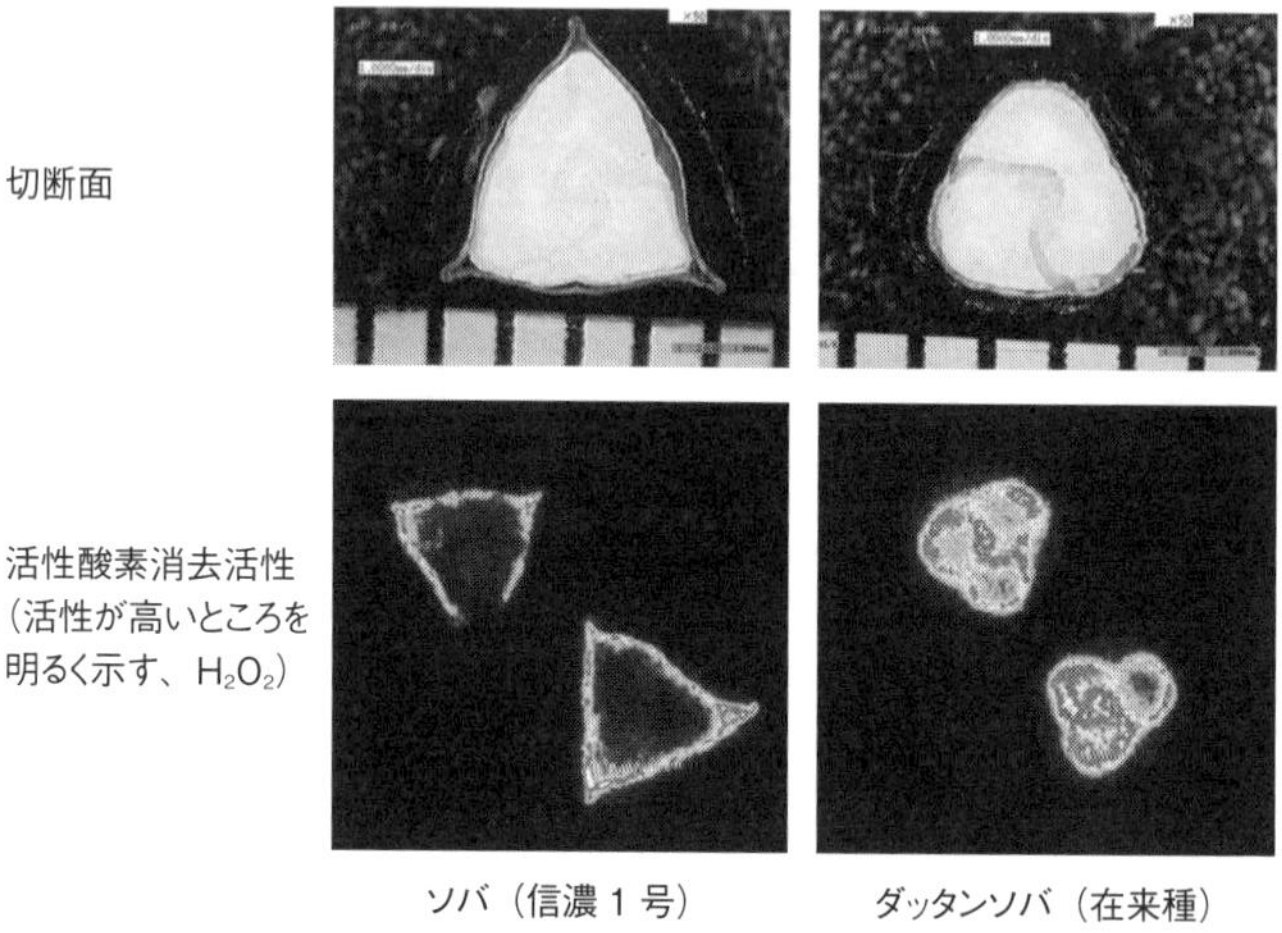

資料4-3　ソバの種子の切断面からみた活性酸素消去活性の分布
（藤田かおり・井上、2002）

甘皮、ダッタンソバは殻と甘皮に加えて子葉も明るく映っていて、その力が大きいことがわかる。ソバの種子は生命力が強く、福島県大熊町大河原地区の横川家で炭と灰を入れた俵に貯蔵されていた「天保蕎麦」のように１６０年経っても発芽するケースがある。生命力が強い理由は水分調整と酸化に耐える力であり、殻と甘皮がその力の源泉だ。そのため、これらのバリアを破壊しないように柔らかく脱穀・乾燥・貯蔵しなければならないのである。製粉するとすぐに劣化しはじめるのは、これらのバリアが破壊されて抗菌性ガスが失われ、酸化が進むためだ。

ただし、収穫したソバは天日乾燥する

と、殻が乾燥することと内部の水分が拡散して成熟（追熟）が進むことによって衝撃に強くなり、脱穀のダメージは小さくなる。古くから「午前中の刈り取り、午後の脱穀」と言われるのは、湿った午前に刈り取ると無駄な脱粒が防げることと、天日乾燥後に午後に脱穀すると容易に脱穀できて種子のダメージが少なくて効率がよいことを説明したものである。

コンバインによる収穫の場合は収穫後にすぐに通風乾燥装置に搬入して通風乾燥するが、乾燥機の中で30℃以上に加温するとソバの香りは飛んでいく。また、乾燥機内の湿度が高まって蒸れるので、ときどき加温をやめて送風だけで運転することを繰り返して数日間乾燥して次第に水分を約15％まで低下させていくという工夫がされている。近年はコンピューター制御でそうした細かい乾燥作業が可能になっている。なお、乾燥機の中では種子が循環するのだが、その衝撃は少ないほうが品質にはよく、循環方法の改良は今後の課題である。

また、伝統的な乾燥方法に島立《しまだて》と呼ばれるものがある（資料4－4・4－5）。種子がついた穂を上にして結束して立てて、1週間ほど畑で乾燥させるのだ。結束して立てるのは、ソバが倒れて種子が蒸れたり土がついたりして品質が低下しないようにするためだ。こうした丁寧な収穫作業は古くから世界的に行われており、農民画の原点とされるピーテル・ブリューゲルの『穀物の収穫』（1565年）には夏のムギの島立が、ジャン＝フランソワ・ミレーの

暑くてまだ葉がついて湿り、草丈が高いために結束
（徳島県三好市東祖谷、2009, 9 月上旬）

資料4-4　暖地の山間地での夏栽培の「島立」

霜直前で、ほとんど落葉している
（長野県松本市奈川、2004, 10 月中旬）

資料4-5　高冷地での秋栽培の「島立」

Gift of Quincy Adams Shaw through Quincy Adams Shaw, Haughton 17.1533. Photograph © 2014 Museum of Fine Arts, Boston 所蔵の写真（名古屋ボストン美術館の「ミレー展、バルビゾンとフォンテーヌブロー」にて）

資料4-6　Jean-Fran_ois Millet 作、『ソバの収穫、夏（Buckwheat Harvest, Summer）』、1868-74年、油彩・カンヴァス（85.4×111.1cm）

『蕎麦の収穫、夏』（１８６８〜74年）には晩夏のソバの島立が描かれている（資料４－６）。

ミレーは19世紀末のフランスで『種まく人』（１８５０年）などの農作業を描いた農民画家で、約４００点の油絵のうち約１００点ある農民がテーマの作品からは当時の人々の暮らしがよくわかる。晩年の四連作『四季』のうちの未完成の遺作『蕎麦の収穫、夏』では、ヨーロッパにおいては珍しくソバが描かれている。同作品は①株刈り②運搬③脱穀④藁焼きによる肥料の製造――といったソバの一連の収穫作業の風景を描いたものだ。大人が農作業をしている周囲で子供たちや犬が騒いで遊びまわり、農村風景が生き生きと描かれている。黄金色は夏の午後の日差し、石が転がった干からびた土壌、たくさんの人々を支える収穫物を描写していて、収穫の喜びが画面から伝わってくる。画面の中心には唐棹《からさお》(フランスではフローと呼ばれる)を使って大勢で脱穀している様子が描かれ、大地を叩く音まで想像できるようだ。唐棹は日本の農村でも40年前には普通に使われていた農具である。

制作前後のミレーの活動や旅行の記録と景色からみて、活動拠点のバルビゾン村から療養先にしていた標高が高いオーヴェルニュ地方にかけての晩夏の農村の風景と推察される。一般的に、好天続きで自然に乾燥すると種子が傷まず、しかも気温が低くなってから干すと種子に熱がかからないので香り成分の揮発が少ない。ソバの品質はこのように季節や天候のタイミングと作業方法との最適な組み合わせで決まる。ミレーの絵からは、涼しい夏の終わりに島立によって種子をゆっくり乾燥し、晴れた日の夕方の絶好のチャンスを逃さずに一度に脱穀して、良質のソバを無駄なく収穫しようとする人々の細かい工夫がうかがわれる。

脱穀したソバは、さらによく天日乾燥や加熱乾燥をしたあとに比重選別にかける。江戸期以降の日本でこの作業によく使ったのが唐箕《とうみ》で、風を起こして比重の軽いものを飛ばす農具である。比重は単位容積あたりの重さで、ソバの種子の場合は容積重(1ℓあたりの重さ)が

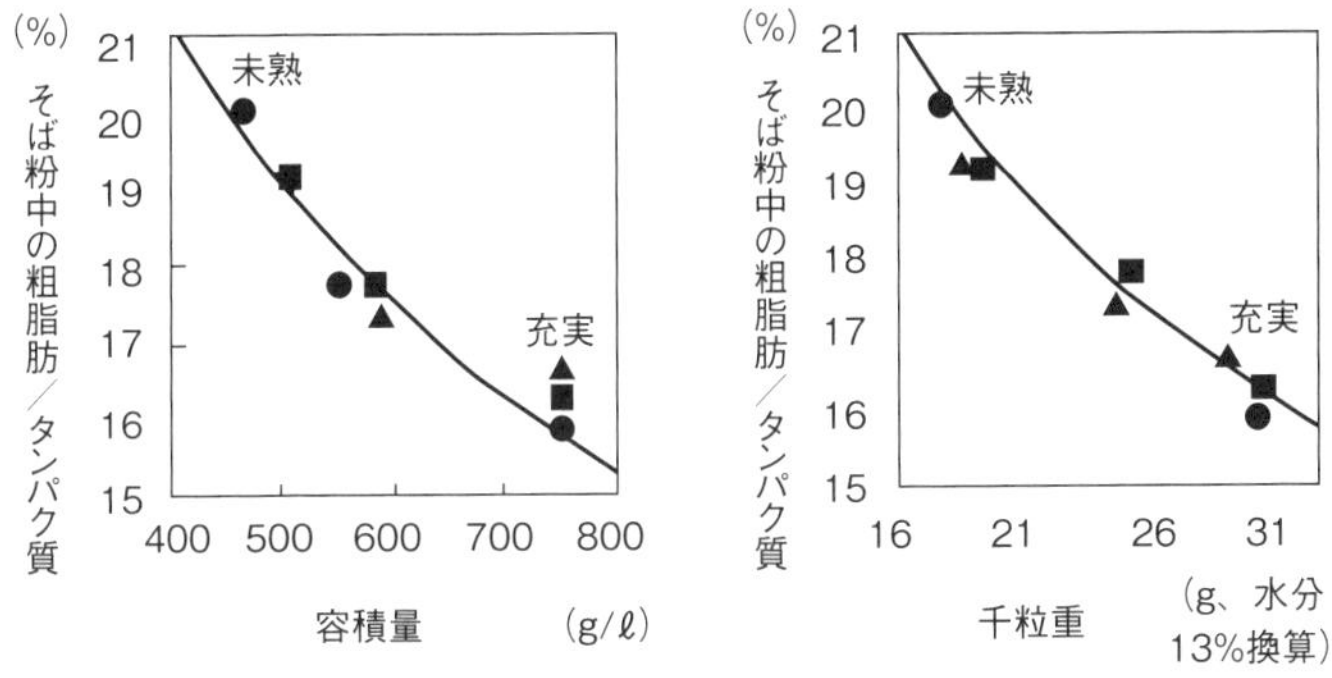

栗波哲・天谷美都希（2018）論文をもとに作図
福井県大野在来種、10/25●、11/1■、11/9▲に収穫し、比重選3段階で選別

資料4-7　容積量と抗菌・耐水成分の関係／千粒重と抗菌・耐水性成分の関係

目安となる。ソバは作物体の下部から上部へ時間をかけて花が咲き上がり、イネのようにいっせいに受精はせずに訪花昆虫を呼び寄せつつ次第に受精し、受精した花から順次登熟していく。そのため、収穫時は受精から時間が経って完熟したものや受精直後の高水分の未熟なものなどが混在しており、比重選別はそれらを分ける大切な作業である。

収穫期が早い「早刈り」では相対的に未熟な種子が多くなる。種子の品質は刈り取り時期と比重によって大きく異なるが、福井県の在来種で行われた試験では、収穫期を約1〜2週間ずらすことよりも比重選別のほうが種子の化学成分に及ぼす影響が大きいという結果になっている（資料4－7）。図の縦軸はそば粉の香りの強さを脂質／タンパク質の比で示したものだ。種子が未熟なものは容積重が小さく、千粒重が低い。この結果は未熟なもののほうが香りがよいことを示している。そして大切なことは、早刈りでも遅刈りでも、比重選別が同じ程度ならば化学成分はさほど変わらないことである。長野県伊那市で黒化率70％、同90％で収穫した多くの農家が参加した試験では、黒化率にかかわらず唐箕で同程度の容積重にすれば、風味に関わるタンパク質と脂質の比率は大差ないことがわかった。つまり、風味を向上させるには早刈りか遅刈りかだけを問題にするのではなく、登熟不良種子を上手に加工・利用することが重要になってくる。

容積重が軽い種子はタンパク質あたりの脂質の比率が高まる。容積重が小さいと、登熟不良の種子、いわゆる「しいな」が増える。これは生産者や製粉業者からすると、収量が低くて製粉歩留まりが低い、あまりありがたくない玄ソバである。しかしながら、作物にとっては脂質が多いというのは抗菌・耐水性成分を多く含むということで、防虫・抗菌作用が強いことになる。また、そばを打つヒトの側からすると、香り成分である揮発性の有機化合物の比率が高まるので、風味が強いそばになることを意味する。

未熟のソバを開花期間中の極めて早い段階で刈り取って唐箕で粗く選別した種子を製粉し

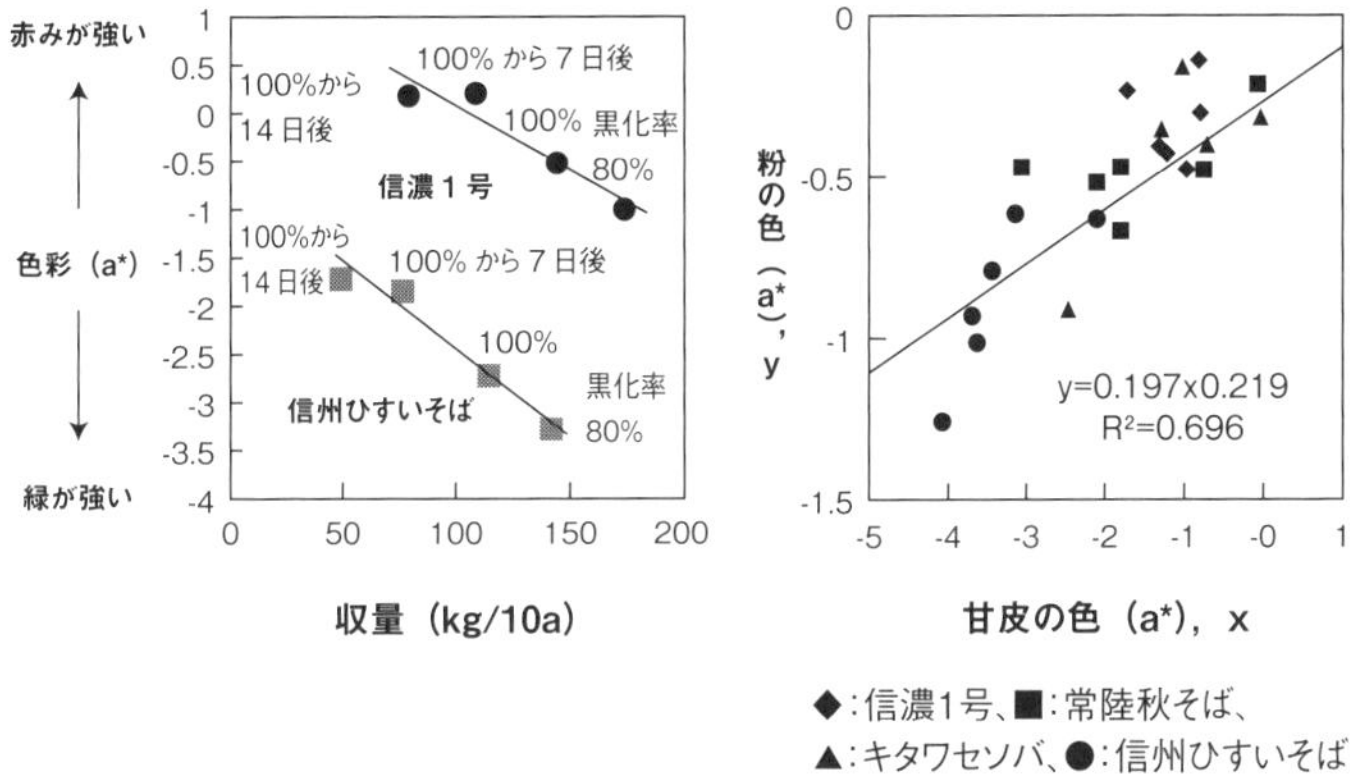

（丸山秀幸ら、2016 のデータから作図）

資料4-8　収穫時期が色彩と収量に及ぼす影響／甘皮の色がそば粉の色に及ぼす影響

た花粉《はなごな》というそば粉がある。この花粉は収穫量、容積重、千粒重が低下してでも風味のよいそば粉を得たいという願望から編み出された珍しい収穫・調整方法だ。

早刈りはソバの種子の色彩にも影響する。色彩は緑が強いか、赤みが強いかという概観に影響し、視覚、ひいては食味官能評価に影響する。どのような品種でも早刈りすると甘皮の緑色は強くなり（資料4－8左）、また甘皮の緑色が濃いとそば粉の色も濃くなる（資料4－8右）。甘皮の緑色が1単位変わると粉は0・2単位変わるといった程度の変化の割合だ。緑色は光合成をする葉緑体が反射する光の色で、つまり、葉緑体に含まれるクロロフィルが緑色

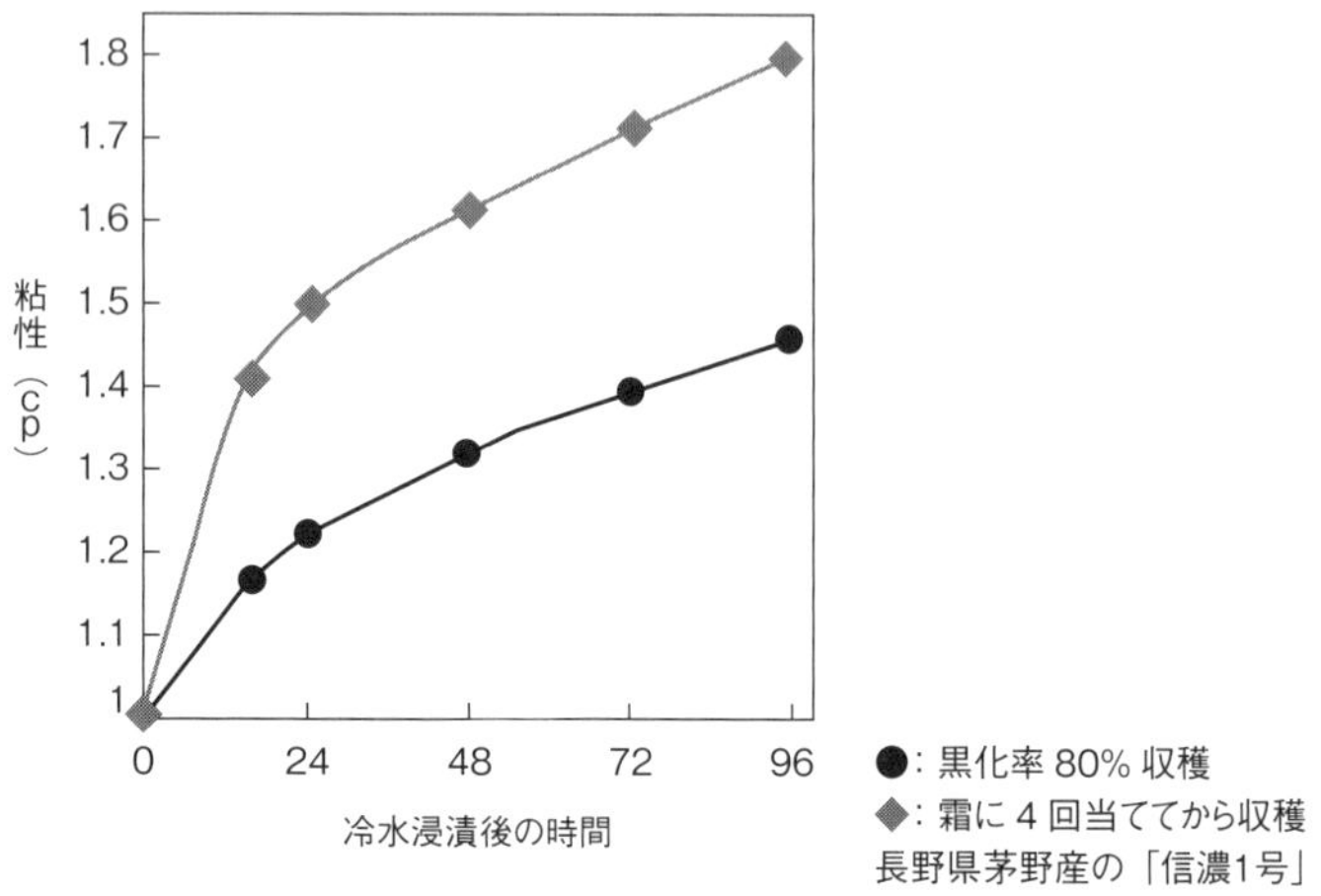

資料4-9　丸抜きから出た粘液の粘性

を反射するのである。イネも未熟のときは同じで、登熟不良のコメは規格外の緑色米として除去される。しかし、ソバの場合は逆に好まれるのである。

次に、比重選別の影響を除いたときに、「遅刈り」をするとソバの種子にどのような変化が出るのか、色や収量以外のことについてみてみる。

丸抜き（殻を取り除いたソバの実）を冷水に浸けておくと、水の粘り気（粘性）が増していき、ピンク色の粘液になる。その粘液は水溶性のタンパク質、糖、繊維、ポリフェノールなどが溶けたものだと考えられる。同じ地域・同じ品種でも収穫時期によって粘り気の度合い（粘度）は変化し、水の粘度を1とした場合に、適期収穫では浸漬1日後は粘度1・2なのに対し、霜に4回当てたあとに収穫した遅刈りの場合は粘度1・5になった（資料4－9）。また、同じ品種でも栽培地によって違い、北海道で栽培された「キタワセソバ」よりも低温のモンゴルで栽培されたものはさらに粘度が高まった。このことから、ソバは粘り気のある物質を種子に蓄えることで耐冷性を高めていると考えられる。また、この成分があることでそば粉がつながりやすくなると考えられる。

ソバとコムギに共通する収穫から貯蔵までの問題に穂発芽がある。穂発芽は種子が作物体から離れる前後に雨が続いたときに起こる現象で、収穫前に長雨などに当たると発芽してしまうことがある。まだ収穫されていないのにもかかわらず、ソバの種子内の胚乳の貯蔵デンプンがデンプン分解酵素であるアミラーゼによって崩壊していくのだ。そうなると穀物食品としての価値はなくなり、廃棄処分するしかなくなる。穂発芽が起こる根本的原因は収穫時期の前後にあるはずの生理的な休眠が浅いことである。

野生に近いソバであれば休眠が深くて簡単に発芽しない種子もたくさんつく。たとえば、野生祖先種のアンセストラーレやソバの近縁雑草種は、発芽しづらい休眠が深い種子をつける。そもそも休眠は子孫を残すための危険分散の手堅い戦略だったのだが、野生のソバを栽培化して作物にしたことで不要の性質になっていき、中には休眠が浅くて収穫前に植物体についた状態で発芽してしまうものもあるわけである。他方で、前年に栽培したソバが翌年に生えてきて生産者が困ることがあるが、それは野生時代に持っていた休眠が深い遺伝子型を持った種子がいまだにかなり残っていることを示している。

(2) 収穫後の貯蔵

貯蔵はソバの種子の水分の均質化と変質防止のために重要で、それに関係するのは温度、湿度、光、酸素だ。ソバの変質の原因となるこれらの影響を緩和する役割を担うのが殻と甘皮で、変質を避けるために玄ソバ（殻を付けたままのソバの種子）のまま貯蔵するのである。ソバは産地によって収穫期の気象環境が異なり、寒い国内産地のものは殻と甘皮が厚くて中心部に空洞があり、それに対して海外の天候がよい場所で収穫されたものは空洞が小さい傾向がある。この空洞はかつて製粉業者からは風味のよい種子の指標のひとつとされ、「空洞には蜜が入っている」と言われてきた（資料４－10）。

ソバにおいては、登熟不良の容積重が小さい種子はタンパク質が比較的多くて軟質粉になるだけでなく、脂質も多くて香りが強い傾向があるので、そば粉を利用する側は助かる。し

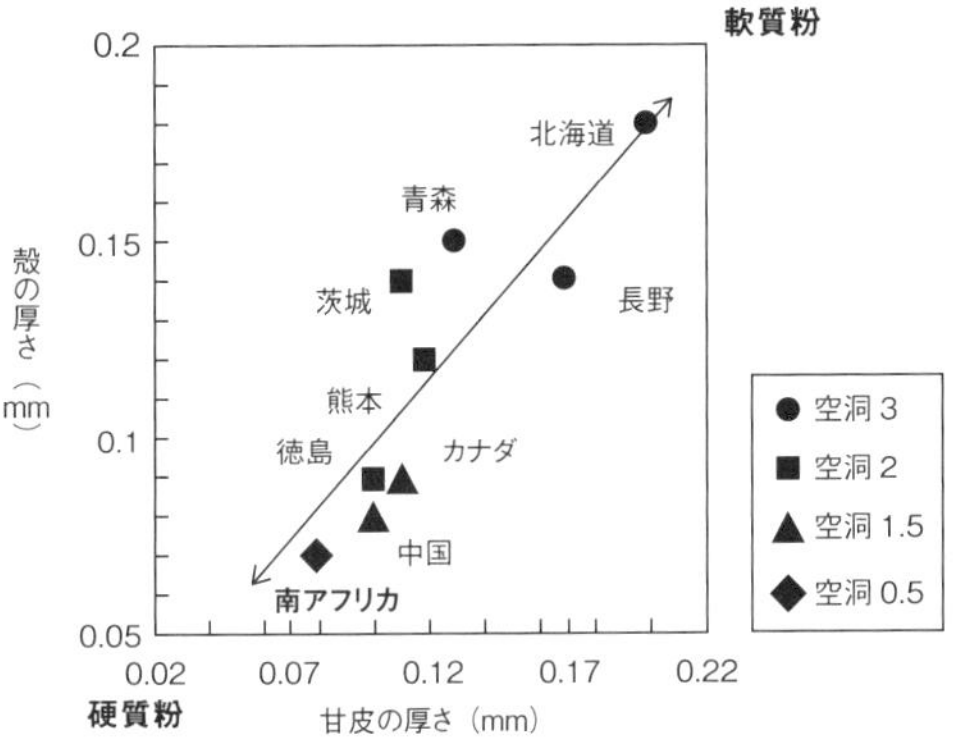

空洞指数：3：目視可能、2：中程度、1：実体顕微鏡で確認可能な程度
空洞が大きく、種皮が厚いほうが検査等級は低いが、軟質で風味のよい粉
空洞指数が大きい地域は北海道や東北・中部地方などの内陸部であり、小さいものは国外産が多い傾向
（田村和光、1975、『月刊食堂』『そばうどん』、p162-171 をもとに作図）

資料4-10　ソバの殻の厚さと種子の中心部の空洞程度

かし、生産者側は扱いにくいものである。種子の中央部分が未熟ということは種子内の水分が多くて水分の分布も不均一になっているということなので、収穫から貯蔵までの間の配慮が必要になる。

種子の中央部が登熟途上で成長停止したから空洞ができ、そこではデンプン合成が終わっておらずに水分含量もまだ高く、代謝中の種子は呼吸している。合成を促したり水分を飛ばしたりしても、呼吸が停止して代謝が止まるまでの間は本格的な貯蔵ができない。

(3) 熟成とは何か

ソバは本格的に貯蔵する前に予備的な貯

蔵をする必要がある。その予冷のことを「熟成」と呼んでいる地域があり、目的のひとつは種子内の水分を低下させるとともに均一化させることだ。これをせずに袋に詰めて貯蔵すると部分的にカビが発生することがある。目的のもうひとつは種子の代謝を停止させることだ。収穫直後のソバの種子は登熟のためにまだ盛んに呼吸していて、その状態で積み重ねると熱を持って「蒸れ」が生じて品質の劣化を招く。これを抑制するためにも静置と予冷が必要なのである。

本格的な貯蔵の前に予冷することは、種子内部のいわゆる「汗かき」の防止のためにも不可欠だ。気温が高いと種子の内外の大気が保持できる水蒸気（飽和水蒸気圧）は大きいが、急に冷やされると保持できる水蒸気が激減する。真夏のように暑い30℃の室内では湿度100%で30g／m²の水蒸気を保持できるが、5℃の冷蔵庫内では7g／m²しか保持できないため、余剰分の水蒸気は行き場がなくなって水滴になり、ソバの種子や壁、床に付着してカビの温床になる。冬場に暖かい部屋の窓際にたくさんの水滴がついてカビが増殖することがあるが、それと同じことが穀物や貯蔵庫でも起こるのだ。

水分が多くて温度が高いと種子の酵素活性が高まり、成分が変質するだけでなく、ついには発根しようとする。昔から農民が「ソバは1℃の低温で芽が動き出す」と伝えてきたのは、その酵素がイネなどの作物よりも低温で活性化することに注意を促すためだろう。昔の人の観察力は大変鋭い。そういうわけで、生理活動を鎮めるために収穫後に低温で静かに均一に乾燥するのである。ソバの種子を冷水に浸漬する実験をしたところ、水温が1℃程度でもグルタミン酸を分解してGABA(γ－アミノ酪酸)がどんどん増加した。低温でGABAが合成されるということは、それを触媒する脱水素酵素が低温で働くことを示している。ソバの種子は低温で代謝が進みやすいので、貯蔵環境はソバの品質を保つためにとくに重要となる。

コムギの熟成は、ソバと同様に品質、貯蔵、製麺に影響を与える。熟成の目的はソバと同じく、水分を低下させるとともに均一化すること、また呼吸活動と分解酵素の活性を低下させることだ。収穫したばかりのコムギはソバと同じで、急には生理的活動が止まらず呼吸をしている。その状態のコムギをすぐに粉砕したものは「若粉(グリーン・フラワー)」と呼び、吸水率が低くてパンが上手に焼けず、麺にしても切れやすい。しかし収穫したコムギを数週間置くと、酸化はするが黄色みが薄れて安定し、これを「熟成」としている。熟成したコムギを製粉した小麦粉は、水がなじんで粘りのもとになるグルテンができやすくなり、麺線にする際の「つなぎ」の機能を発揮しやすくなる。最近は、製粉中に小麦粉が空気とともに機械の中で回るようになっており、その間に酸化と乾燥が進んで熟成が促進される。しかし、酸化が進みすぎると味が落ち、グルテンの含有率が高い強力粉は半年、薄力粉は1年ほどで劣化するとされる。そば粉と小麦粉の扱いはこのように違い、ソバはその独特の香りや色が重要なので、酸化や乾燥を促進するような熟成のさせ方はしない。生果物のようだ。

(4) 貯蔵

貯蔵の大敵は高水分と高温で、水分が多いと微生物や虫が繁殖する。ソバもコメと同様に水分が15・5%以上になると保蔵中にカビが発生する可能性が高まるので、その数値が貯蔵する際の水分の上限になる。下限は13%程度で、それ以下だと揮発性の風味成分が失われやすい。

また、酸素と光は酸化をもたらす。光による酸化はクロロフィルなどの色素があると促進され、緑色の種子が急速に茶色になっていく。光のエネルギーを得て活性酸素が出るためで、それによってソバの細胞が酸化して破壊されるのだ。クロロフィルはもともと光のエネルギーを用いて化学的な反応を起こす色素であるため、光が当たると化学反応が起きて成分や色に変化が起こる。近年、丸抜き（殻を取り去ったソバの実）の保存に、光も酸素も遮断するアルミ袋や脱酸素剤が使われることがあるが、コストが高いことを除けばとても合理的である。ソバが殻付きの玄ソバで貯蔵される大きな理由は、丸抜きや粉だと酸化が進んで長持ちしないからだ。

貯蔵中の温度の変動はカビや結露、過乾燥をもたらすため、貯蔵中の温度は低温で一定であるほどよい。香り成分はマイナス40℃で溶けはじめ、マイナス20℃でも揮発する成分があるので、貯蔵には最低温度がマイナス40℃以下のディープフリーザーがよいが、コストがかかるという欠点もある。このほかのフリーザーの欠点としては、庫内から出すときに庫外との温度変化に注意しないと、ソバの種子の内部の蒸れである「汗かき」が起きること、また、貯蔵中に種子内の水分が氷結する場合があることだ。また、フリーザーは外部から大気が流入したときに霜がつきやすいという問題もある。実用的には運転コストが安い1～5℃の恒温条件でよく、強冷条件の冷蔵庫やチルド室のような条件が適当だと考えられる。最近はチルド室より低温のマイナス3℃～0℃で保存できる「氷点下ストッカー」といった機器もあり、氷結を防ぎつつ鮮度を保つにはより効果的だろう。

伝統的な貯蔵方法の中にも優れた方法がある。養蚕の蚕種《さんしゅ》を貯蔵するときに用いられたような風穴や野菜を貯蔵する氷室《ひむろ》を使ったやり方だ。風穴は中部地方を中心にたくさんあり、

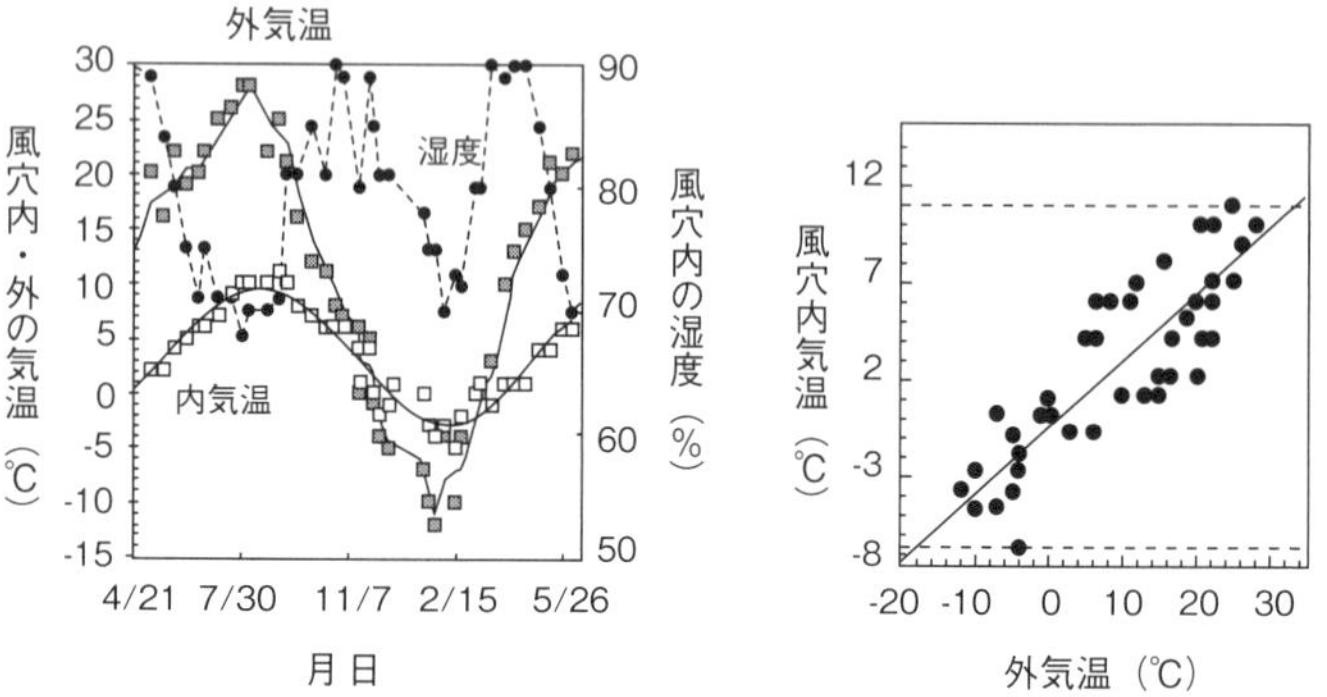

（松本市・稲核風穴、2014年～2015年）

資料4-11　風穴内外の気温と湿度の推移／風穴内の気温に及ぼす外気温の効果

優れた機能を持つ。資料4－11は長野県松本市の稲核《いねこき》地域にある風穴の貯蔵庫内外の気温や湿度の季節変化を示したものだ。外の気温が夏と冬で約40℃も変化するのに対して、風穴内部の気温は19℃しか変化しない。また、湿度が約70～90％に落ち着いていて、冬と夏に乾燥傾向になることがわかる。風穴は山の斜面を下降した冷気や、岩と氷の隙間を通って冷えた空気が風穴中に吹き出されることで1年中絶え間なく冷却される。内部は平均気温がチルド室のように約3℃で、湿度は平均すると80％という安定した状態だ。風穴が自然環境を利用しているにもかかわらず、ソバの種子の貯蔵に適した条件になっていることには驚か

武蔵野の石臼
（東京都三鷹市大沢の里）
木製歯車（万力）で石臼を動かす仕組み

中央ヨーロッパ・スロベニアの胴搗き臼（ドレンスカ村）。ソバや雑穀の種類によって杵の先端の形を変える

資料4-12　伝統的な水車による石臼や胴搗き製粉

される。こうした環境を人工的に作るとなると、低温にするだけでなく加湿することが必要になり、温度と湿度の急変を避けるためには前室も不可欠なので、施設と運営が負担となる。その点、風穴は優れた地理的資産といえる。また、飛騨地方には玄ソバを雪氷中で保存する方法もあり、温度はほぼ0℃で湿度も一定なので理に適っている。

(5) 製粉

ソバの製粉は近代になると、それまでの搗《つ》き臼や回転式の石臼によるものから、回転式のロールの間を通すロール製粉に変化した（資料4－12）。その利点は製粉速度が

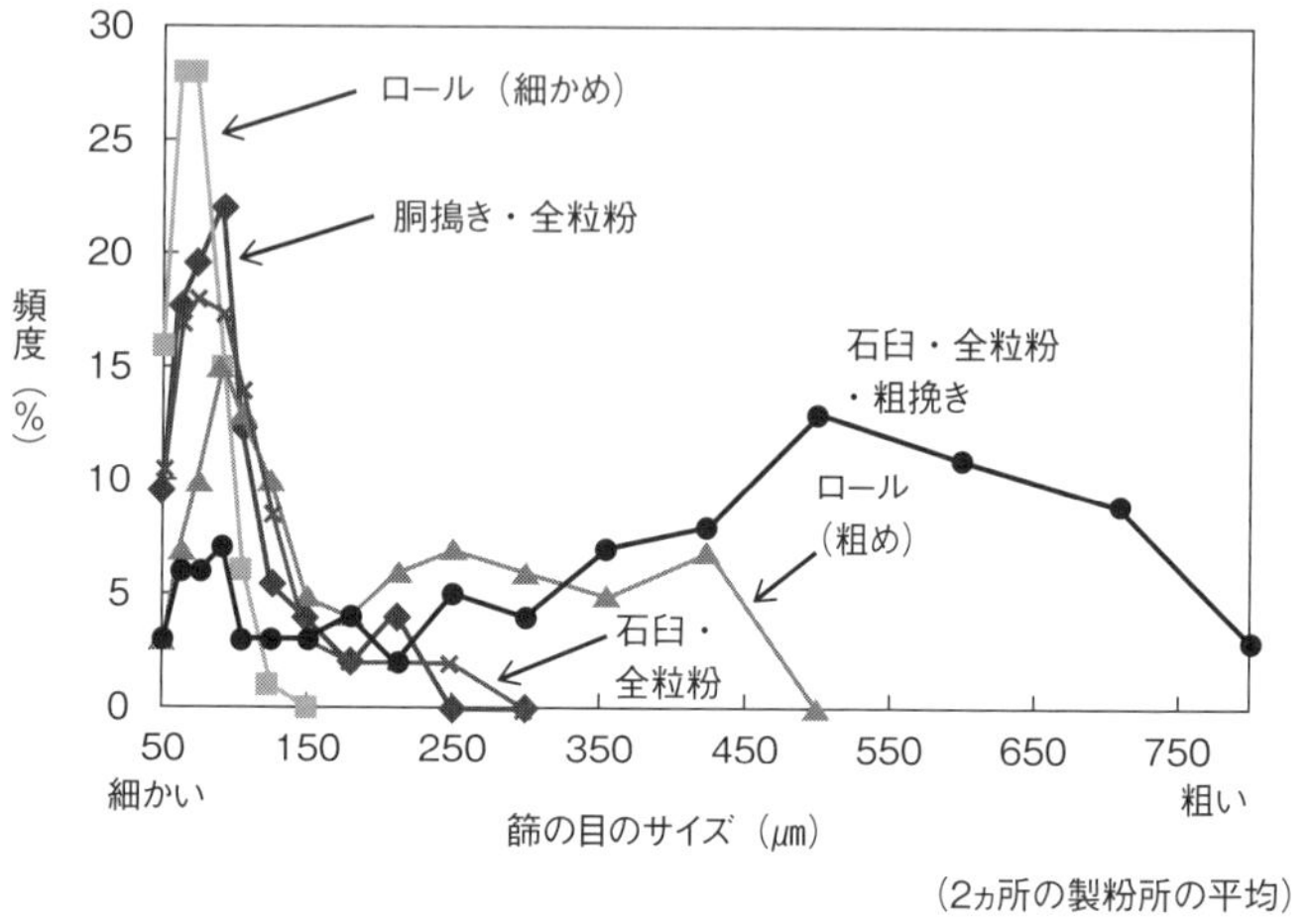

資料4-13　製粉方法と粒度分布の関係

速いことと、均質な粉が得られるという2点だ。それに対して伝統的な胴搗き（縦杵で搗き叩く）製粉や石臼挽き（回転臼で挽いて揉む）製粉は、熱が発生しにくいという長所があるが、時間がかかるのが短所といえる。また、それ以外にも大きな違いがある。胴搗き、石臼挽き、ロール製粉による粉の粒度分布がかなり違うのだ（資料4－13）。胴搗きや石臼挽きによる粉は粒のサイズが不均一で幅広く、それが食品素材として「不完全の美」を形成している。石臼挽きによる粉が現在でも根強い人気を保っているのは、ヒトは粉の不均一さ（多様性）を好む原始的ともいえる嗜好があるからだろう。

ロール製粉は細かくてサイズが均一な粉を作ることもでき、粉の粒のサイズを自由に変えたり、大量に製粉したりすることにも適しているものの、水分が蒸発しやすい。他方、効率が悪い胴搗き製粉では、粉の粒のサイズが幅広く、細かい粉も混ざっている。効率の上では両者の中間的な石臼挽きは、細かい粒も混ざっているが、大粒の粉もたくさん混ざっており、上臼と下臼の隙間の間隔や回転速度を調節することでその仕上がりが変化する。石臼の溝の目立てによっても粉の分布は変化し、浅く丸い溝だと溝の中で粉が互いに摺り合わさって揉まれて、角が取れた細かい粒がたくさんできる傾向がある。そばを作るための粉としては、細かい粉が混ざっているほうがよいと考えられる。大きな粉の粒子の間をつなぐ細かい粒子があると、粗挽きのそば粉がつながりやすくなるためだ。大きな粒子だけだと間を埋める粒子が乏しく、つながりにくくなる。石臼の溝が深くてV字型だとそこに粉が滞留して粉の粒が揉まれにくくなるので、臼としての機能が低下する。だから、臼の目立てをする際はダイヤモンドカッターで深く溝を切ればよいというわけではない。

ソバの製粉はコムギの製粉とはかなり違い、近世以降に普及した回転式の石臼の価値が再認識されている。その理由はソバは香り成分が揮発しやすいことと、日本ではその香りを楽しむ文化があるからだ。石臼だとそば粉の品温（気温や石臼の温度ではなく、そば粉自体の

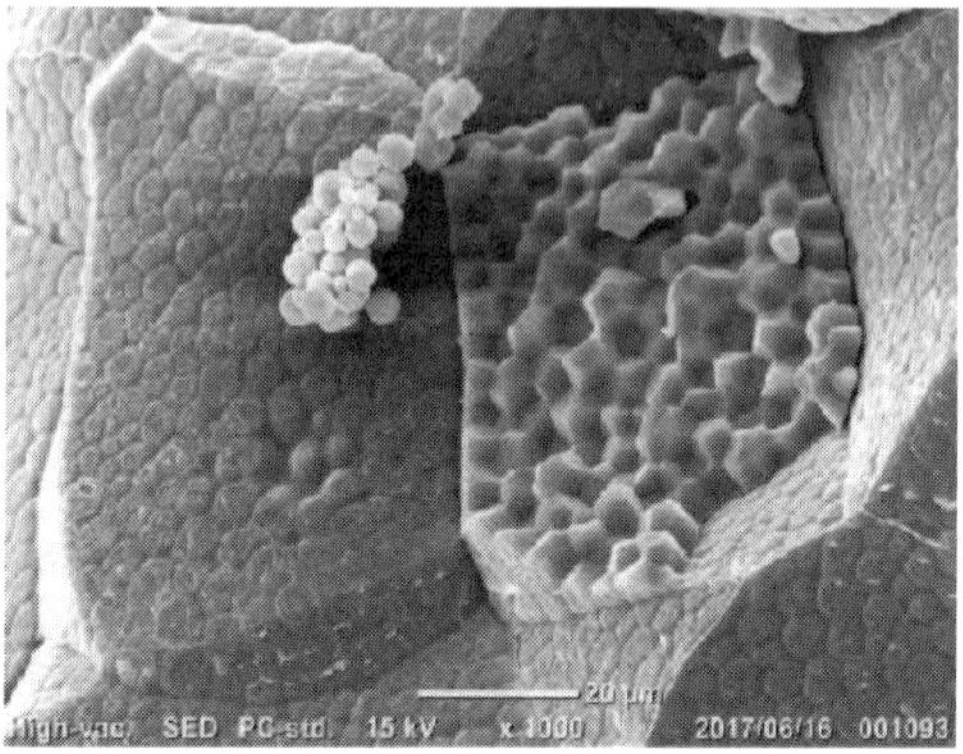

一番粉（さらしな粉）はこの部分を粉砕したもので、タンパク質は少なく、味や香りもほとんどなく、粘らない。乾燥の過程で、こうしたデンプンの塊ができる。小円形のものは発達中の顆粒。長野県伊那市・入野谷在来種

資料4-14　デンプン顆粒が集合した胚乳内部の柱状節理で一番粉に多い

温度）を上げずにすみ、熱による香り成分の揮発を防ぐことができる。また狭い石の隙間で摺るため、水分も蒸発しにくい。石臼で摺られると、破壊されにくいタンパク質が多い甘皮や子葉の部分と、細かくなりやすいデンプン粒が混ざり合って不均一になり、粉の粒が見える美しいそばになりやすい（資料4－13）。

そば粉は「しっとり感」が大切で、製麺のしやすさやそばの風味を左右する。「しっとり感」は、①粉の細かい粒を含む②製粉中に水分が飛ばない③水分を含みやすいタンパク質を適度に含む——といった物理的・化学的性質によって決まると考えられる。おいしさの点から見ると、粉の細かい

粒が大きい粒をつなぐのでのどごしをよくすることになり、粉の状態からある程度はそばにしたときの様子が推定できる。

丸抜きとは殻（果皮）を取り払っただけのソバの実のことで、「抜き実」とか「抜き」とも呼ばれる。回転式の石臼が発達した江戸期の信州で、間に金属を挟んで臼を浮かせて巧みに挽いたのがはじまりとされている。なぜ丸抜きに加工することができるのかといえば、ソバの殻は厚さが不均一だからで、三角の陵の部分が壊れやすいからだ。この殻の厚みの不均一さを利用し、かつ上臼と下臼の隙間の間隔を調節することで丸抜きができる。最近では「インペラ式」といって、玄ソバを叩きつけることで効率よく殻を取り除く機械もある。

丸抜きからは品がよい緑白色の粉がとれ、色が黒く少しざらついた食感の田舎そばとは違うおいしさのそばを作ることができる。ただし、極小粒の在来種は殻が丈夫なので、うまく丸抜きにできないことがある。

ロール製粉では、回転速度が違う2つのロールの間でソバの種子を切断し、それを一定の篩《ふるい》にかける。一部は篩を通過させ、通過しなかった粉は次のロールに通して篩にかけ、また通過しなかった粉は次のロールに通して、というようにして連続的にさまざまな質の粉を作る。篩の網の径を変えることで、粒のサイズが違う粉を自由に作ることができる。コムギの

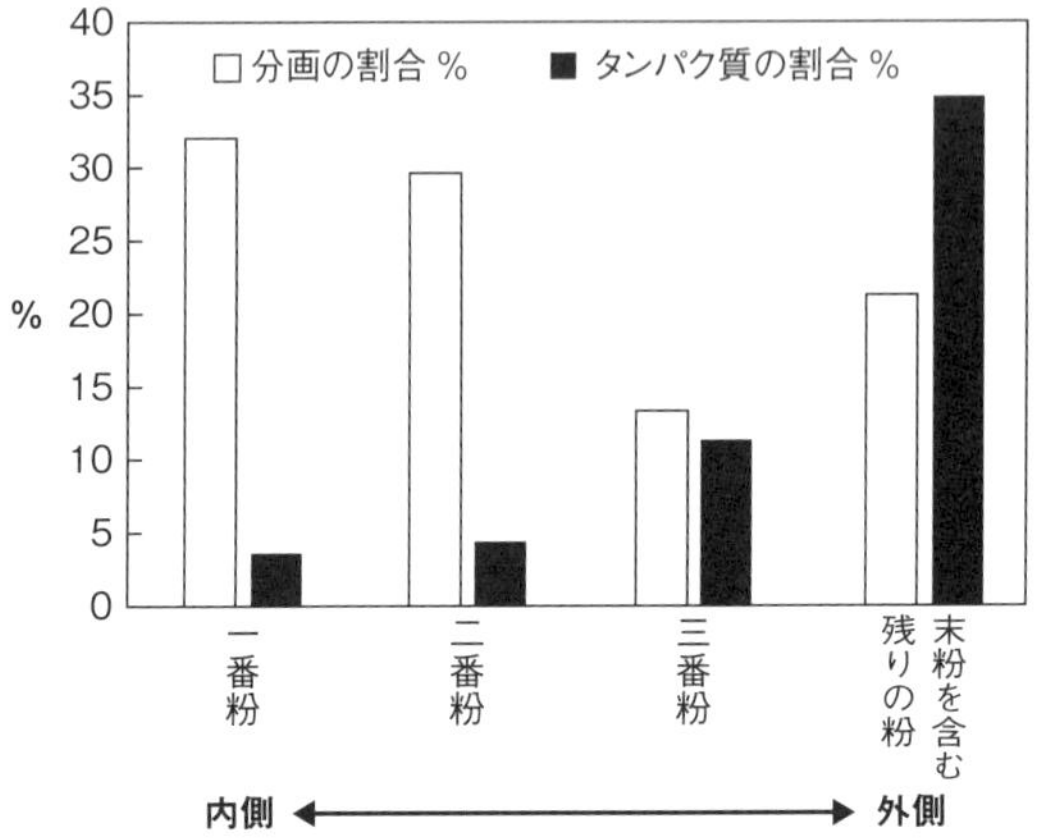

ロール製粉した17分画を4つに統合（Morita ら 2006 から作図）

資料4-15　そば粉の種類とタンパク質含量

大規模な製粉所では、成分や粉粒のサイズが違う40以上の粉に分画し、それらを加工用途に応じて混合する。ラーメン用、パスタ用のように卸先に合わせた粉を作ることが、コムギの製粉会社独自の技術なのである。それに対して、ソバの製粉では分画の数が少ない。以下に、ソバの3つの製粉方法について述べる。①石臼挽きの場合。石臼で全粒を挽き、それを篩にかけて殻を取り払ったもので、もっとも伝統的でシンプル。②挽きぐるみの場合。石臼挽きの進化形で、殻だけを取り去って丸抜きにしてからこれを製粉したもの（全粒粉）。殻を取り払う工程が必要となる。③ロール製粉の場合。サイズを揃えた丸抜きを2本のロールの間を通してから4つに分画する方法が有名。いちばん初めに出てくる粉を「一番粉」、2番目を「二番粉」、3番目を「三番粉」、残りを「末粉《さなご》」と呼ぶ（資料4－14）。この区分には厳密な基準はないが、一番粉はタンパク質が少なく、デンプンが多い部分である。それをさらに細かい篩にかけてデンプン99％にしたものを通称「さらしな粉（更科粉）」という。

一番粉、二番粉、三番粉、末粉以外には「打ち粉」がある。打ち粉はそばを打つときや切るときに、道具にそば玉や麺線が付着しないようにまぶすための粉だ。脂質をほとんど含まず粘りがないデンプン主体の胚乳を取り出して製粉し、特別に作っている。末粉は、甘皮の硬くて弾力性がある粉にしにくい部分や殻の一部が入っていて高タンパク質、高脂質だ。風味が強くて栄養価は高いが、ざらついて加工しにくく、また微生物によって変敗しやすいので通常は廃棄される。

製粉会社によっては、いろいろな性質の粉を製造するために分画の数を増やしたり、ロールの温度が上がるのを抑えて熱によって香りが飛ばないようにするといった工夫をしている。それらの分画の化学的特徴については多くの研究がある。一般的には、ソバの種子を何度かロールを通していくとタンパク質が多い粉になる（資料4－15）。

ロール製粉でたくさんの分画に分けると、タンパク質が多い粉ほど水分含有量が低くなる

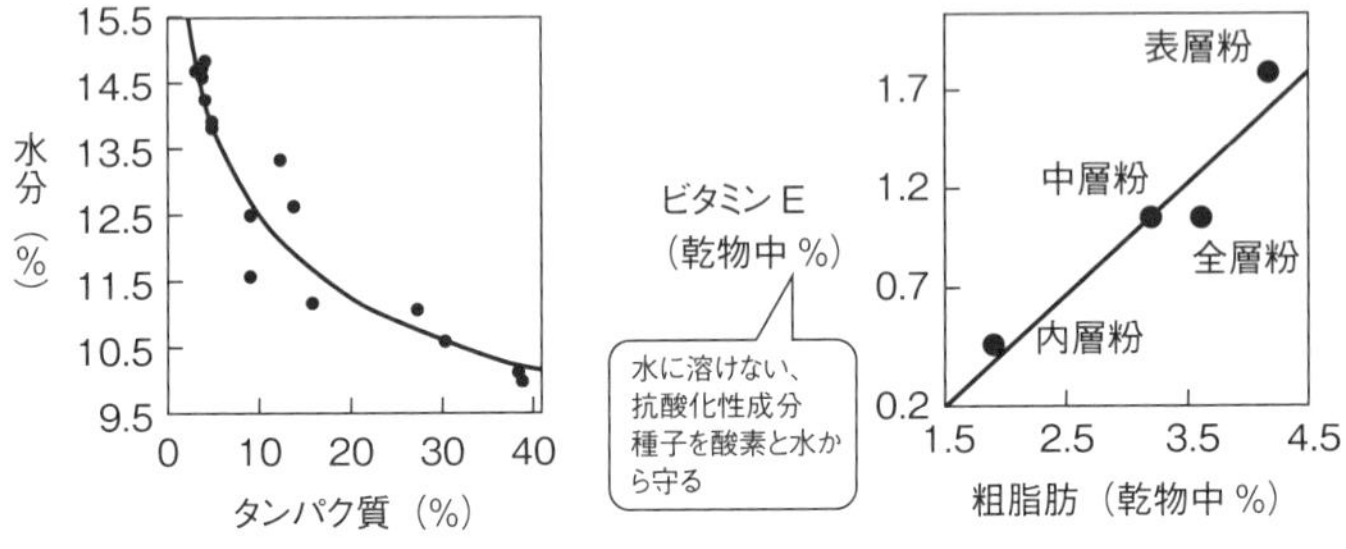

（*Morita*ら2006から作図）

資料4-16　ロール製粉の分画における化学的特徴／そば粉の耐水・抗酸化成分

（資料4－16左）。これは甘皮や子葉にはタンパク質と脂肪が多いからで、脂質が水になじまないためだ。水になじまない脂質のひとつはビタミンEで、種子を酸化障害や水から守るために蓄えており、表層ほど多いのは植物生理からみて合理的だ（資料4－16右）。

ところが、ソバの種子のタンパク質は水溶性のアルブミンや塩水に溶けるグロブリンがコムギの種子の4倍以上も多く、水になじみやすい。そば粉を水と合わせるとすぐにドロドロになる理由はタンパク質の性質にある。末粉に水を入れると糸を引くほど粘性が強い粘液になる。ソバの甘皮や子葉には水に溶けやすいタンパク質と水に溶

郵便はがき

料金受取人払郵便

本郷局承認

3509

差出有効期間
2021年6月
30日まで
(切手不要)

113-8790

(受取人)
東京都文京区湯島3-26-9
イヤサカビル3F
株式会社 **柴田書店**
書籍編集部　愛読者係行

フリガナ 芳　名	男 女	年齢 歳

自宅住所 〒　　☎

勤務先名　　☎

勤務先住所 〒

● 該当事項を○で囲んでください。

【A】業界　1.飲食業　2.菓子店　3.パン店　4.ホテル　5.旅館　6.ペンション　7.民宿　8.その他の宿泊業　9.食品メーカー　10.食品卸業　11.食品小売業　12.厨房製造・販売業　13.建築・設計　14.店舗内装業　15.その他（　　　　）

【B】Aで15. その他とお答えの方　1.自由業　2.公務員　3.学生　4.主婦　5.その他の製造・販売・サービス業　6.その他

【C】Aで1. 飲食業とお答えの方、業種は？　1.総合食堂　2.給食　3.ファストフード　4.日本料理　5.フランス料理　6.イタリア料理　7.中国料理　8.その他の各国料理　9.居酒屋　10.すし　11.そば・うどん　12.うなぎ　13.喫茶店・カフェ　14.バー　15.ラーメン　16.カレー　17.デリ・惣菜　18.ファミリーレストラン　19.その他

【D】職務　1.管理・運営　2.企画・開発　3.営業・販売　4.宣伝・広報　5.調理　6.設計・デザイン　7.商品管理・流通　8.接客サービス　9.オーナーシェフ　10.その他

【E】役職　1.社長　2.役員　3.管理職　4.専門職　5.社員職員　6.パートアルバイト　7.その他

ご愛読ありがとうございます。今後の参考といたしますので、アンケートにご協力お願いいたします。

◆お買い求めいただいた【本の題名＝タイトル】を教えて下さい

◆何でこの本をお知りになりましたか？

1．新聞広告（新聞名　　　　　）2．雑誌広告（雑誌名　　　　　）

3．書店店頭実物　　　　　4．ダイレクトメール

5．そ の 他＿＿＿＿＿＿＿＿

◆お買い求めいただいた方法は？

1．書店　地区　　　　　県・書店名＿＿＿＿＿＿＿＿

2．柴田書店直接　　　　3．その他＿＿＿＿＿＿＿＿

◆お買い求めいただいた本についてのご意見をお聞かせ下さい

◆柴田書店の本で、すでにご購入いただいているものは？

◆定期購読をしている新聞や雑誌はなんですか？

◆今後、どんな内容または著者の本をご希望ですか？

◆柴田書店の図書目録を希望しますか？　1．希望する　2．希望しない

●ホームページをご覧ください。URL=http://www.shibatashoten.co.jp
新刊をご案内するメールマガジンの会員登録（無料）ができます。

記入された個人情報は、顧客分析と御希望者への図書目録発送のみに使用させていただきます。

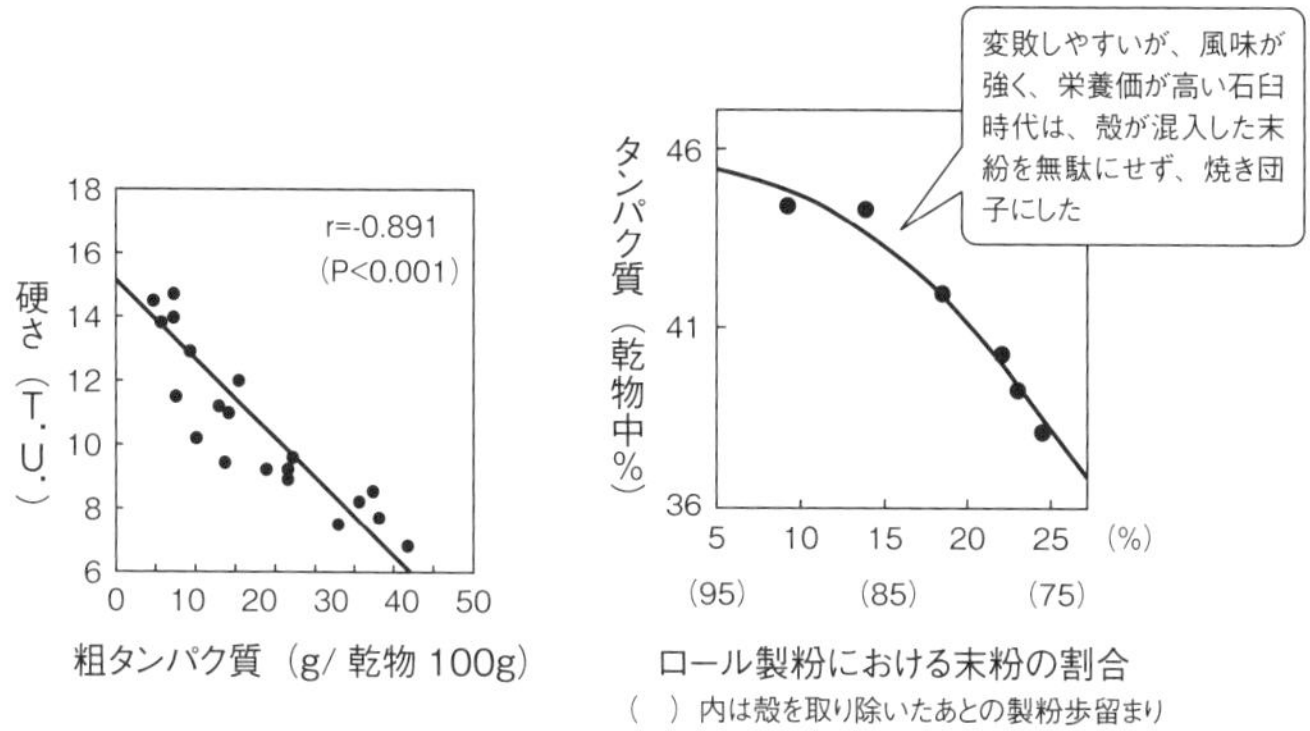

加水・加熱した粉をテクスチュロメーターで計測、Ikeda ら（1999）による

17 画に分けて、末粉5分画と3番粉のもっとも粗い1分画の重量とタンパク質量から、末粉の割合、歩留まり、タンパク質含量を計算
Morita ら（2006）のデータから作図

資料4-17　粉のタンパク質含量がソバの硬さに及ぼす影響／末粉の化学的価値

けにくい脂質がたくさん入っているので、それらをたくさん含むそば粉に水を含ませる水まわしの作業が困難なのである。そば粉に水を加えると水に触れたタンパク質がすぐに溶けて壁になる一方で、脂質によって水分が自然に分散していくことを阻止する。これらの理由から、そば粉の内部の隅々にまで水分は行き届きにくく、そしてそのような水分が不均一なそば玉は麺線にすると切れやすくなる。小麦粉は水分が浸透しやすいのに対してそば粉が浸透しづらいのは、ソバがアジアの多湿の環境で生き残るために得た、脂質によって種子をガードする性質があるためである。

ソバの種子のタンパク質が多い部分は味

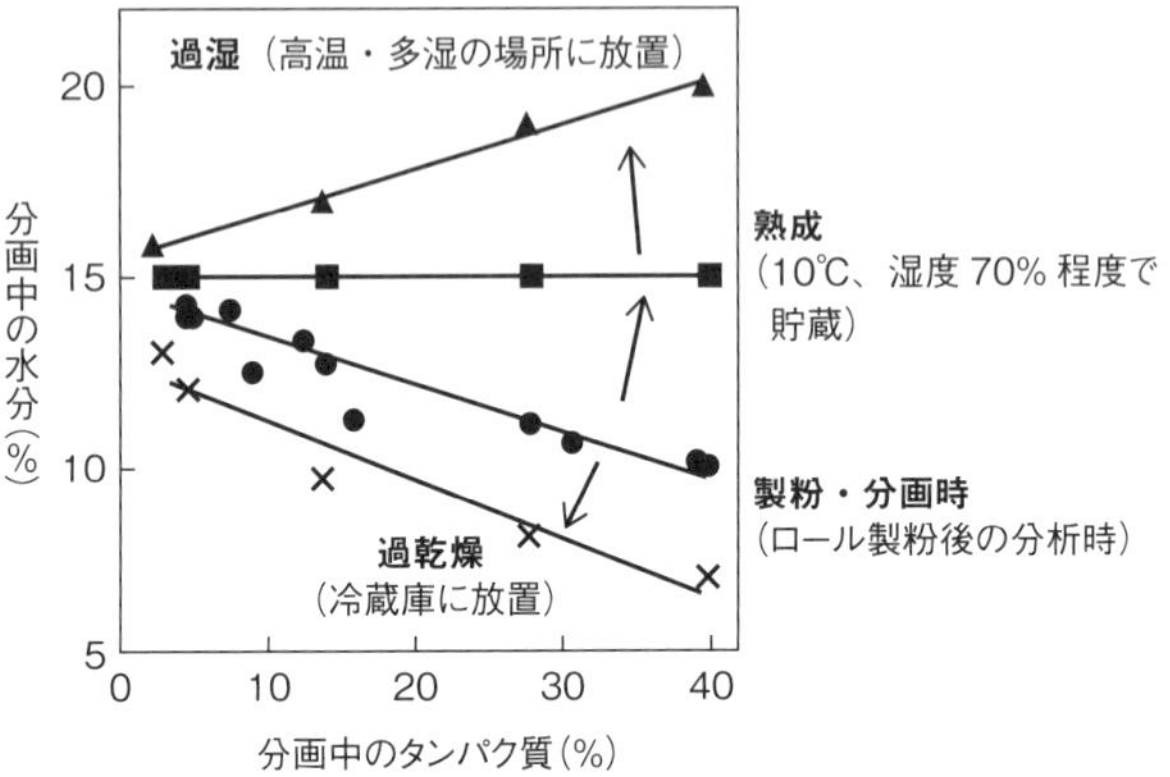

タンパク質が少なくてデンプンが多い分画は湿度に対して安定しているが、タンパク質は不安定。過乾燥では水まわしが困難になり、高温・多湿だと吸水し、微生物が繁殖して変敗する。低温で飽和水蒸気圧が減少する。

資料4-18　貯蔵中の粉の変化

があり、香り成分となる脂質も多いが、そば粉の物理性にも大きな影響を与える。そば粉の多様な分画のタンパク質含量と、そば粉を練って加熱して冷やしたものの硬さとの関係を見ると、タンパク質が多いほど軟らかくなる（資料4－17）。タンパク質が多いソバの種子ほどアミロースが少ない傾向があることがわかっており、アミロースは冷やしたときに硬くなりやすいデンプンである。タンパク質とデンプンの中のアミロースの割合が負の相関関係にあることが、麺線になったそばの硬さ（のどごし）と風味（香りと味）の両立を困難にしている一因と考えられる。

末粉はロール製粉ではたくさん生じるも

ので、その化学的な性質は、粉になりづらい甘皮や子葉の一部を含むタンパク質や殻が混入した分画である。末粉の全粒粉に占める割合が多いと、デンプンが多く混ざってタンパク質が減少していく。末粉のような製粉残渣は現代の日本ではほとんど利用されないが、おいしさを追求するうえでは加工の工夫が必要である。かつて信州では、殻が混ざったしいななども石臼で粉に挽いてから団子にして囲炉裏で焼いて食べたとの伝承があり、そこにはソバの実を少しも無駄にしない工夫と、その風味を楽しむ文化があった。

ロール製粉直後のそば粉を分析すると、タンパク質が多い分画ほど水分が低い（資料4－18）。水溶性タンパク質は水分を吸いやすい性質があり、気温10℃・湿度70％で一定だと水分が安定するが、高温になるほど大気中の水分が多くなる（飽和水蒸気圧が高まる）ぶん微生物が繁殖して変敗しやすくなる。そば粉を冷蔵庫内に放置すると、大気中の水分が少ない（飽和水蒸気圧が低くなる）ぶん次第に過乾燥になるので、微生物の増殖は抑えられるものの貯蔵中に風味が飛んでしまう。

殻を取り去った種子が丸抜きだが、品種によっては丸抜きにすることができない。小粒な地方在来種やダッタンソバの殻はそれだけを分離しにくく、その理由は殻の構造にある。殻をぐるっと1周して150ヵ所程度の厚さを調べると普通ソバの殻の厚みは場所によって大

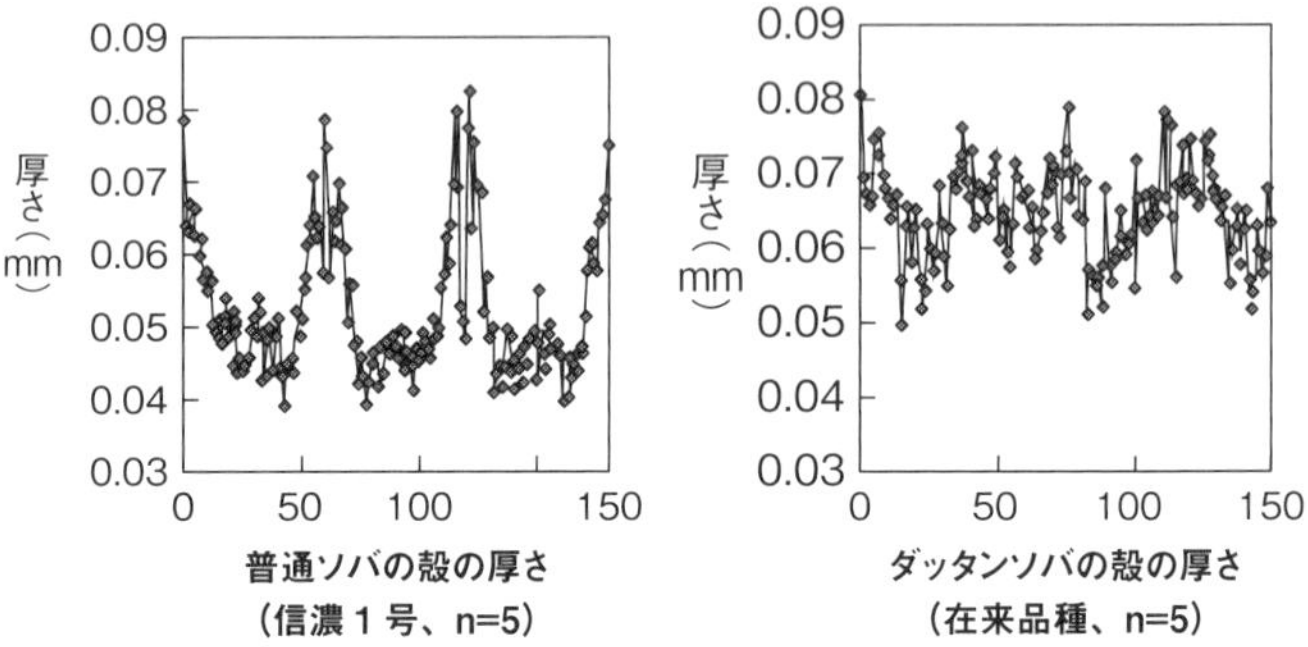

普通ソバは厚い部分と薄い部分の差があり、殻が取れやすい。他方、ダッタンソバは均一であり、殻が除去しにくい。

資料4-19　殻の厚さの不均一性（井上ら）

きく違い、三角の稜線のところは厚く、側面の平坦なところはかなり薄い（資料4－19左）。それに対してダッタンソバの殻はどこをとってもほぼ均一で、普通ソバに比べて厚い（資料4－19右）。この殻の厚さの違いが丸抜きにしやすいか否かを決めている。

普通ソバの殻は場所によって厚さや硬さが違うので力を加えると割れやすく取り除きやすいが、それでも石臼挽きの場合は殻の一部が粉に混ざる。殻が混ざると食感を通じて風味を変えることになるので、味わいにおいては大切な要因だともいえる。いくらか殻が混入したほうが、そばにしたときに荒々しい食感になって好まれるケース

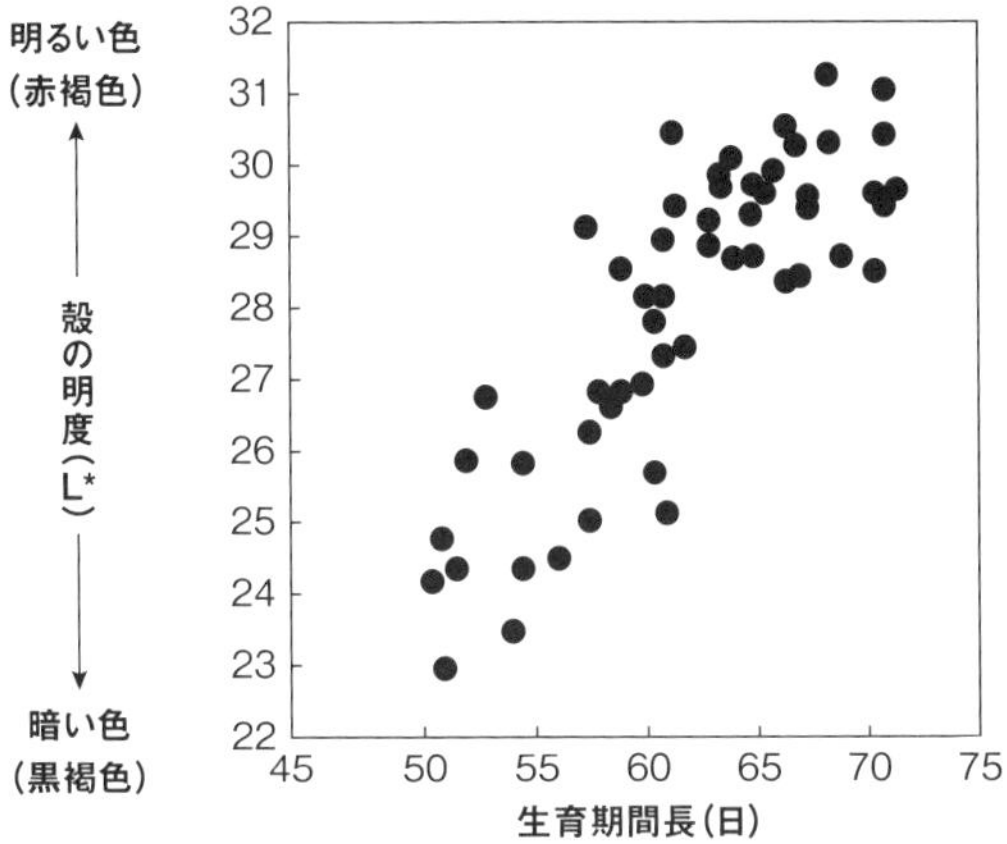

（Tetsuka and Uchino［2005］による）

資料4-20　日本のソバの殻の色と早晩性の関係

もあり、一概に混入してはならないとも言い切れない。

殻の色彩も視覚を通じて私たちの感性に影響するので重要な要素である。殻はもともと葉から進化したものだと考えられるが、その色は地域によってさまざまだ。また、殻にはいろいろな種類のポリフェノールが多量に含まれているので、玄ソバを石臼挽きしたときの独特な風味の重要な要因のひとつになっている。

殻は世界中でほとんどが茶色だが、日本の中部地方では美しいほどに黒みが強い在来種が多く、フランスの在来種は銀灰色のものが多い。世界の品種を並べてみると、真っ黒の在来種が日本の中部地方にだけ分布している。ダッタンソバは普通ソバよりも殻の色の品種間差異が大きい傾向で、赤褐色、黒色、灰色の在来種がある。ちなみに、日本の在来種の中では、早生種ほど黒いというおもしろい傾向があり（資料4－20）、日射や温度のような環境だけでなく品種の遺伝的な違いが関係していると考えられる。

(6) つなぎ

捏《こ》ねには「水捏ね」と「湯捏ね」がある。水捏ねはそば粉中の水溶性タンパク質の粘りを主に利用する。その粘りの様子を見るために、丸抜きを5℃以下の水に浸けて水に溶け出す成分による粘性の変化を調べると、品種や産地によってタンパク質由来の粘りの出方は違うが、寒冷地のソバのほうが粘液の粘りが強い傾向がある。また、同じ地域の同じ品種で比較すると、霜に当たるほど粘りが高まる傾向がある。

ソバの水溶性物質の主成分はタンパク質で風味はよいが、冷却したあとのそばが軟らかくなり、噛み応えが弱まり、弾力性が弱まり、粘着性も低下するという性質がある。また、タンパク質が多いそば粉は脂質も多いため、水を均一に混入する水まわしが難しくなるので、そば職人の技術が必要なのである。そして、そのそば粉の粘りの弱さを助けてくれるのが小

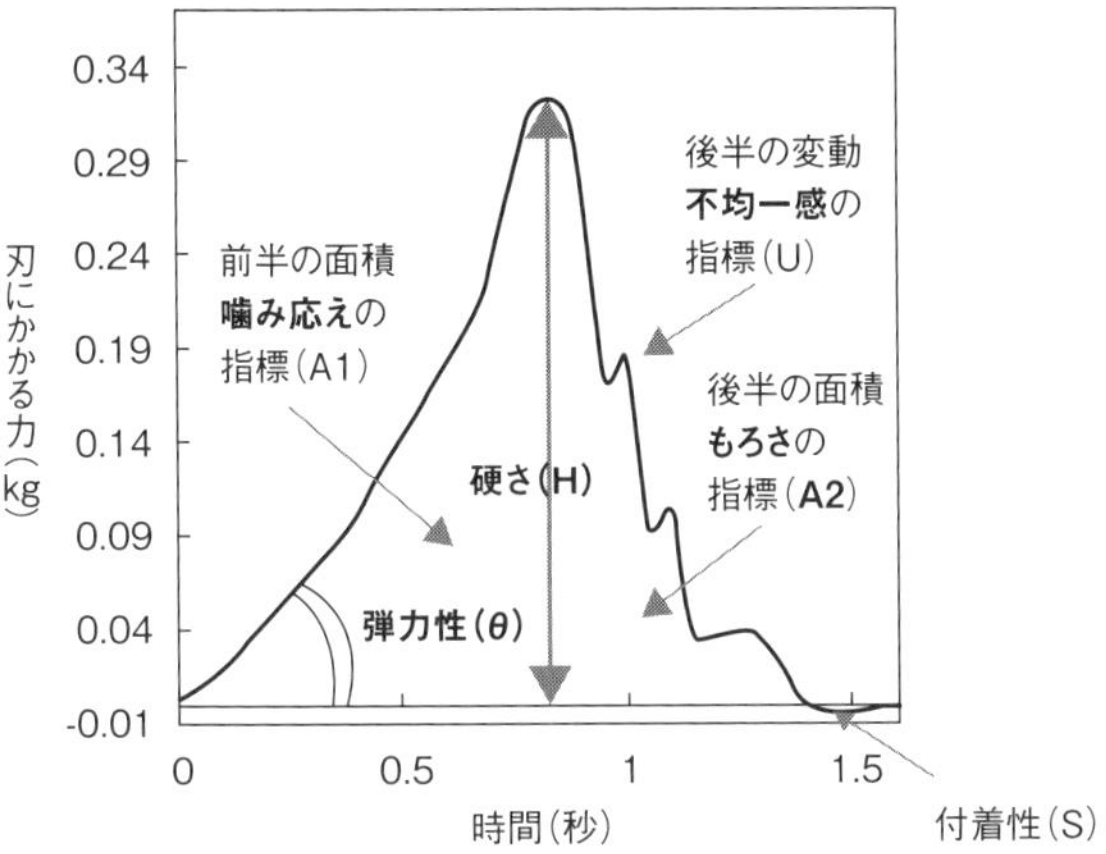

資料4-21　そばの食感の解析:食品物性の指標

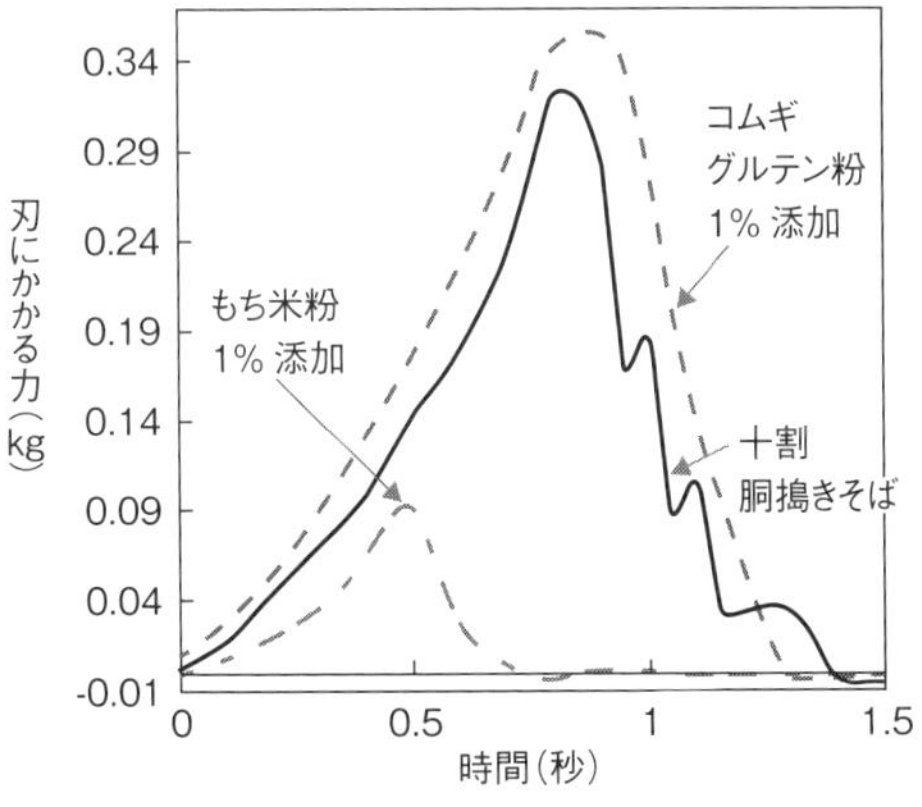

2mm 角に切り、50 秒茹で、90 秒冷水にさらし、そばを 3 本に並べ、速度 2mm/ 秒のスピードで刃を下降させて破断したときの、刃にかかる力の変化

資料4-22　そばの破断特性（稲川・井上、2015）

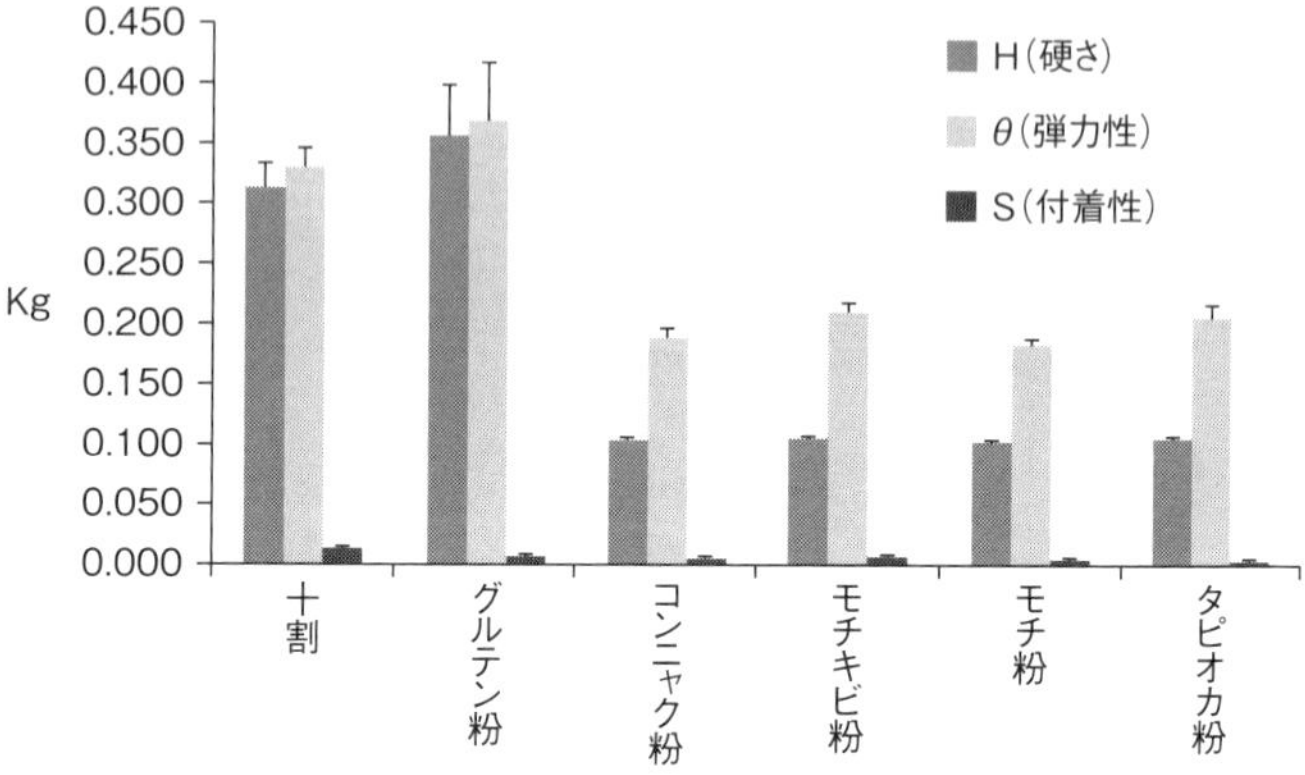

硬さ（H）、弾力性（θ）、付着性（S）
（Sは歯にぬかる感覚）

資料4-23

麦粉だ。小麦粉を割り粉としてそば粉に混ぜると、小麦粉のグルテンは水が浸透しやすいので水まわしが簡単になる。小麦粉を混ぜたそば粉を水捏ねするのは、小麦粉臭をなくしてグルテン（麩質《ふしつ》）の粘りのみを利用するためだ（資料4－21・4－22）。

小麦粉に水を加えて捏ねて水に流すと、グルテンだけを取り出すことができる。それを粉砕したものがグルテン粉で、小麦粉特有の香りがほとんどなく水分を含むと粘性が増加する。グルテン粉を1％だけ混ぜてそばを打って茹で、その破断特性を調べた（資料4－22）。グルテン粉を混ぜると硬さが増して弾力性（切断のはじめの刃にかかる押し戻す強さ）も大きくなり、そば粉

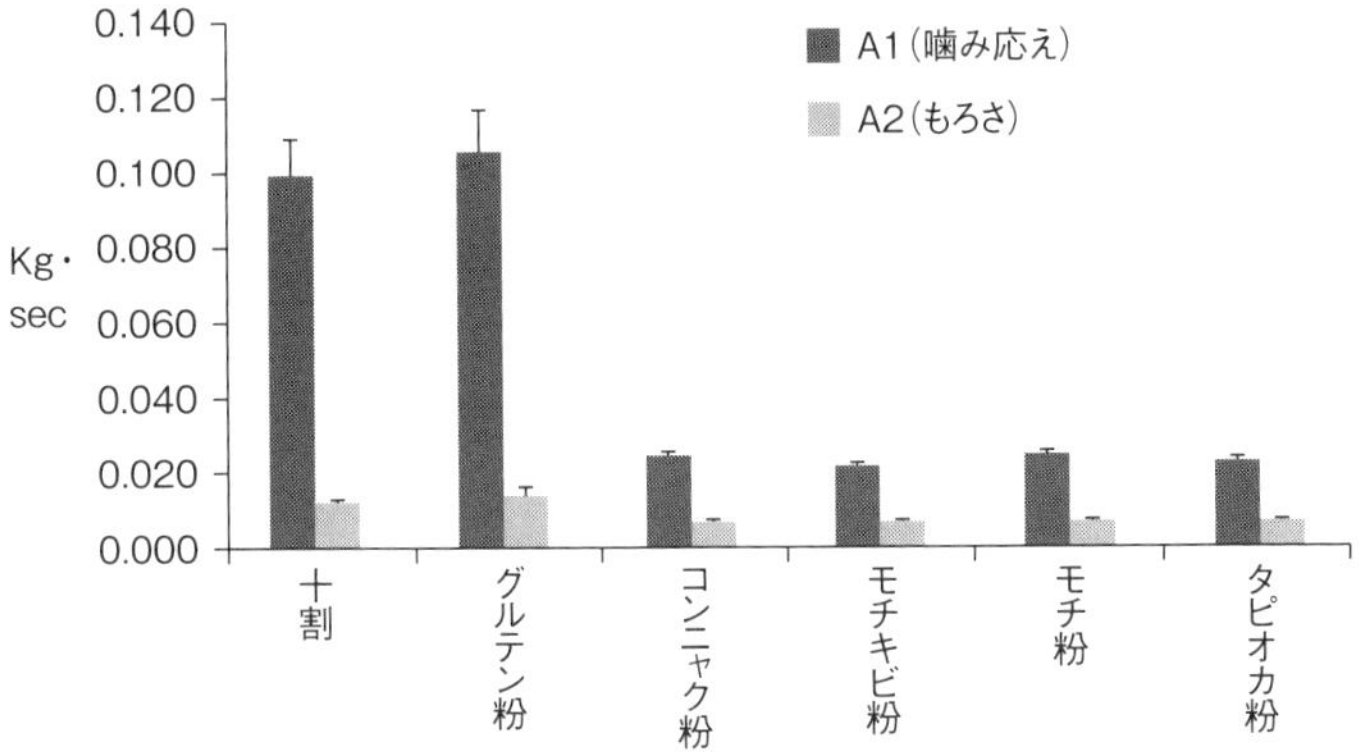

資料 4-24　噛み応え（A1, しこしこ感）、もろさ（A2）

十割の生地を60kgの力で杵を使って捏ねたものと同等になる。他方、コメのモチ粉を1%混ぜてそばを打つと、軟らかくて（硬さが弱く、弾力性も小さい）、粘りも弱く（弾力性が弱く、もろい）、噛み応えがないものになる（資料4－23・4－24）。コンニャクイモ由来のグルコマンナン、タピオカデンプンなどもモチ粉と同じ結果になり、そば粉の物理的な特性はまったく失われた。これらのつなぎを使うと、共通してそばが和菓子のように大変軟らかく、ざらつき感もなくなった。ざらつき感も添加物によってまったく異なる（資料4－25）。これらの結果から、つなぎ素材のタンパク質の性質とデンプンなどの糖類の性質によって

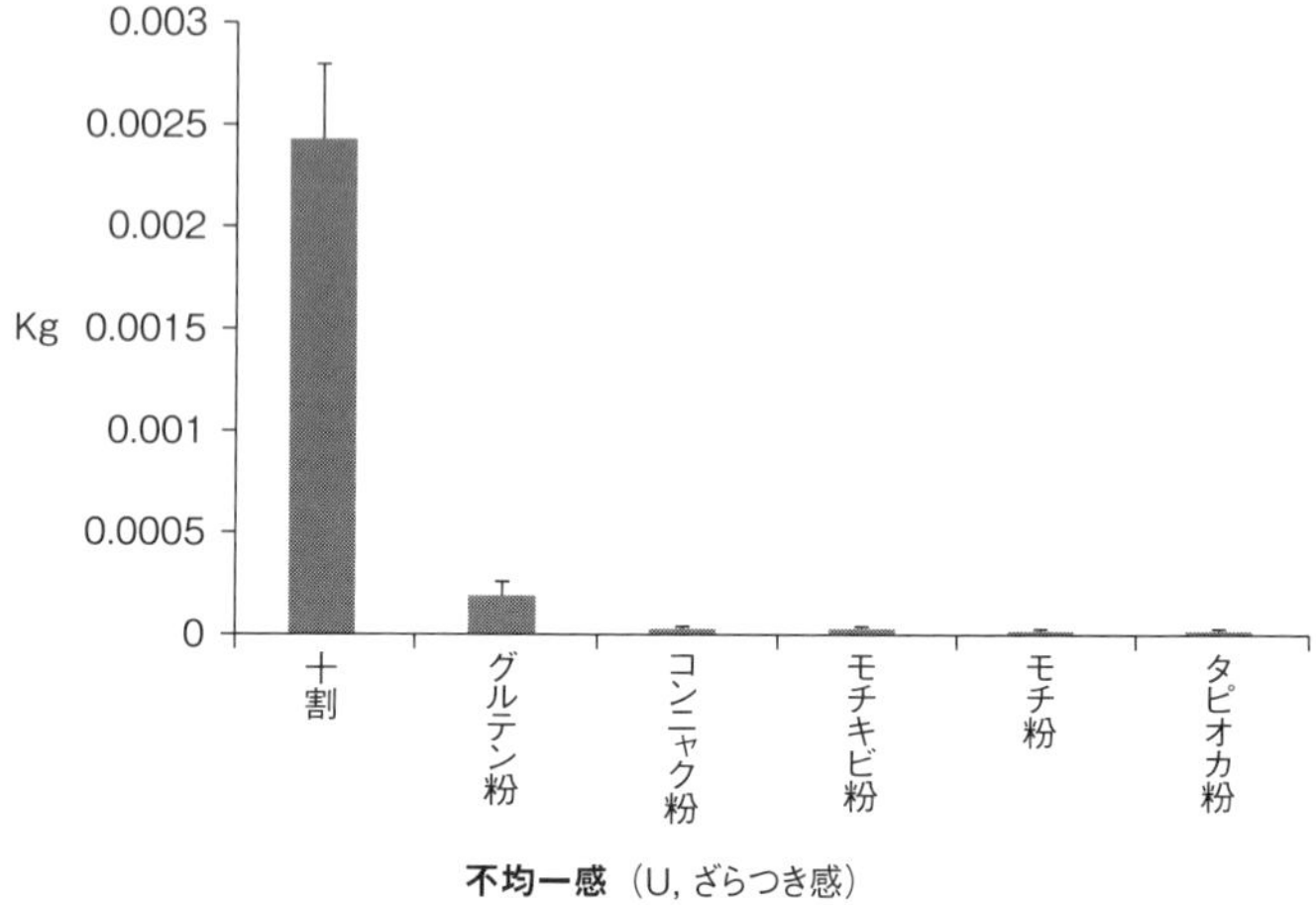

資料4-25　そばの食感に及ぼす「つなぎ」の影響

そばの物理性は大きく変化することがわかる。

一方で、つなぎを添加しないでつなぐ方法があり、湯捏ねはそのひとつである。そば粉自体のデンプンを熱によって糊化《こか》させることでそば粉の粒子を接着する方法だ。つながりにくいそば粉を十割で打つために、そば粉に直接湯を混ぜるか、そば粉の糊《のり》や濃いそば湯をつなぎとして用いる。糊やそば湯を用いた方法のことを「友《とも》つなぎ」とも呼ぶ。この方法によって、粘りが少なくて水の浸透が不良なそば粉の水まわし（水分の拡散）が簡易になる。

一定量のそば粉を水に溶いて加熱→高温で保温→冷却という3段階を設定して、穀

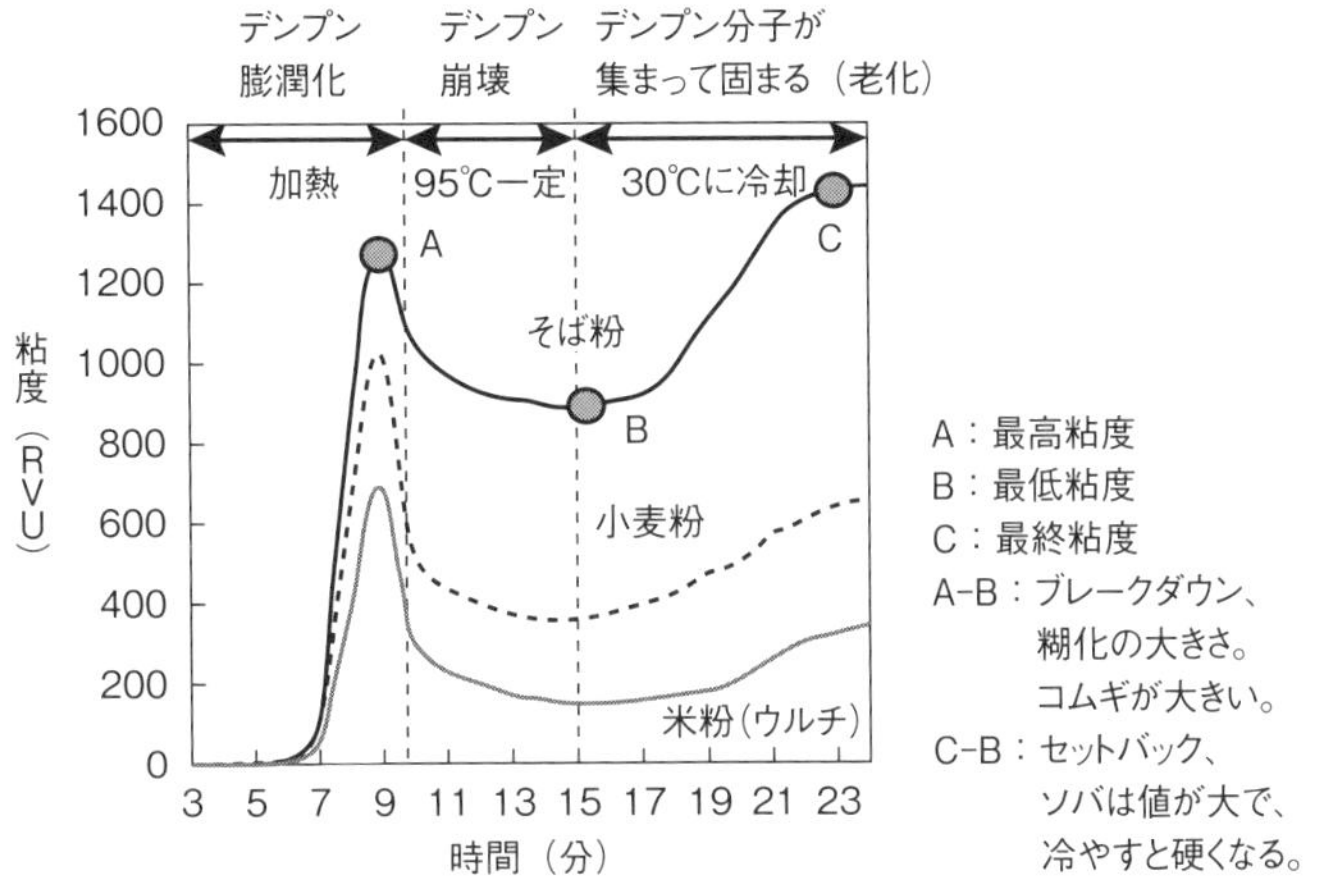

資料4-26　そば粉の糊化特性（ラピッド・ビスコ・アナライザー：RVAによる）

物の粉の粘り（粘度）を評価するRVAと呼ばれる方法があり、主に穀物中に含まれるデンプンの糊化や老化による物理的な特性を簡易に推定できる（資料4－26）。それによると、そば粉はコムギやコメと比べて加熱時に粘りが出やすいことがわかる。さらしな粉はタンパク質をほとんど含まずデンプンが主なので、湯捏ねでデンプンを糊化させて粘りを高めるのが普通だ。冷却するとそばは急に硬くなる（粘度が高まる）のは、硬くなりやすいアミロースが多い（老化しやすい）からで、冷やしたそばらしい硬い食感が生じる原因である。

そば粉は粘りやすいが切れやすい。そこで昔から、つなぐ（切れにくくする）ための努力

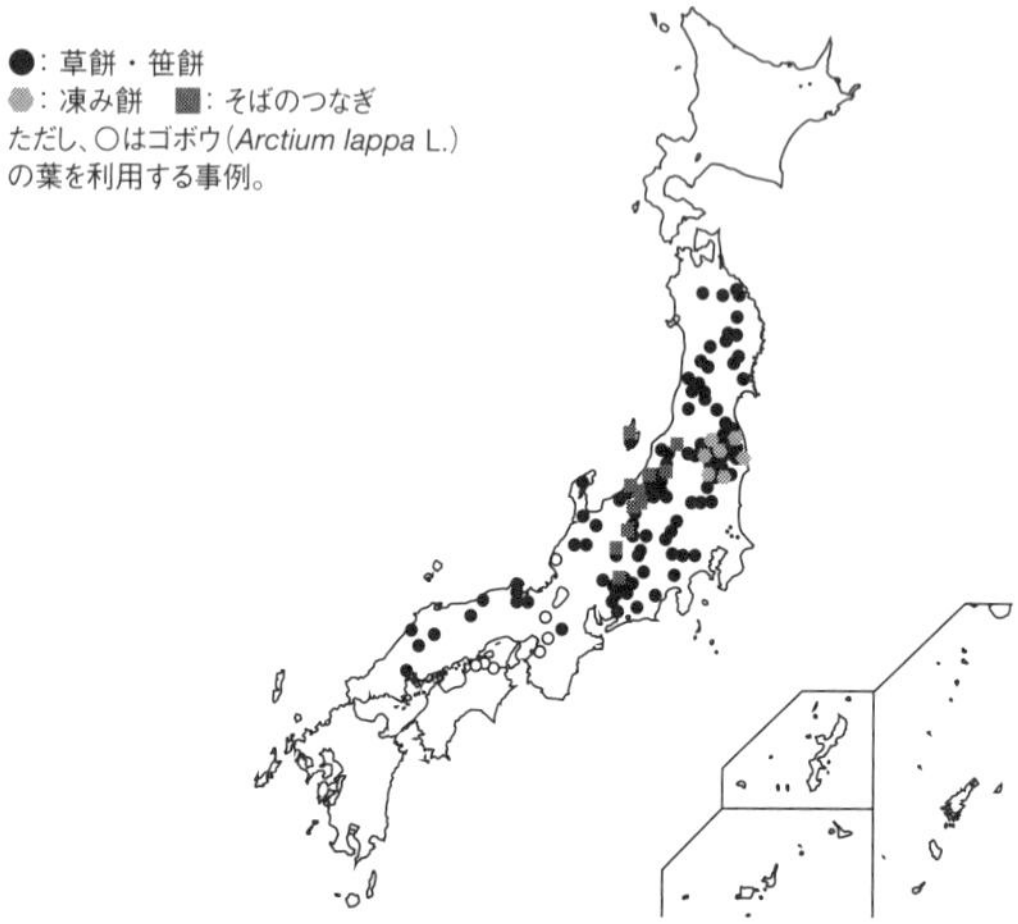

資料4-27　ヤマボクチ属（*Synurus*）の葉を食品に用いる地域（井上、2001）

がされ、小麦粉、卵、フノリ、ヤマノイモをはじめ、つなぐために使われた素材は多岐にわたる。その中で世界的にもっとも変わった素材が日本のキク科のオヤマボクチ（*Synurus pungens*）の葉の繊維である。日本人はそれを「ヤマゴボウ」と呼び、地域によってはモリアザミ（*Cirsium dipsacolepis*）などの野山の他種も同じ名前で呼んでいる。このオヤマボクチの葉は味も香りもなくただの植物繊維だが、それだけを取り出して食用として利用する。ヒトは繊維を消化できないため、繊維だけを抽出して食べるのは世界中を見ても極めてまれだ。

ヤマゴボウがなじみがあるか、利用方法は何か、1998年に日本中の1000ヵ所に植物画を示してアンケート調査をし、その回答をもとにマッピングしたのが資料4－27である。図中の■はそばのつなぎとしてヤマゴボウを用いている場所だ。長野県、新潟県、福島県などで用いていて、全国的に見てもまれな利用方法である。つなぎとして使えるように加工するための手順は、①茹でる②干す③乾かす④叩く――を2～3回繰り返すというもので、大変手間がかかる。そうして無味無臭の綿状の繊維を作り、貯蔵しておく。これをそば粉を捏ねるときに少しだけ混ぜ込むだけで、そばは切れにくくなり、本来の風味は損なわない。身近な野生植物を上手に使う方法といえる。

日本ではヤマゴボウを草餅や笹餅に用いる地域が多く（資料4－27の●）、福島では「凍《し》み餅」に用いている。餅が乾燥して凍ると割れるのでそれを防ぐためで、草餅も同じようにひび割れ対策が使用目的の主である。群馬県の旧六合《くに》村では、ヨモギの葉を同様の方法で加工、貯蔵してそばのつなぎにしていた（資料4－28）。ヨモギの葉はオヤマボクチに比べるとやや硬くて色が濃いが同様に使える。また、関西の一部では根菜のゴボウ（*Arctium lappa*）の葉をつなぎに用いるところがあった。オヤマボクチとゴボウの葉は形がよく似ていて葉の裏に毛もあり、柔らかい葉をうまく処理すればゴボウの葉でもそばのつなぎになる。

キク科の植物は中国でもそばのつなぎに使われている。ヨモギ属の多年草の沙蒿《サーホウ》

(*Artemisia sphaerocephala*)や黒沙蒿(*Artemisia ordosica*)で、中国北西部の寧夏回族自治区や内モンゴルの黄河沿いの乾燥地に自生しており、乾燥地の緑化植物として用いられている。中でもその種子の表面に高吸水性の樹脂がついていて、水を吸うとゲル状になるので、伝統的に麺の増粘材として使われている(資料4－29)。種子は2㎜×1㎜ほどと小さくて微かにミントのような香りがし、水を加えると何倍にも膨れてぶよぶよとした透明な粘液が出る。これはグルコースとマンノースが約3対1の多糖類だという。中国北部の乾燥地帯ではこの種子の粉を麺作りの際のつなぎとし、世界一クラスの粘りだ。

(7)　捏ねと茹でに用いる水

日本ではそばを打つときに使う水分にも注意が払われている。珍しい例では呉汁《ごじる》を利用する「津軽そば」があり、変敗を防ぐ先人の知恵を見ることができる。呉汁は吸水させた大豆をつぶして作るドロドロとした豆乳である。豆乳に含まれるサポニンはサポゲニンと糖から構成される配糖体の総称で、水に混ぜると溶けて石鹸のように泡が立ち、界面活性作用を示す。また、サポニンは微生物の細胞膜を破壊する性質があり、抗菌効果があるとされる。その変敗防止効果によって津軽そばのそば玉には微生物が増殖しにくく、長時間室温に置いて

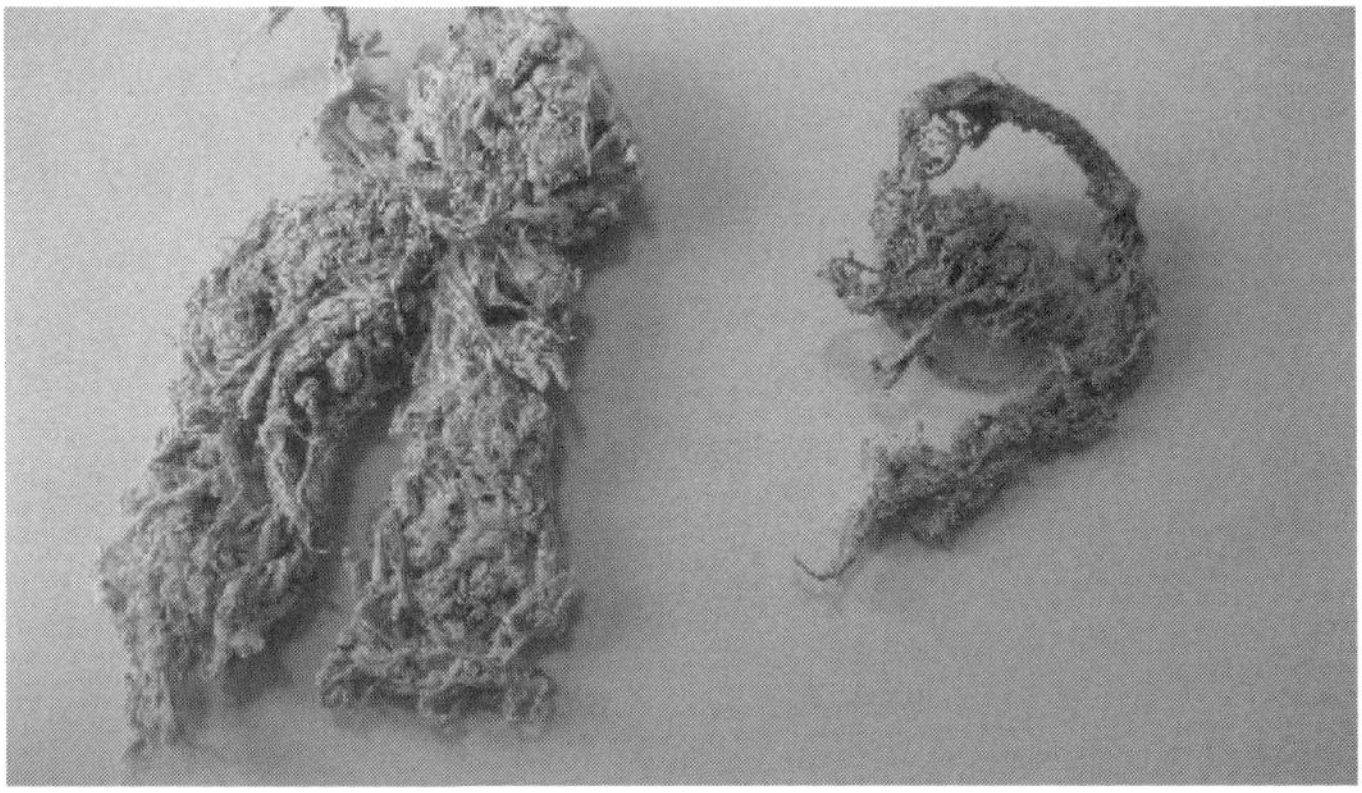

オヤマボクチ　　　　　　　　　　ヨモギ
（長野県栄村）　　　　　　　　（群馬県六合《くに》村）

資料4-28　日本で「つなぎ」に使われるキク科野生植物の繊維

水を加えたときの粘液（左）　　　　もとの種子（右）

資料4-29　中国で「つなぎ」に使われるキク科の沙蒿

も変敗しないのだ。また、界面活性作用が高いと脂質になじみやすいために水が浸透しやすくなるので、脂質が多いそば粉の水まわしが容易になる。

そば粉の捏ねや茹でに使う日本の水は軟水である。中華麺の捏ねに使うかん水はアルカリ塩水溶液で、小麦粉に混ぜると軟らかさや弾力性が出る。同様に中華麺で使う塩は、タンパク質間の結合状態やタンパク質分解酵素の働きを抑える役割があるとされている。

かん水に含まれるカルシウムには小麦粉の粉の粒子をつなぐ「架橋効果」があるとされ、小麦粉と合わさると、小麦粉に含まれるポリフェノールと反応して黄色くなる。これらのことを総合して「アルカリゼーション」と呼ぶ。かん水を使った小麦粉の製麺技法は中国内陸部にある塩湖の水を使ったものがはじまりで、その技法は麺類の伝播とともに日本にも広がったとされる。かん水はかつてはアルミニウムなどの不純物が多かったため、いまでは工業的に作られた炭酸ナトリウムや炭酸カリウムなどが使用されている。試しにそば粉の捏ねなどにアルカリ性の重曹（炭酸水素ナトリウム）やソバ灰の水溶液（ｐＨ10）を用いたところ、そばの弾力性などはほとんど変わらず薄い黄褐色になり、とくに利点はないようだ。

次に、そばを美しい緑がかった色に茹で上げるためにできることはないか、茹でる方法について検討した。たとえば、笹団子の笹の発色をよくするために伝統的に銅鍋を用いるが、これは葉のクロロフィルと銅イオンの反応を利用したものだ。このことをヒントにそばを銅鍋を使って茹でてみたが、変化はあまり見られなかった。そばは茹で時間が短いため、効果が薄いのだと考えられる。

そばを軟水で茹でると、水溶性の成分はすぐに流れ出してしまう。そこで、そば湯の抗酸化性(一重項酸素の消去能)を調査したところ、普通の水の10倍以上の抗酸化能があった。つまり、抗酸化効果が高い色素などの水溶性物質がそば湯に流れ出ているということだ。この抗酸化性がある成分の流出を防ぐには、茹で湯に事前にそば粉を溶かしておくという方法がある。

ソバの種子は水に浸けておくと少し甘くなってくるが、これにはデンプンの加水分解物である多糖類のデキストリンの増加が関係していると考えられる。デキストリンは冷水でも生成される甘味物質である。丸抜きを冷水に1日浸けてからつぶしてそのまま食す試験をしたところ、甘い和菓子の生地のような味に変化した。水の種類だけでなく加水時間も風味に重要であることを示していて、デンプン分解酵素の効果を調整すれば加工・調理で甘味を引き出すことができる。

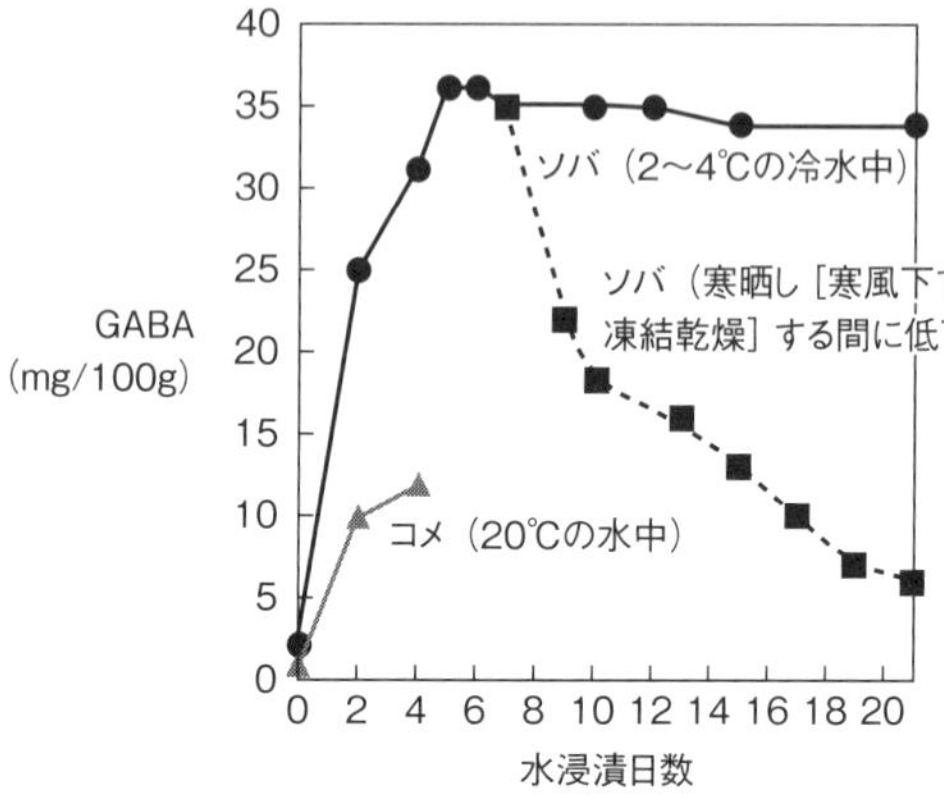

資料4-30　「寒晒し」処理がGABA（γ-アミノ酪酸）に及ぼす影響

(8) 機能性を加えた加工

長野県茅野市で、徳川将軍家に献上された「寒晒しそば」を再現する研究をした。寒晒しそばは山形、信州、福島などの寒冷地に伝わる伝統的な収穫後の加工法である。玄ソバを1年でもっとも寒い時期（大寒）に河川の冷水に10日ほど晒したあとに雪の上に広げて1ヵ月ほど低温で乾燥させて、それから貯蔵する方法である。これにより、ソバの雑味が消え、虫の防除もできて貯蔵性が増すので、そば粉の品位が高まるという加工法だ。

寒晒しそばの化学成分、微生物、物性の変化を調べたところ、化学成分も味ももとの玄ソバと比べて大きな変化はなく、発芽率が50％に落ちる程度だということがわかった。もとの玄ソバとの大きな違いはグルタミン酸がＧＡＢＡ（γ-アミノ酪酸）に変化していることで、0〜4℃の水流中でＧＡＢＡが約10倍（コメの数倍に相当）に急増するものの、水から出して雪上で乾燥すると次第に低下した（資料4-30）。

また、冷水に浸けておいた状態の味と香りは、寒晒し処理（低温乾燥）をしたあとよりもよいことがわかった。低温乾燥中にＧＡＢＡも低下し、水に浸漬した丸抜きを2日後にすりこぎで搗いてすぐに捏ねてその粗い生地を生のまま食すと、和菓子のようにほんのりと甘かった。低温かつ、水中の低酸素条件でもデンプンに働く酵素がソバの種子の中にあって、糖化が起こったために甘さが増した可能性が高い。この吸水した丸抜きを使ってそばを打つと大変おいしくなり、ソバが持つ生命力と風味を引き出せると感じた。そこで、その強い風味を追求して粗搗きそばを再現するために、杵と搗き臼を使った「胴搗きそば自動製造機」を作った。

冷水に1日浸漬した丸抜きの水を切ってから、80kgで捏ねることができる5本の杵を使った機械で数十分間捏ねてそば玉を作った。丸抜きは5〜10℃の冷水中でも生きていて、浸けておくと緑色の色彩が映えるようになり、低温なので風味が飛ばず甘さも少し増した。これ

水萌えそば
（無製粉冷水浸漬湿式胴搗き製法）
特徴
(1) 熱を加えない
(2) 空気に触れさせない
(3) 低温の水で発芽直前まで成長
(4) 粗さを残す（ホシを見せる）
(5) 茹で時間最小
(6) 強い捏ねでつなぐ

十割の水萌えそばの試作
（信州大学）
化学分析
機械の作成（産学連携）
粘弾性の試験
食味官能試験
そば店への普及

水萌えどうづきそば
長野県茅野市「そばのさと」、「吉成《きっせい》」、「道玄」

水萌え手碾《び》きそば
長野県佐久市「磊庵《らいあん》・はぎわら」

どうづきそば
香川県高松市「そば うえはら」

資料4-31　「水萌えそば」の姿

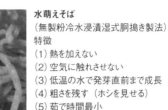

ソバの種子の①鮮度②タンパク質③色――を精密に非破壊計測しつつ、自動的に振り分ける

資料4-32　ソバ食品の高品質化に役立つ卓上型の「一粒選抜装置」
（井上ら、特許第6524557号）

は「無製粉冷水浸漬湿式胴搗き製法」と呼ぶ加工法で製粉工程がないため、途中でほとんど空気に触れないことと、熱が出ないことが特徴である。この方法で作ったそばを提供するそば店はまだ日本（世界）で3軒だけだが、筆者はソバの風味を感じてもらえるようなそばができたと感じている（資料4－31）。従来のそばの加工・調理の常識からは外れているが、ソバの強い生命力を引き出せる可能性が広がると考えている。

世阿弥は能の世界の発展を簡潔に示して「守・破・離」と表現したと言っており、著者もソバの栽培・加工・食品の技術を「守る」、そして「破る」だけでなく、次には「離れる」ことに試みたいと思ってそばの加工・製造工程を開発したものである。

そばを作るには、原料になるソバの種子の吟味からはじめなければいけないが、ソバは他殖であることから食品素材としてよい粒と悪い粒が混ざっている。これは色彩選別機である程度分別できるものの、成分では分別できないために、品質を向上させるのには限界があった。そこで考案したのが「一粒選抜装置」だ（資料4－32）。丸抜きを袋ごとに調査して選ぶのではなく、丸抜きの1粒1粒の生理状態と食品化学的特徴を測定しながら瞬時に自動分別する装置である。1粒1粒という突飛な発想と思われるかもしれないが、1粒ごとの細かい選別作業は歴史的には存在する。歴史的に粒選というと、穀物を風で飛ばして比重で分けるという簡単な仕組みの選別機である唐箕、塩水で分ける手法の塩水選が有名だ。それ以外にも、肉眼で判別・除去することも行われてきた。天皇献上品の雑穀は村人総出で1粒1粒分別して不良粒を除去するのが普通で、現代でもアワの献上品はそうして選ばれている。

文化・文政期（1804～30年）の江戸にあった料理屋「八百善《やおぜん》」は「一粒選《ひとつぶよ》りの米」を用いた料理で名を馳せたとされる。八百善は江戸の山谷にあって江戸一といわれた料理屋で、『守《もり》貞漫稿《さだまんこう》』の図にある。半日待たせたという茶漬け1杯は「宇治の玉露」、「越後の一粒選りの米」、「早飛脚で玉川から取り寄せた水」、「初物の茄子と瓜の香《こう》の物」で構成されており、1人前一両二分（米価換算で現在の11万円相当）もしたとされる。「越後の米」の「一粒選り」が効果的で、江戸の人々の話題をさらったという。

現代ではこうした穀物選別の延長線の上で進歩を続け、近赤外線による化学分析や可視光CCDによる色彩選別が可能になっているが、1粒ごとの精密分析による分別はこれまでなかった。そこで著者はさらに精密に新鮮さを評価するために、眼で見えない、近赤外分析でもわからない、光合成色素の活性を光で検査して即座に判別し、自動的に分別する装置を考案した。微量の光合成色素と多量に含まれるタンパク質を同時に調べることができるのは食品科学では初のことだ。1粒ごとに紫レーザーを用いた蛍光スペクトル分析をしてそのデータをもとに分別機を電気的に制御するという装置ができた（資料4－32）。卓上型にしたことで、どこでも粒選することができる。コンピューターに計算・判断させながら同時に選別し、ソバの種子を袋単位ではなく1粒ごとに調べて畑ごとにビッグデータにして生産者のために分析することも可能になる。この装置により、育種、栽培、加工のさまざまなシーンで、異物やカビ粒除去にとどまらず、高品質化のための成分にもとづく選別が可能になろうとしている。

この装置では、ソバの光合成の過程で水を必要とする生理過程（明反応）の活性がわかるた

資料4-33　『東海道中膝栗毛』四編(1805)、十返舎一九

め、粒ごとの過去の水環境の履歴や鮮度を推定することも可能だ。また、同時に風味を支配するタンパク質も測定できるため、ソバの加工だけでなく品質育種にも利用可能である（注／光合成の明反応の詳細は高校の生物で教えられているが、実際に調査するのはかなり困難である）。

【コラム】江戸「二六そば」の探求

「二八そば」や「二六そば」といった呼び名の意味を考えるのはそばの楽しみ方のひとつだろう。そば屋に行けば、「二八」の意味は何かがいまでも議論されている。「二八は小麦粉とそば粉の配合割合だよ」と言えば、「なるほど」と納得できる。しかしながら、「二六そば」という呼び名は配合比率説では納得できない。たとえば、江戸時代の十返舎一九の滑稽本《こっけいぼん》『東海道中膝栗毛』四編（文化2年［1805］）には「二六そば」の看板挿絵が載っている（資料4－33）。現在の愛知県宝飯郡音羽町赤坂付近の茶屋の場面である。江戸での話ではないが、この滑稽本の読者は主に江戸の人々であることに注意すると「二六」の意味がみえてくる。

「地名」説

そば店の「藪そば」は地名の藪之内・藪下から名づけられた俗称とされ、「砂場」も発祥の地名からきている。江戸っ子は正式な屋号よりも俗称で呼ぶことによって親しみを感じたのだそうだ。また、江戸期には看板の文字や絵文字、絵画に隠された意味を探り当てるなぞなぞの一種である「判《はん》じ物」が盛んだった。中でも「江戸名所はんじもの」では絵や字が江戸の地名を表していることが多く、そのため、二六が江戸の地名であった可能性があるのだ。

そばにちなんだ地名は各地に多いが、長友大氏は、神田「於玉ヶ池《おたまがいけ》」の「二六横丁」にそば屋があったことと「二六そば」には関係があるのではないかと考えていたようだ。「二六横丁」は現在の神田須田町で『江戸切絵図』（1770年）に記載があるが、江戸期の区画整理で消滅した地名である。また「於玉ヶ池」も江戸期に埋め立てられて現存しないが、江戸後期の『江戸名所図会　巻之一』によると、かつては江戸の名所だったという。「於玉ヶ池」が名所になった理由は次のようにいわれている。神田の大きな池「桜が池」（「於玉ヶ池」と呼ばれるようになる前の池の名）の茶屋にお玉という看板娘がいたが、「人柄も見た目も同じ、いい男2人」に思いを寄せられて悩んで池に身を投じ、その亡骸は池の端に葬られた。人々が彼女の死を理不尽で哀れに思い、池を「於玉ヶ池」と呼ぶようになったのだという。その地名とお玉を祭った稲荷は岩本町2丁目に残されている。

『東海道中膝栗毛』四編の挿絵は、江戸から遠く離れた旅先で「二六そば」と「酒可奈《さかな》」の看板を喜多八さんが見て苦笑いしている。この直前に、喜多八さんは「姿形がいろいろな比丘尼《びくに》（尼の姿をした江戸期の下級売春婦）三人」にタバコの火を貸して「一緒に旅して寝ようよ」と誘うが、けんもほろろに断られてしまっている。そこは赤坂（現在の豊橋市の宝飯郡音羽町あたり）手前。ふと周りを見ると、なんとそこには旅する弥次郎兵衛さん、喜多八さんにとって懐かしいふるさと神田の地名が書かれたそば、酒、つまみを出す休憩所がある。「二六」は、江戸の人がよく知る名物「二六そば」発祥の神田「二六横丁」を連想させ、同時に同じ地にある「於玉ヶ池」の悲話のお玉をも連想させるのだ。

この話と挿絵の看板は、文字や絵画にある意味を隠しておいてそれを当てさせる「判じもの」と考えると理解しやすい。「二六」から連想するのは江戸・桜が池の茶屋の看板娘お玉。言い寄られて自殺する純情なお玉の話と対比すると、言い寄って売春婦に逃げられる俗っぽい喜多八さんの話はまるで正反対で、その滑稽さを喜多八さん本人も自覚して「トホホ」と苦笑いするという挿絵と受け取れる。

滑稽本は、理想とはほど遠い世俗的な主人公を「ばかだなあ（滑稽だなあ）」と笑い飛ばして楽しむ庶民の本である。地名にまつわる純情な悲恋に比べ、弥次喜多の不純な行動は滑稽だ。権力やお金がない江戸の庶民にとって、子育てを終えてからの旅行は夢のひとつで、それがままならない場合は本などの情報で気を紛らわしたという。江戸期の滑稽本は、現代のテレビの旅番組やグルメ番組によく似た存在である。

『東海道中膝栗毛』の挿絵から考えられることは、滑稽さを理解してもらうためにヒントとして地名「二六」がついた有名なそばの看板を示し、「於玉ヶ池」の逸話を読者に連想させてストーリーを対比してもらうためだと考えられるのだ。これが「二六そば」が地名に由来すると推察される理由だ。

「2等食品」説

「二八」という言葉は喜多村信節の『嬉遊笑覧《きゆうしょうらん》』（文政13年［1830］）に、「享保半頃、神田辺にて、二八即座けんどんといふ小看板を出す。二八そばといふこと此時《このとき》始なるべし」とあって、「二八」の言葉が出るのは享保13年（1728）頃からだとされている。その頃から江戸の街にはすでに「二八そば」や「二六そば」の看板類が現れる。『蕎麦全書』（寛永4年［1751］）で、「江戸中蕎麦切屋の名目の事」に「一等次なる物には二八、二六そば処々に有り。浅草茅町一丁目に亀屋戸隠二六そば……」として「二八そば」や「二六そば」を提供するそば屋があったとされる。この記述から、「混ぜものがある2等の食品」を意味するとの説が生まれる。ところが、『絵本江戸土産』（宝暦3年［1753］）に、両国橋の納涼で「二六新そば」、「二六にうめん」と描かれていることからすると、人々でにぎわう場所でわざわざ「2等食品」を売りにする理由は不思議である。ただし、江戸時代に出された奢侈《しゃし》禁止令が関係していると考えれば、説には合理性もある。享保3年（1718）、延享2年（1745）などにたびたび禁令が出されたことから考えると、「2等食品」でぜいたく品ではないことをアピールしたと考える説にも説得力が出てくる。

「小麦粉とそば粉の配合比率」説

現代で「二八そば」の呼び名の起源としてもっとも知られているのは、「小麦粉とそば粉の配合比率」説だ。小麦粉は強力な粘り物質であるグルテンの源になるグルテニンとグリアジンを多量に含んでおり、つながりにくいそば粉を長い麺線にするためのつなぎの役割を果たすことができる。そのため、「二八」という表記がその小麦粉の比率だという解釈は一見合理的のようである。当時のコムギの価格はソバより高かったとされるので、小麦粉を少量だけ加えるという配合は真実味を帯びている。

ところが、『蕎麦全書』には「二八そば」だけでなく「二六そば」が登場し、『絵本江戸土産』には「二六新そば」と「二六にうめん」が、『東海道中膝栗毛』四編には「二六そば」が登場する。そば粉を使わないにゅうめんにも「二六」の名がついていて、すべて配合比だけで説明するには無理がある。

「売り値」説

新島繁氏は、「そば屋の看板二八は十六文、……また、二八は粉の割合なるべし」とする文献があることから、売り値説も考えられると指摘している。江戸期の後期にそばの値段が十

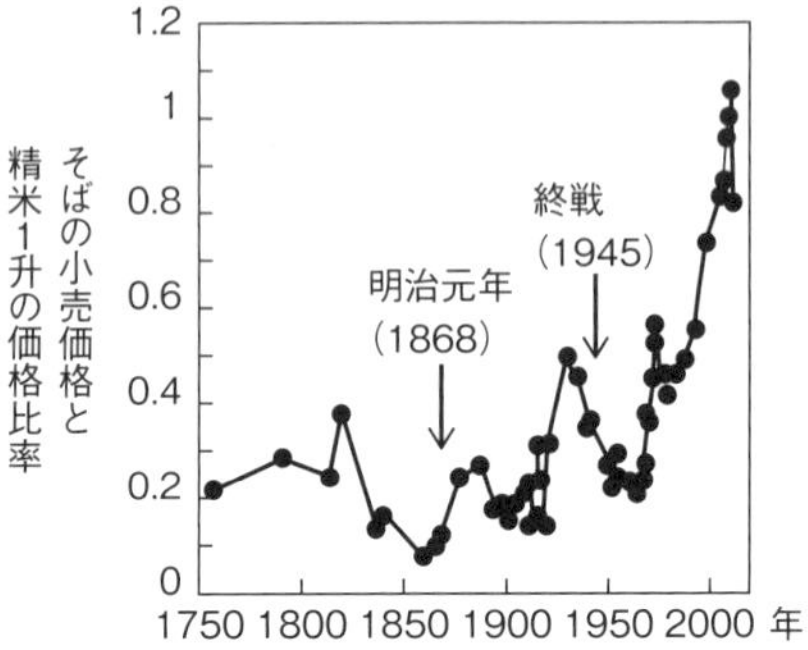

コメの価格に対するそばの小売価格の比。明治期の1銭は江戸期の100文で換算した。
そばの価格は埴原路郎氏の『そば物語』（1959）、新島繁氏の『蕎麦史考』（1975）などを参考にした長友大氏『ソバの科学』（1984）のデータをもとにし、1960 年からコメの価格は総務省統計局5kg あたりの価格から1升あたりに換算した。1974 年以降のそばの小売価格は『戦後昭和史』（http://shouwashi.com/transition-noodles.htm を2018 年に閲覧）から、東京都区内のデータを用い、不足する部分は日本蕎麦協会のデータブックを用いた。

資料4-34　もり・かけそばの小売り相対価格の推移

六文だったので、「２×８＝16」だから「二八そば」と呼んだという「数の言葉遊び」であるとする説もある。十六文のそばを掛け算にしてしゃれたというわけで、その後、呼称だけが習慣として残ったというのがこの説だ。そばやうどんの売り値は、享保（１７１６～36年）では八文程度で、十六文が定着するのは四文銭も流通した寛政（１７８９～１８０１年）、文化文政（１８０４～30年）、天保（１８３１～45年）とされている。しかしながら価格は変動するし、「二八そば」の売り値が十六文程度になったのは、江戸末期・文政期から約40年間のわずかな間だけだったと考えられている。幕末の物価高騰で五十文となり、明治からは単位が違うので、ほとんどの時代が売り値説では説明できなくなる。

価格は時代によって大変動するので、価格に由来する呼称をそばにつける理由を経済から考えるのは自然なことだ。ところが、経済的な視点での分析はかなり困難なので、ここではそばの相対価格の推移を調べてみた（資料4－34）。すると、精米1升の価格に対するそば1杯の相対的な価格は約200年間にもわたってほとんど変わらず、精米1升の約5分の1だったようだ。だから、いつも「そばは米飯より安くておいしい食品だよ」とアピールしていた可能性がある。そばがコメと比較して高価な食品になったのは高度経済成長以後のことのようだ。

資料4－34から、1860年前後と1910年前後にもり・かけそばの相対価格が大変安くなり、そしてその価格が周期的に変動しているように見える。この変動は、近世・近代の災害や戦争と関係があると推察される。1833～39年は天保の大飢饉、1850年代は安政の大地震が日本各地に連発して復興景気が高まり、物価が高騰した時代。幕末の戦争でも、米価が暴騰して全国に一揆・打ちこわしが多発している。飢饉の周期性を歴史資料から分析した藤原咲平氏の結果と相対価格の変動ともかなり一致している。

飢饉のときほどそばの相対価格が下がって「お得でありがたい食品」になったとすれば、これが救荒作物とされた大きな理由と考えられる。米価は飢饉のような自然災害、景気や戦乱といった社会の要因に大きく影響されるが、山間地の畑作で自給作物のソバを原料とするそばの小売価格はむしろ相対的に下がり、復興で多忙な都会でますます人気が出たのだろう。

もうひとつ、江戸期の人々の思考を考える際に重要な視点がある。それは、当時の自然観に関することで、民衆に浸透していた陰陽五行説である。その説では二、四、六、八は陰数で、ソバは陰気の作物と考えられており、一、三、五、九のような陽数とは無縁。「ソバ＝陰気」。だから、陰数を示す看板は人々がごく自然に納得できるものだったと考えられ、陰陽からみた養生食としての性質をアピールするための命名だった可能性もある。

このように「二八そば」や「二六そば」の呼び名については、「地名」説、「２等食品」説、「小麦粉とそば粉の配合比率」説、「売り値」説とさまざまな可能性が考えられていて、どれも一概には否定できないために、そば談義の一大テーマになっているところが楽しい。

第5章 ―― そばのおいしさとは何か

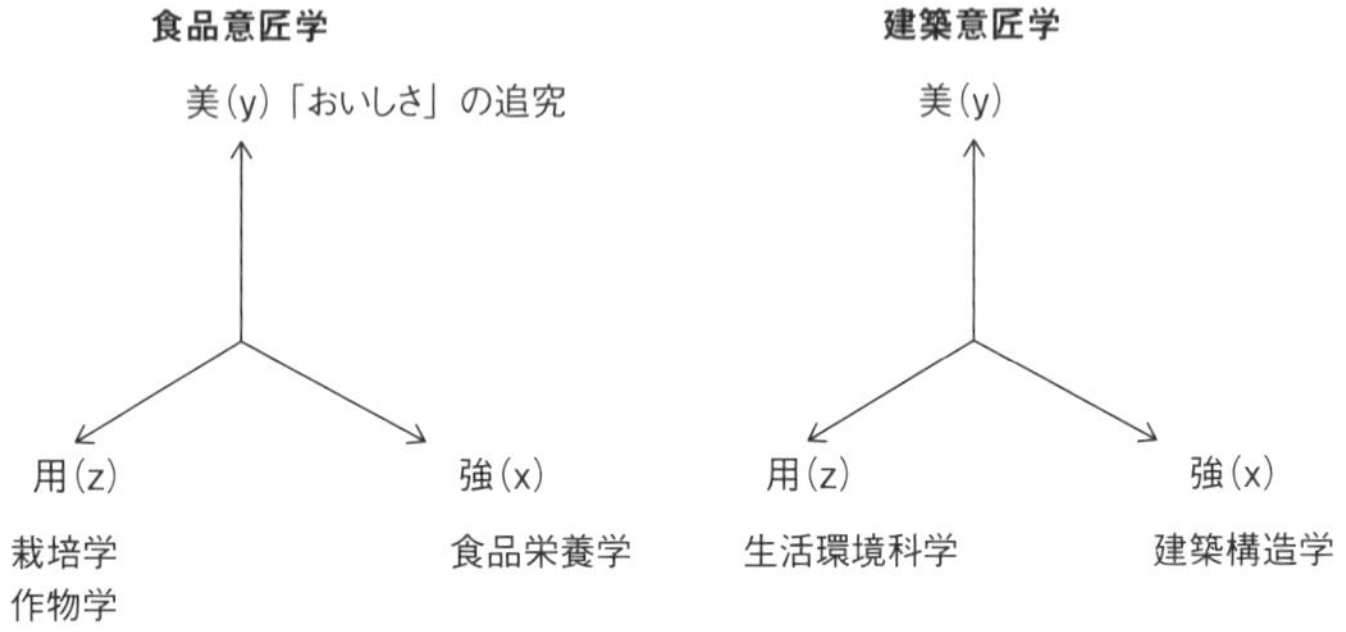

資料5-1　建築とソバ食品の対比

(1) おいしさの要因

私たちは「衣・食・住」のすべてに対する欲求が満たされないと不快になる。では、それらの欲求を構成する要素は何だろうか。歴史的に先行している学問から考えてみたい。ローマ時代の建築家ウィトルウィウスは、モノは「用・強・美」という3つの要素が重要だという考え方を示したとされている。すなわち、①使用しやすい(機能)②強度がある③美しい――である。建築物はこれらの要因が必要で、すべてを満たしていないと十分ではないと考えられてきた(資料5－1)。

それでは、「食」に必要な条件は何だろう

か。ソバを用いた食品に関する科学を考えてみたい。建築学と同じように考えてみると、①食べやすい（栽培・加工・料理しやすい）②栄養がある（体を強くする）③美しい――である。食品の場合の「美」の中心は「おいしさ」で、料理のデザインなども視覚を通じたその一部といえる。３つのどの要因も一朝一夕に完成するものではなく、作物の進化だけでなく、歴史の中で徐々に熟成される文化だ。このように、建築学で考えられる「用・強・美」は、食にもよく当てはまることに気づかされる。また、「衣」に必要なものは、①着やすい②強い（丈夫）③美しい――である。つまり、衣・食・住に必須の要素は共通している。

ソバを用いた食品に必要な条件を３つに分けて考えると、おいしさとは、①身体を維持する栄養面とは違う、食欲を満たす②美的意識を満足させる③脳が覚醒される――といったことだと考えることができる。さらには、美的意識や脳の覚醒という食が持つ特性を含めて問題にするとなると、そばが知覚を経て心にどのように訴えるか、逆に、心が知覚にどのように作用するか、という知覚と脳が作り出す「質感（クオリア／qualia）」の視点が重要だ。

脳科学者の茂木健一郎氏の考えに従うと、クオリアは、色、のどごし、香り、味覚のような「感覚的クオリア」と、時間や空間の流れや動き、雰囲気、背後にある意味を感じる「志向的クオリア」に分けることができ、それぞれ脳の別の働きということになる。感覚的クオリ

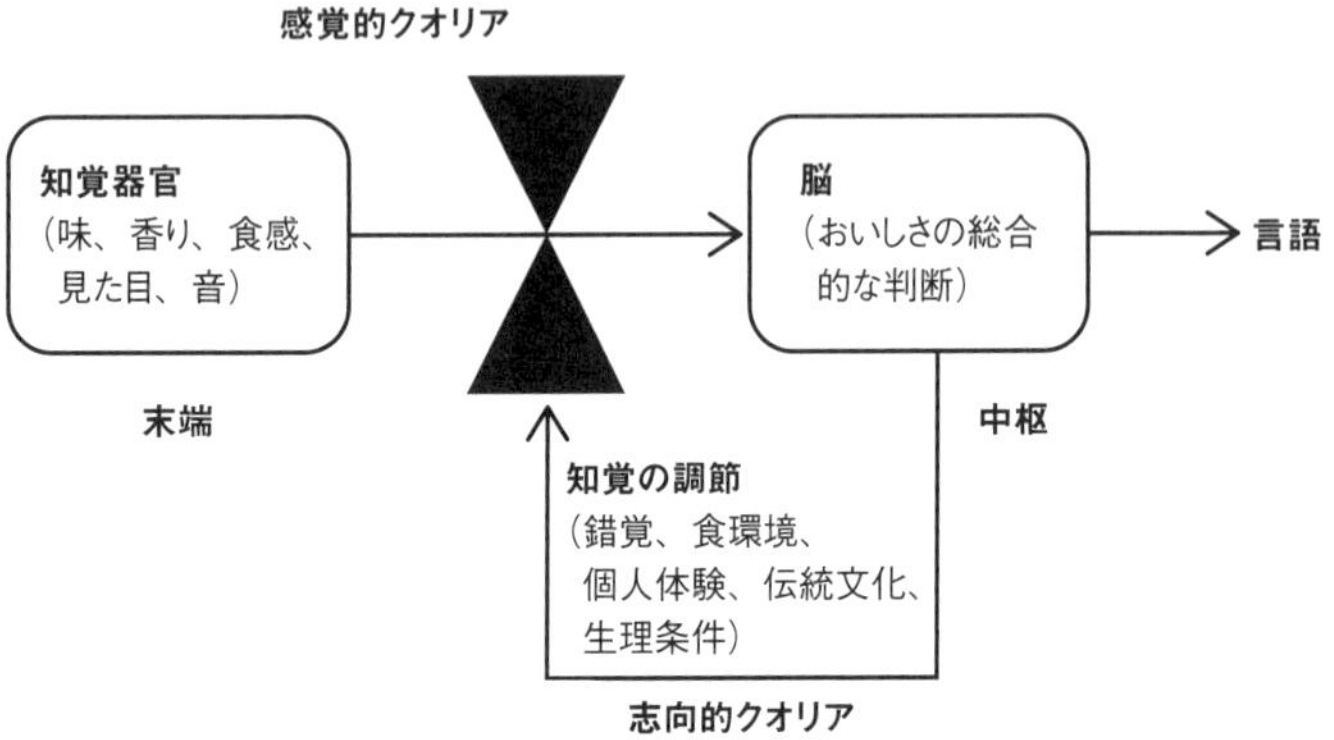

資料5-2　そばの質感(クオリア)に影響する伝統文化

アは知覚の末端から脳中枢への活動で、志向的クオリアは脳中枢から末端に働きかける活動と考えられる（資料5－2）。別の言い方をすると、前者はわかりやすい知覚だが、後者は特別に意識しないとわからない「心」のことで、全体が心と身体の情報システムになっている。

志向的クオリアを理解するための例として、先入観がある。インターネット上で評価が高いそば店や、歴史のある著名なそば店はそれだけで知覚も変化する場合があり、先入観なしのテイスティングを困難にしている。また、そばの意味や「年越しそば」のような風習になっている文化的意味を深く知ると、そばに対する味わい方がまったく違ってくる。そば愛好家やそば打ち愛好家は、それに関する知識や自分自身が作る料理に対する思い入れが大きい。すなわち志向的クオリアが発達して、単に味や香りがよいというような知覚だけでは語れない「おいしさ」を脳で感じているのである。このように、私たちが普段行っている「おいしい」という評価は、身体の末端で知覚するだけでなく末端に働く脳の情報も含まれていて、すべてを「おいしい」というひと言に込めている。こうしたひと言に知覚や脳の総合情報が込められていることをとくに意識して、この本ではそばの「おいしさ」(＝クオリア)に関わる要因を整理してみようと思う。

そばの「おいしさ」を決める要因は、「味覚生理」と「食心理」に大きく2つに分けられる(資料5－3)。「味覚生理」は主に感覚的クオリアに相当し、「食心理」は主に志向的クオリアに相当すると考えてほしい。「飢餓感」は生理的な原因だが、脳が末端の知覚も調整すると考えられるので、ここでは志向的クオリアの一要因に加えた。なお、この資料5－3はいろいろな要因を整理するために作成したものであって絶対的なものではなく、現時点の考え方である。

「味覚生理」は「風味」、「食感」、「概観」、「音感」の要因に分けられ、「食心理」は「食環境」、「食卓美」、「個人的感性」、「社会・文化的感性」、「生理」の要因に分けられる。「おいしさ」を評

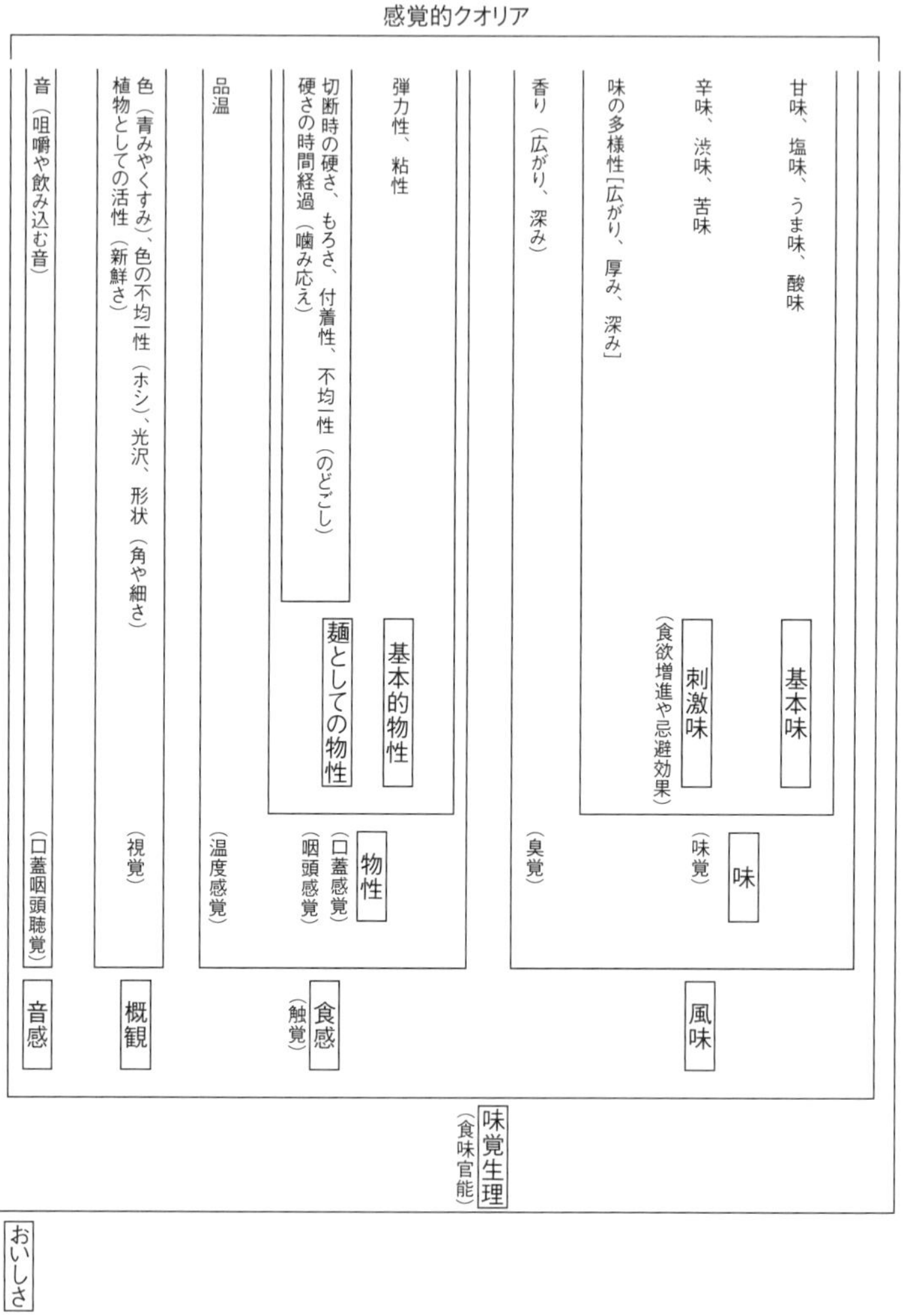
感覚的クオリア
甘味、塩味、うま味、酸味
基本味
辛味、渋味、苦味
刺激味
(食欲増進や忌避効果)
味の多様性[広がり、厚み、深み]
味
(味覚)
香り(広がり、深み)
(臭覚)
風味
弾力性、粘性
基本的物性
切断時の硬さ、もろさ、付着性、不均一性(のどごし)
硬さの時間経過(噛み応え)
麺としての物性
物性
(口蓋感覚)
(咽頭感覚)
品温
(温度感覚)
食感
(触覚)
色(青みやくすみ)、色の不均一性(ホシ)、光沢、形状(角や細さ)
植物としての活性(新鮮さ)
(視覚)
概観
音(咀嚼や飲み込む音)
(口蓋咽頭聴覚)
音感
味覚生理
(食味官能)
おいしさ

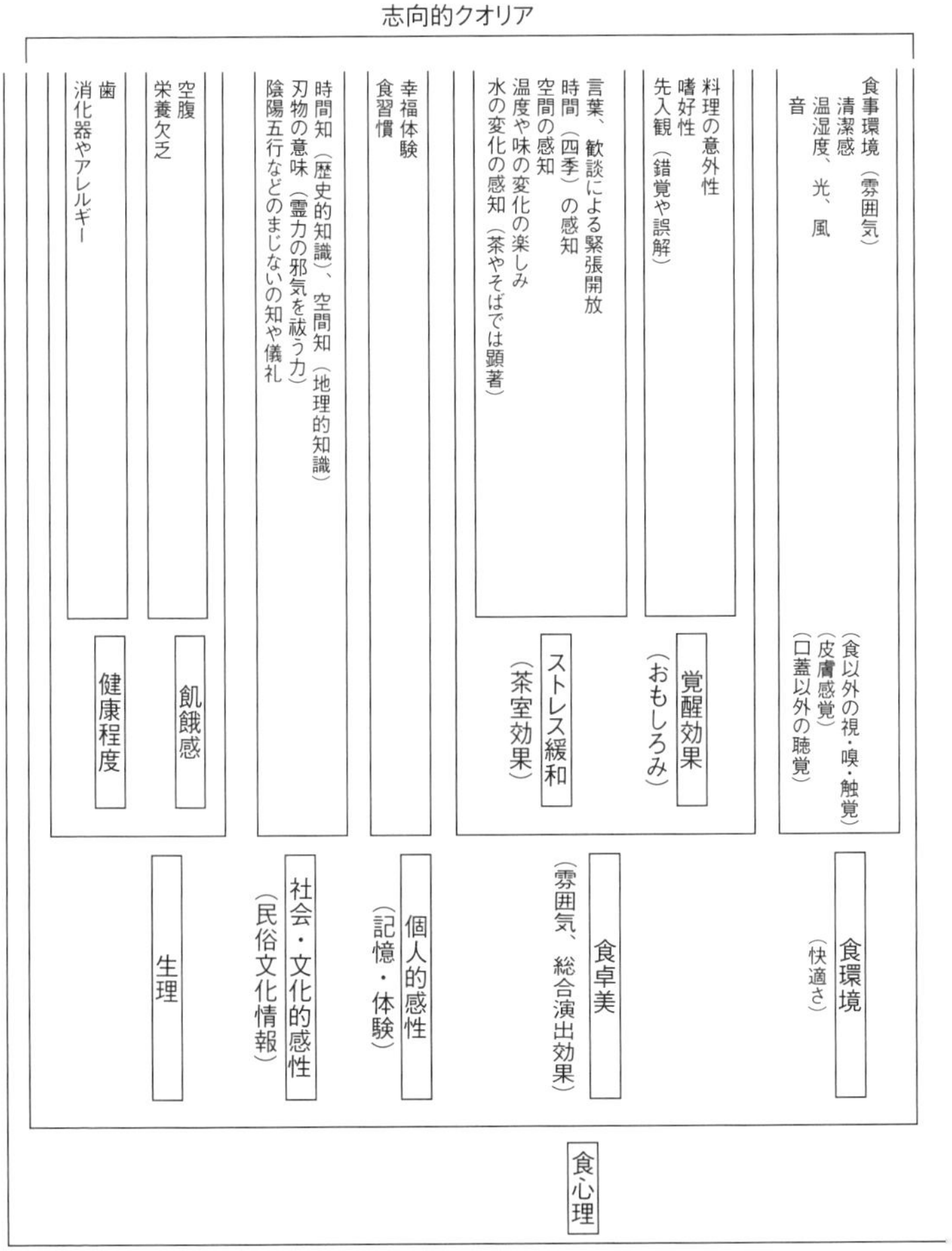

注）「コク」は濃厚なうま味のこと
感覚的クオリア：風味などを感じる知覚器官から脳内枢に向かうニューロン活動
志向的クオリア：環境や言葉などで、脳中枢から末端に向かうニューロン活動

資料5-3　そばの「おいしさ（質感、クオリア）」を構成する要因（井上による）

価するための食味官能試験は資料5－3の右側の「味覚生理」の項目のみを評価するもので、ほかの心理要因を限りなく一定にコントロールした食品科学の試験方法である。ブラインドテストはそのひとつで、外見や商標といった先入観に影響されずに食品自体の味覚を評価するためにそれらの情報を隠して行う。ソバやコメの場合は色彩やツヤなどの視覚的な評価も大切なので目隠しはしないが、「食心理」を一定にすること、とくに先入観をなくした試験にすることが試験設計の基本となる。

しかしながら、現実のそば店ではすべての項目がクオリアに関係して、客から評価される。資料5－3の左側の「個人的感性」、「社会・文化的感性」、健康状態などで左右される「生理」といった条件を除けば、そば店の総合的なチェックポイントにもなりそうな項目ばかりだ。

(2)　もっとも重要な生理やヒトらしい心理的要因

食心理の中で、つまり志向的クオリアにもっとも重要なものは生理的な要因だと考えられる。「腹が減ればなんでもおいしい」と言うが、満腹中枢は生物にとって生死に関わる根源的な頭の働きといっていいだろう。必須アミノ酸が欠乏したラットは苦いリジンでも好んで摂

撮影／金丸源三、明治元年頃、鶏卵紙手彩色　所蔵／日本カメラ博物館

資料5-4　祝い食としてのそば

取するといい、栄養欠乏によって嗜好自体が変化することが知られている。嗜好よりも生存が優先されるという当たり前のことが脳の働きで決まるのだ。飢餓や栄養欠乏状態は、「おいしい」こととは何かを考えるときに避けて通れない問題だ。

ビタミン不足の江戸末期、人々はビタミンを豊富に含むソバを原料にした食品を自然に欲し、結果的にその体感が社会的に共有されて、次第にそばが長寿のための「まじない食」に変貌したのだと推察される。明治初期に家族揃って多量のもりそばを食している記念写真がある（資料5－4）。この風習は、白米ばかり食べて栄養病になる時代の中で「そばを食べると健康になる」といった切実な栄養改善の実感に根差し、それに裏打ちされて次第に儀礼化していった社会現象と考えられる。江戸末期は1人あたり1日5合もの白米を基準にしていたビタミン欠乏の時代だから、そばは食品であるにもかかわらず命を救う薬の役割もしたのだ。資料5－3の左側の志向的クオリアによって、そばが特別の価値を持った「おいしい」食になっていったと考えられる。

空腹でも食欲が起きないのは明らかに体調不良だが、満腹でも食欲が起こるといった「別腹」現象というのがあり、生理面だけでは説明できない不思議なことが起こるのは、ヒトの脳によって作られる社会や文化的背景を持った反応が関係しているためだと考えられる。櫻井武氏は、ヒトのように複雑な社会を作ると、食の意思決定に前頭前野などが深く関わってくると指摘している。食による脳の覚醒（驚き）は、食欲本能の上に積み重ねられた「歴史的・社会的記憶と照合するヒトらしい行動」と考えられる。

覚醒は、初めての経験やまれな食品との出合いなどにより、気持ちが高ぶる食の反応のことをいう。たとえば、有名なそば店に行って期待して興奮し、自分がその場で食べられるということ、そして食の違い・改善を実感しつつ食べた結果、「予測を裏切らない報酬」を得たとして快感を覚える。その食行動に対する「報酬」が大きいほど「おいしい」と感じる快感が大

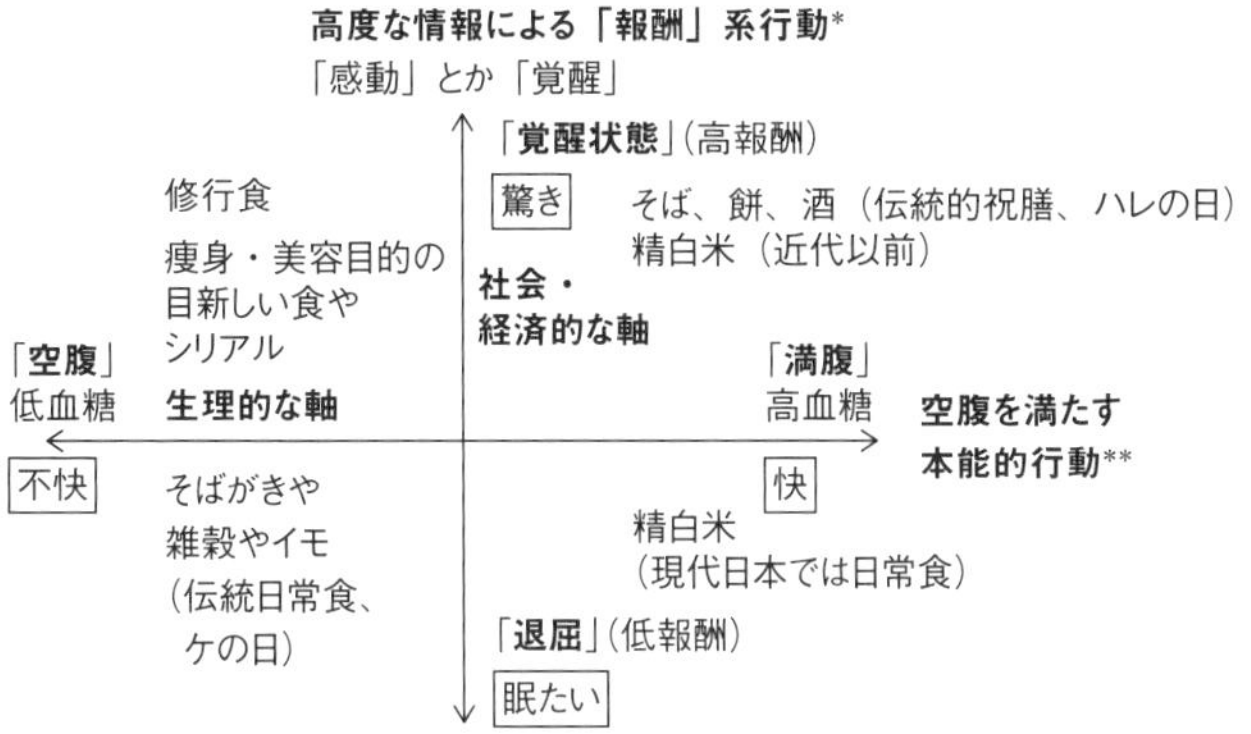

*「報酬」は「食行動の結果としての改善の実感」を伴い、ドーパミンが関わる脳神経系によるとされ、経験・記憶として蓄積。腹側被蓋野を経た「新しい脳（脳基底核）」の働きとされる。「人間らしさ」の源
**視床下部の満腹中枢と呼ばれる「古い脳」の働きとされる。「動物的」で共通

井上直人『おいしい穀物の科学』（2014）を改変

資料5-5　そばやほかの穀物料理と食の情動モデル

きく、多くの人が経験することだ。それに対して、日常的で常識的なものは退屈に感じる。そうした「報酬」に関係する心理的反応の高ぶりを、ここでは覚醒と呼ぶ。

食欲を生理と心理の2面から考えると、無意識の生理的食欲（資料5－5の横軸）と、意識的な社会・経済的なものと関係が深い心理的な食欲（同・縦軸）の存在が想定できる。心理学者のジェームズ・ラッセル氏は横軸を快・不快、縦軸を覚醒と眠気とするヒトの情動モデルを提案したが、食品の「おいしい」と「まずい」を考えるには、そうした情動モデルが参考になる。情動は「主観的な感情に加えて価値情報の判断、空腹や身体の状態からくる反応」を指す言

葉である。資料5－5はヒトでとくに発達した志向的クオリア（資料5－3の左側の「食心理」）内部での、志向性（資料5－5のベクトル）を簡易な図にしたものである。私たちが「おいしい」と感じることには、風味のような感覚的クオリアだけでなく、それに価値を与え、意味づけをする志向的クオリアが強く働いている。

そばやそばがきやモチ（餅）などのさまざまな穀物の食品の「おいしさ」は、味覚を中心にした感覚的クオリア（資料5－3の右側の「味覚生理」）に加えて、情動モデルで示されるような志向的クオリア内部の志向性（2次元内での方向と強さ、ベクトルのこと）をもとに考えることができる。志向性から見ると、そばや餅、酒は横軸・縦軸の両方に対する「快」の効果が高い特別な食品とみなせる。日本ではハレの日とは「祝いの日」であって、ごちそうを多量に食べる「楽しい非日常」だった。それに対してケの日は、質素で空腹もある「退屈な日常」である。つまり、日々をだらだらと生きるのではなく、ハレの日とケの日を使い分けてリズムをつけて暮らしてきたのが日本の農村社会といえる。厳しい食料経済的環境下で食生活にメリハリをつけることで、定期的に幸福感と季節感を味わう上手な仕組みを歴史的に作ってきたのだ。ハレとケの食をこの2次元空間の中に位置づけると、日本の民俗食習慣の情動モデルによる表現ができ、「おいしさ」を作る社会的な仕組みを分析できる。

特別な日と日常との食の差を大きくする習慣は世界各地にある。農村社会だけの習慣でなく、仏教の僧侶の断食、キリスト教の復活祭前の「四旬節」の雑穀食や断食、イスラム教のラマダンなどは、日常は意識しない「食の力」を強烈に意識するために重要な働きをしてきた、空腹をもたらす社会的装置だと考えられる。食の制限と祝い食の落差が、ヒトならではの「新しい脳」も生理的な生存に関わる「古い脳」もともに刺激するのだ。「おいしさ」（食欲）を、味や風味といった知覚だけで解明しようとするのではなく、生理と心理を含む情動モデルで考えるのが有効だと思う。

「ヒトは想い出の器」と言われるゆえんは、「報酬」を欲しがる行動にあると考えられる。たとえば、幼い頃にそば店の前を通ったときに感じたそばつゆのよい香り、家族で食べた楽しかった光景、チュルチュルとそばをすすって感じた心地よいのどごし、天ぷらのよい香りなどを思い出してほしい。これらは私たちの「想い出の器」に蓄積されている。空腹か満腹かといった生理的要因だけでなく、「思い出」という心理面から食欲をそそり、その結果に「おいしい」と感じるのだ。つまり、想い出の食に出合いそうだ、脳が覚醒されそうだと事前に想像し、食べる前から「おいしい」と予測しているのだ。食べれば幼い頃の思い出が確実によみがえりそうだ、言い換えると、高い「報酬」である快感が得られそうだ、と無意識に考えているのだろう。私たちは食とそれにまつわる記憶の引き出しを持っていて、いつも脳内でその引き出しを開閉しているのだと考えるとわかりやすい。

(3) 味

本能的な食欲に関わる生理要因や複雑な心理要因に左右はされるが極めて大切な要素として、味覚生理(食味官能)がある(資料5－3の右側)。穀物の品種育成をするときや品質評価をする場合に食味官能試験は、先入観を取り除き、口、舌、鼻、のど、目、耳、皮膚の感覚のみで風味、食感、概観、音感などを評価するものだ。味はその中の一部の要因にすぎない。

世界で日常的に摂取される穀物は強い甘味がないことが必要条件のようで、主食にされている穀物で強い甘味を持つものは存在しない。その理由は、甘味成分である糖分が、歯を痛めたり栄養摂取量をコントロールする満腹中枢の働きを狂わせたりするほか、生理的な疾病を起こす原因になるためだと考えられる。ヒトは進化の過程において、糖分をめぐるほかの動物との競争を避けるために、甘くない野生の穀物の種子を集める習性を身につけ、そしてそれらの栽培をはじめ、穀物中心の農耕文化を作ったのだ。言い換えると、変質しづらく貯蔵がきくデンプンを集めることを覚えて進化したということである。そして、ヒトは進化の過程で味覚の感度を変化させ、さらには味つけの技術を開発し、また、味のない穀物を利用する文化を発展させる中で、その微妙な甘味を感じるように進化してきた可能性がある。

　ソバはそれ自体には強い味はない。しかし、麺線のそばにするとほのかに甘味を感じ、その甘味が高く評価される傾向がある。そばはツルツルっと一気に飲み込んでしまうとわからないが、噛むと甘味を感じる。この甘味は、唾液の中のデンプン分解酵素であるアミラーゼによって、ソバのデンプンが低分子の物質に分解される途中のものである。分解されてできた麦芽糖などのほんのりした甘味がその実態ではないかと考えられる。また、ソバの種子自体にもアミラーゼが含まれていて、発芽するときには蓄積していたデンプンを分解していく。ソバは自分自身の酵素によって水を吸ってほんのり甘くなっていくのだ。伝統的な飴の製法に麦芽の粉を使ってマルトース（麦芽糖）を作って甘くするものがあるが、ソバの種子にもそうした糖化力がある。そば粉を練ってから寝かせると甘味が増すのは、こうした植物生理の力によるものだと考えられる。そばにダイコンおろしを付け合わせることがよくあるが、ダイコンにもアミラーゼが含まれている。いずれも伝統的な焼畑の農作物だが、それらをうまく組み合わせて甘味を高めた先人の知恵なのだろう。そばの甘味はソバ、ダイコン、ヒトの協奏効果によって強化されているのだ。

料理としてのそばの場合、塩味やうま味はそばつゆによって添えられる。ただし、ミリンの甘味、醤油の塩味やうま味、カツオ節や昆布などのだしから出るうま味の複雑さはすばらしいものだが、強すぎるとそば本来の風味を打ち消してしまうため、そばつゆはそれを消さない程度に抑えて作られる。そばの食味官能試験において、「何もつけないほうがよい」とか、「塩だけのほうがそのものの味がわかる」という意見が出るのは、そばの風味の微妙な判定を狂わせてしまうことを嫌ってのことである。そういう観点からも、そばを食べる際にそばつゆを少しだけつける食べ方は理に適っている。また、そばの表面に適度なざらつきがあるほうが、つゆがからむので具合がよい。藤村和夫氏はそばつゆを徹底的に研究された人物で、そば湯で薄めていっても深みやコクがあるものがよいとしている。これは、そばつゆの濃度を下げていくときにこそ、そばの味の深みを引き出すそばつゆの能力がわかるということを指摘したものだ。そばつゆを味がとげとげしくならないように寝かせるのも、そばの風味を引き立たせるための大きな工夫である。

(4) 香り

香りのもとになる物質はどれも揮発しやすく、また変質しやすいため、製粉中に粉の温度が高まるとソバ特有の香りは消失してしまう。石臼による製粉がそば店の店頭で行われているのをよく見かけるが、これはソバの香り、風味を保つための方策である。なお、香りはひとつの物質では決まらない性質を持っていて、多数の物質の組み合わせが重要である。

香りの主体は揮発性の物質であるため、基本的な加工および料理の条件は、①香りが残る貯蔵②香りが残る製粉③茹でる時間をできるだけ短くして揮発・流亡させない――といったことが適している。ソバに限らず、穀物臭は人々に安心感を与えるようで、穀物の酸化臭もそれほど嫌われていない。酸化臭がする古ソバを好む人もいるほどだ。ヒトは長い歴史の中で穀物に依存する生活を発展させてきたので、その香りに安心感を抱くのかもしれない。一方で穀物のカビ臭がヒトを不快にさせるのは、危険な信号として脳裏に焼きついているためかもしれない。

茹で時間について考えると、細打ちのそばは茹でる時間が短いという点で合理的だが、少しでも茹で時間が長くなると香りは消失しやすく、調理時間においては秒単位、食事時間においては分単位の時間管理が求められる。他方で、太打ちのそばはその中の香りが残りやすいうえに噛む必要がある（すぐに飲み込めない）ので、香りを楽しみやすいという点ではよい。しかし、茹で時間が長いということと、のどごしを楽しむのには向かないという問題がある。ちなみに、そば粉の化学成分は産地の気象環境によって変わり、化学成分の違いはそば粉の延しやすさに影響し、ひいては打ち上がったそばの太さ（細さ）と関係する。暖地に太打ちのそばが多いのは細打ちにしやすいそば粉が穫れないためであり、それが茹で時間にも関係して、結果としてそばの香りにも影響する。このように気象環境と地方の食文化は密接に関係しているのである。

(5) 食感を決める物性

そばの味覚生理にもっとも関係があるのは、味や香りとともに口の中での食感（触覚）である。これをテクスチャーといい、視覚、臭覚、味覚などが特殊感覚を通して脳に伝達されるのに対して、触覚や圧覚などの表面感覚を通じて伝達される。その分野の研究は１９６０年代にはじまり、比較的新しい。基本となる物性（物理性）は弾力性と粘性で、弾力性はゴムのように伸びてから戻る性質、粘性はベトベトと粘る性質である。

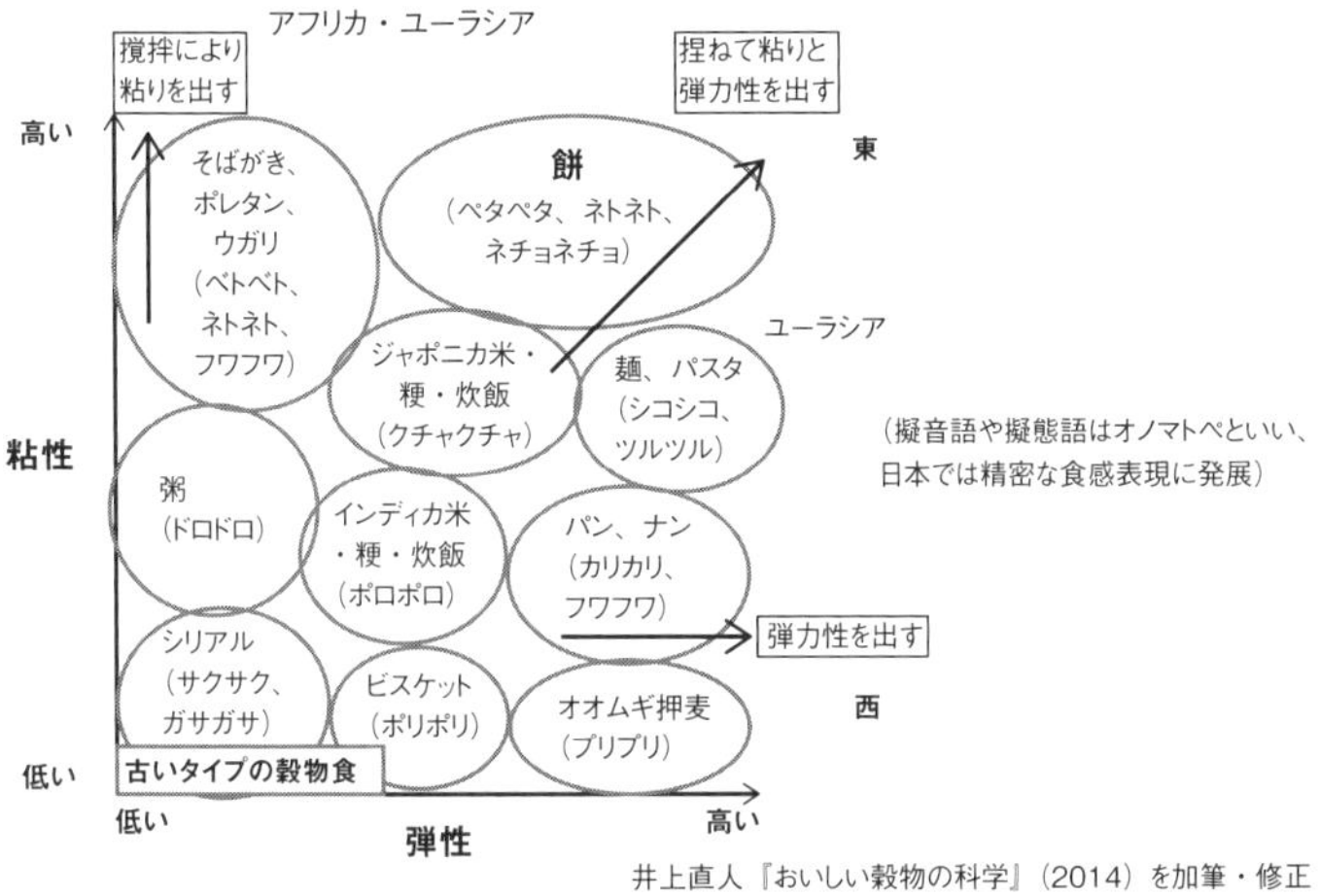

井上直人『おいしい穀物の科学』（2014）を加筆・修正

資料5-6　ソバ食品などの食感マップ

ところが、人々は「弾力性」と「粘性」といった物理用語は用いず、食感をいろいろな言葉を駆使して表現する。そこで、粘性と弾力性の2つの別の物理的な性質をもとに作ったのが資料5－6の穀物のオノマトペ・マップである。オノマトペとは擬音・擬態語のことで、日本語はほかの言語よりもその数が多いとされ、また日々新しい語ができている。それは日本人が食感に対して非常に繊細だからだろう。

オノマトペ・マップからは、音や風景の記憶がそばなどの食品の物理性と密接に関係していること、穀物食の発達史から見ると粘弾性を高める方向にあること、弾力性を持たせるような方向への食品開発が東西に広がるといった地理的な違いがあることが読み取れる。脳科学でいう志向的クオリアや独特の感情が、食品の物理性や地理と密接に結びついているのだと思われる。加工技術が未発達の原始の社会では脱穀が不十分で単に焼いたり煮たりするだけだったと考えられるため、ガサガサ、ドロドロの食感が基本だったと推察される。それが長い歴史の中で、世界各地で違う食感を発達させてきた。たとえば、大陸の西端のスペインやポルトガルのパンくず食品であるミガスはカリカリの食感を追求し、フランスパンも同様である。また、大陸の東端の餅はモチモチやペタペタの食感を追求しており、その嗜好性は東西で対極にある。

粘性と弾力性を徹底追求した珍しいものが餅だと考えられる。その食感はアミロペクチンという枝分かれ状になったデンプンが多いときに実現する世界では特殊なもので、餅は東南アジアや東アジアに分布する。それに対して麺はそれほど粘る性質を追求した食品ではなく、ソバにはアミロペクチン100％のモチ性という遺伝的性質の品種はない。モチ性の遺伝的性質を持つ品種があるのはイネ、オオムギ、トウモロコシ、タカキビ、アワ、キビ、アマランサスの7種で、人類が長い時間をかけて作ったものだ。最近になって日本の研究者がヒエとコムギのモチ性品種を作り出したが、これは世界的には珍しいことで、それこそ東アジアの民族の嗜好と根気がなせる業だろう。

ソバにはモチ性の品種はないが、モチ性の食べものを作る努力はされている。たとえば、そばがきは弾力性よりも粘りを徹底追求しており、そば粉のパンは粘りを追求せずに弾力性を求めている。古い時代の穀物食は火で焼いただけだと考えられるが、それが粥や粒食に発展していろいろな食べ方に分化して多様化したと考えられる。

そば、そばがき、そばかりんとうを提供するそば店は、ソバというひとつの食材から多様な食感を提供している。また、天ぷらはカリカリで粘性も弾力性も低く、私たち人類の古く(古層)からの感覚に合った懐かしい食感なのだと思われる。つまり、そば店はこれらのすべての食感を提供しているために、訪れた人々がより満足するのだろう。店の品揃えを考えるときに、1品だけにこだわるのではなく、こうした食感の多様性をもとに考えるのもひとつの方法である。

麺線のそばは、噛み応え、弾力性、硬さ、もろさ、付着性、不均一性(のどごし)などに特性を分解することができる。中でも弾力性はそばに必要な特徴だ。バネを使った物理実験のようにそばをつまんで切れない程度の力で引っ張ると、手を放すとそばはもとに戻る。このときにかかる抵抗が弾力性である。コムギで作った麺は弾力性が高いが、それが高すぎるとゴムのようになってしまってあまりおいしいと感じない。そばは弾力性が低く、もろいのが特徴なのだ。麺は切れるまでに歯にかかる力が大きいと「硬い」と評価される。麺は水で締めた直後は硬く、時間が経つとあっという間に切れやすくなり、切れるときの力は弱くなる。また、太ければ硬く、細ければ切れやすくなる。時間が経ってのびた麺は弾力性も硬さもなくなり、明らかにおいしいと感じなくなる。つまり、私たちはそばに弾力性と硬さを求めているのだ。弾力性が高く、そして切れるまでの時間が長いことが、いわゆる噛み応えと考えられるが、それもあっという間に失われていく。日本人は桜にはかなさの美を見出すが、そばは茹で上げてから弾力性と硬さがわずかな時間しか持たないので、そのはかなさを求めているのかもしれない。

刃物の刃が麺にあたって切りはじめてから、切断が終わって刃を引き上げて刃にかかる力がなくなるまでの時間がもろさの指標で、このもろさも麺の物性のはかなさだといえるだろう。朝鮮料理の冷麺《ネンミョン》は大きな力をかけて製麺し弾力性を高めていて、ハサミでないと切れないほどの弾力性と硬さがあり、日本のそばとは対極にある。こうした物性に対する嗜好の民族間差はじつに興味深く、その差を生んだ原因を知りたいものだ。ただし、日本国内にも軟らかい麺を好む地方と硬い麺を好む地方がある。硬めのうどんは戦後になって硬質小麦粉が海外から盛んに輸入されるようになってから流行したもので歴史は浅い。日本のコムギの品種には強力粉向きのものはなく、もともと軟質の品種が多いので、古いうどんは軟らかいものである。

麺が切断されている最中にもっとも刃への抵抗が高まったあとの抵抗が低下するときの揺らぎは麺の不均一性、つまりのどごしのザラザラ感を表すものだ。不均一性は、食の存在感という脳が与える質感だと思う。ここでいう質感は感覚的クオリア（資料5－3の右側の「味覚生理」）の一部を構成し、末端の知覚から脳の中枢に向かうニューロン活動によるもので、心の一部と考えられている。そのザラザラ感は、のどごしを悪化させるものだと思う。のどごしは口蓋だけではなく咽頭を含めた飲み込むときののどの筋肉の運動と関係があり、破断試験ではなかなか測定できない性質だ。水のようにツルツルと飲み込める麺がいいのか、飲み込みにくくしっかり噛んで味わう麺を好むのかには個人差がある。強い塩味、辛味、苦味、極端な冷たさや熱さは、麺を飲み込みづらくする要因だと考えられる。

そばにおいては、ツルツルでのどごしがよすぎるとかえっておいしさが損なわれる場合があり、そばがきでも同様だ。石臼挽きの粉は不均一でざらつき感があるが、そうした荒々しい「野生の美しさ」、「古い食品の記憶」を知らず知らずのうちに求めているのかもしれない。あるいは、「古い穀物の原形をとどめているもの」に安心感を持つのかもしれない。古代から

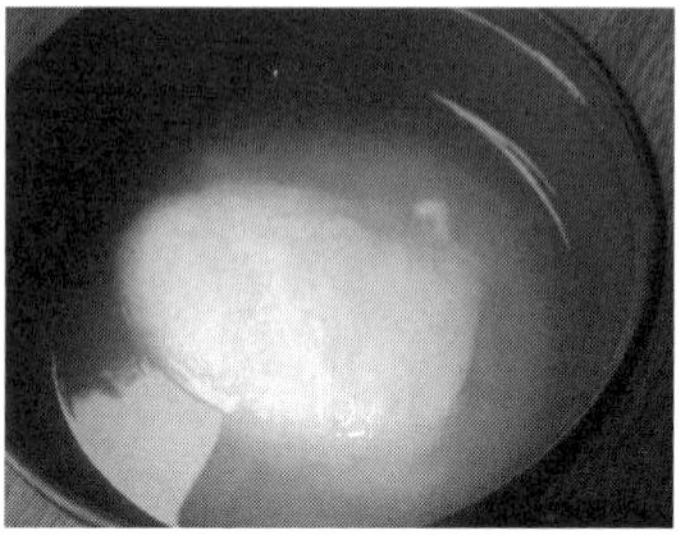

そばがき
（長野県箕輪町「水車家」）

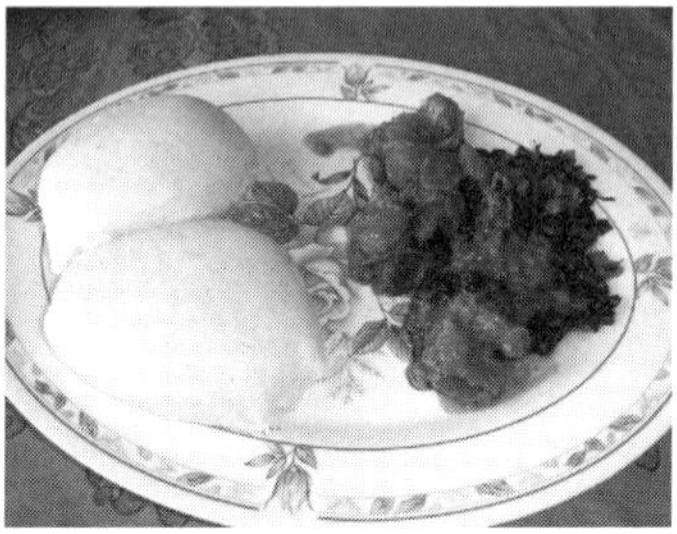

ンシマ（写真はトウモロコシ粉）
（東アフリカのマラウイ・リロングウェ市）

両者ともに、粉砕した粉に水を加えて徐々に加熱しながら捏ねる製法

資料5-7　日本のそばがきと形や食感が同じアフリカのンシマ

の人間の食経験による深い心理が背景にあるのだろうか。

東・南アフリカの伝統食である「ウガリ」(ugali)は、トウモロコシやキャッサバの粉を湯で練って作る日本のそばがきと同じ製法の料理だ。イタリアのポレンタやスロベニアのジュガンツィと同じく、トウモロコシの粉に水を入れて加熱しながら20分くらいかき回して練ってフワフワの団子にする。マラウイ共和国やザンビア共和国ではチチュワ語で「ンシマ」(nshima)と呼ばれる(資料5－7)。このンシマには、トウモロコシの胚乳が主成分である高級な粉のウーハで作ったものと、全粒を粉砕したザラザラしてのどごしが悪いガイワという粉で作ったものがあり、前者は白くなめらかで、後者は色がやや暗くてざらついている。食べてみると後者のほうがおいしいと感じたが、不思議なことに現地の人も同様の感想であった。現地では、トウモロコシの胚乳が原料のウーハにわざわざ外側のざらついた種皮の粉（フスマに相当）を少しだけ加えてンシマを作ることもしていた。ウーハはトウモロコシを事前に水に浸けておいて種皮や胚を削り落としてから製粉した高級品で、植民地時代にイギリス人が導入した湿式製粉という洗練された手法によるものだ。ところが、ガイワで作ったほうがのどごしはやや悪いが、おいしいと感じるのだ。少しざらついたほうがおいしく感じるという食の好みは、遠い東アフリカの人と日本人の嗜好に共通するものだと考えられる。

穀物食品のざらつき感を楽しむという嗜好はヨーロッパにもあり、世界に共通する原始的な共通感覚である可能性がある。ある研究者がソバをダイヤモンドカッターで微粉砕してそば粉を作り、その粉でそばを打ったところ、誰にでも簡単にそばが打てた。ところが、試食してみるとそばはツルツルでまったくざらつき感がなく、驚くことに「おいしく感じない」という意見が出た。このように、そば（そば粉）もンシマ（トウモロコシ粉）ものどごしがよすぎるとかえっておいしくなくなる。その理由は、ざらつき感が減少するとのどごしで感じる穀物らしい存在感がなくなるためだと感じた。また、微粉砕したそば粉で打ったそばにはつゆがからみにくいという問題があるとも感じた。ソバが古来の石臼製粉と相性がよいのは、民族を超えたヒト共通の原始的な脳の性質と関係があるのかもしれない。

そばがきは練ると粘りが強くなるが、これにはデンプンの糊化以外にタンパク質も大きく関係すると考えられている。ソバのタンパク質は水に溶けるアルブミンと塩水に溶けるグロブリンが多く、それらを合計した量はコムギに比べて5倍以上である。これらの物質は、ソバの種子を水に浸けたときに溶出してきて粘性を左右し、そばをつなぐ役割を果たす。卵白がつなぎに使われるのは、アルブミンを大量に含み、またとろみを持った性質がソバの粘液に似ているためだ。

ソバは少ない水を捕まえやすい物質を種子の甘皮(種皮)や子葉と胚軸に蓄積するように進化してきたと考えられ、この性質がソバを原料とした食品の物理性に大きく影響している。

(6) 品温と水分

ソバ食品においては温度もおいしさを構成する重要な要素となる。低温だと爽やかだが、味と香りはわかりにくくなる。水で締めるのは、そばを硬くして噛み応えを高めることに関係がある。

そばを茹でるときの水（湯）の温度はそばの品温に直結する。そばは茹で湯の煮沸・対流が激しければ切れやすく、低温では火が通りにくくて粘りが出ず、茹で時間が長くなれば風味が飛ぶ。そばが切れないようにするためには、短時間でデンプンが糊化するように、そばの品温をある一定の高い水温まで上げることが必要だ。そばは茹でたあとに急速に冷却するが、そうすると品温は約15～5℃に低下する。デンプンは品温が下がると急速に粘度が上昇することが知られており、その現象をデンプン老化と呼ぶ。デンプンの老化は、分子が束のようになって集まって固まり、水分子も一部に集合した状態だ。水を加えたそば粉は品温によって粘度が激しく変動する。品温が低くて粘度が高い状態は、そばの食感を硬くして爽やかさやのどごしが向上するので、水温が重要になる。

茹でたあとにそばを冷水ですすぐのは、ぬめりを除去して爽やかな質感を出すためと、モチモチしたデンプンの粘度を高めて硬くするためだ。茹で上げたあとの水切りは、冷えたそばのデンプンが凝縮したことで押し出された水分が下部にたまらないようにとの配慮であり、冷たいそばでザルの質が大切にされるゆえんである。そばの下のザルの吸水力が弱いと、急速に流下した水分が下にたまってしまうのだ。

ソバの種子中のデンプンは、コメよりもアミロースが多くて穀粒のデンプン分子中に水をため込みにくい性質がある。コメのモチ性品種のようにアミロペクチン１００％であれば、少ない水分をデンプンの分子の鎖の間に保持できるが、アミロースが20％以上あるそば粉は水分を保持しにくい。

ソバが含むタンパク質には水分を捕まえる力があり、また、デンプンはアミロースが多くて水分を取り込みにくい特徴があり、前者は麺線のそばを軟らかく、後者は硬くする性質がある。ソバはこのように水分を捕まえる性質が違う物質からできているために、コムギと比べて水分や温度による粘性の変化が激しく、麺線にしづらいのだ。しかしながら、それを上手な技術によってつなげて麺線にしたことで、家風伝承の食や特別な儀礼食になっていったと考えられる。

(7) 色彩

食品・料理の色彩は極めて重要である。ソバの種子の青みは葉緑素があって生命力が強いことを物語っていて、ヒトはそれを直感的に悟る。色彩はいくつかの要素に分かれるだろう。色相(色の種類)から「暖かさ」を感じ、彩度(鮮やかさ)から生命の「元気さ」を感じ、明度(明るさ)から「軽やかさ」を感じるといったところだろうか。ヒトは単に赤・緑・青という波長ごとの色を見ているのではなく、ソバの生命力、言い換えるとソバの質感を感じているのだろう。それも緑の甘皮（種皮）の色だけでなく、無意識のうちに色彩バランス以外に生きのよさまで見ているのだ。

日本のソバ食文化は外国人から見ると不思議な点があるという。それは、そばつゆの黒い色だ。黒っぽいそばに黒い色のつゆという組み合わせは、色からすると沈んだ色といえ、近代のSNS（ソーシャル・ネットワーク・サービス）に載せられる派手な画像からすると逆行している。おそらく画像では透明感がある黒いつゆの質感は伝わらないだろう。ユーラシア大陸の西側では色彩豊かなソバ食品が多いのに対して、ユーラシア大陸の東側のアジア諸国や日本では茶色から灰色の食品が多いのがなぜなのかは不明である。さまざまな料理の東西比較は全麺協の『改訂 そば打ち教本』などの写真を見ると、その違いがわかるだろう。

そばも灰色だが、透明感があって深みがあり、物理的に波長で分光したときの色彩だけでは表現できない質感がある。また、胚の白さ、甘皮（種皮）の緑青色、甘皮の赤いヘタの部分、茶黒色の殻（果皮）の破片が、そばの中に散らばっており、ほかの作物にはない特徴になっている（資料5－8）。また、それに加えて光沢がある。この光沢は表面色よりずっと明るいハイライトのことで、時間が経つと急速に失われていき、この瞬間芸のような性質はラー

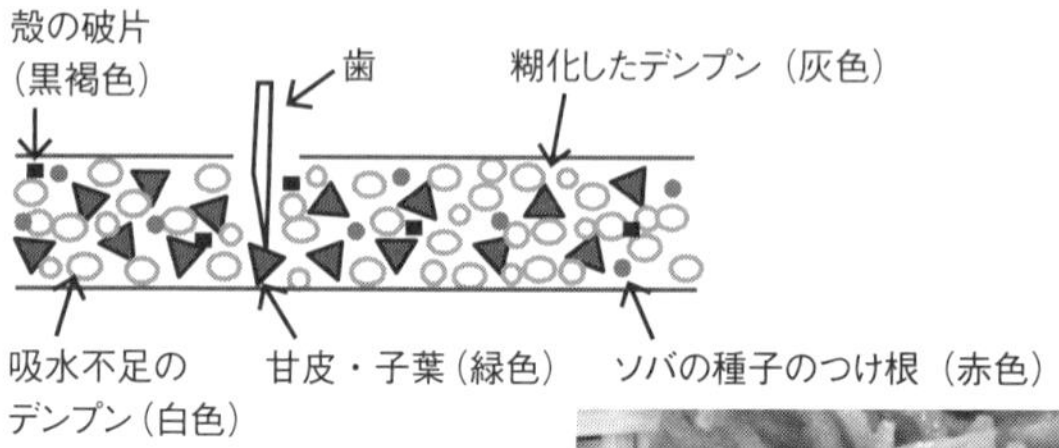

資料5-8　粗挽き十割そばの横断図

メンやうどんにはない時間限定の質感の楽しみである。

(8) 音響効果

おいしさをもたらす要素のひとつに音がある。麺をすすったり、噛んだりするときの音だ。落語家はそばを食べる様子をしぐさとすする音だけで表現する。たった1本の扇子でそばを食べている様子を的確に表現できるのは音のおかげなのだ。視覚が聴覚と密接に関係していることの例だろう。

食べる音は必ずついてまわるので、「ズルズル」、「チュルチュル」と響くだけで聴衆は察するのだ。そして、この音がエチケット違反にならないのは文化のなせる業である。音が麺類を食べものの人気上位に押し上げている大きな要因になっていることは、音が感覚的クオリアを高めるための大きな要素になっていることを示している。

高齢者の多数が香りと味を感じなくなる。しかしながら、視覚にはメガネ、聴覚には補聴器があるのに、香りと味を補助する機器はない。「音響強化フード」というのは、高齢者の食事の音響を改良することで精神と口を刺激するという考え方である。ポテトチップスには大きな音響効果があり、音だけでポテトチップスの質感をイメージできる実感があることを考えても音の大切さがわかる。

落語は音響としぐさだけで精神に響くものだが、「チュルチュル」のそばや「カリカリ」の天ぷらはすでに和製の音響強化フードの最前線にいると考えていいだろう。年寄りがそば好きなのは、幼い頃からの記憶にインプットされた音がほかの知覚を補っているからであり、ほかの料理には音響上の強い特色がそれほどないからともいえる。

(9) 食事環境、雰囲気

食事の雰囲気は、知覚を研ぎ澄ましてそばを楽しんでもらうためには大切な要素である。その中でも重要なのは清潔感、温度、光、風、雑音だ。これらは食環境であり、味覚生理をアシストするものである。味覚そのものではないので、味覚センサーでは計測ができない要素だ。もちろん、たくさんのセンサーを使えばそば店内のこうした要素は計測できるが、総合的に判断するヒトを超えることができないのだ。

清潔感を構成する重要なものが香り、汚れ、音である。芳香剤などの人工的な香りが強いそば店はありえない。なぜならば、その香りが強すぎて本来のそばの香りが消えるからだ。あるいは、環境のほうに神経が向かってしまい、気が散ってしまう。蚊やハエの羽音がする環境では、気が散って本能的に食欲が失せる。また、茶碗の縁が欠けている、あるいは蒸籠《せいろ》が汚れているだけでも、作り手の美意識が伝わってきて食欲が減退する。

雰囲気の大切さは料理職人の間では常識だが、最近の食品科学の進展の一方で学問の世界ではその大切さが置き去りにされているようにも感じられる。そこに一石を投じたのが、『「おいしさ」の錯覚』の著者であるチャールズ・スペンス氏だ。同書では、味覚や視覚などの感覚が環境によって大きく変わること、雰囲気が味を変えること、いわば錯覚をデザインできること、そして、その重要性を指摘している。雰囲気によって脳が舌の味覚を劇的に変化させているからで、言い換えると志向的クオリア（資料5－3の左側の「食心理」）自体が支配的になっているということを意味する。

光は食事環境を大きく支配する。暖色は食事の色を変え、雰囲気を変えるので、飲食店の建築デザイナーはいつも注意を払っている。多くの穀物の色が白いが、野生の種に白いものがほとんどないことからすると、食品の白色は自然界では奇跡的なことだ。古代から暗いところで食事をすることが多かった人々は、薄暗い民家で白色の食品を見ただけで驚きを感じ、そして幸福になったことだろう。暗い場所やたき火のもとで灰白色のそばを食すことは、食に集中できる雰囲気があり、ソバ食品に集中して感覚的クオリアを研ぎ澄ませている状態だ。また、志向的クオリアを高めることで味覚や物理的感覚の感度を高めている。そうした理由で、そばを扱う飲食店は、そばの色と食事環境の光をコントロールすることによって陰影をうまくデザインすることが重要だ。

建築家は、換気工学的な配慮をして空気がうまく対流・換気するように設計する。食事環境において室内の微風は皮膚感覚に影響するものの計測が困難で、飲食店にとって大きな課題である。ヨーロッパなどのオープンカフェでは、そよ風と日陰をうまく利用している。古民家では、囲炉裏による緩やかな大気の対流が熱を感じさせて快適な皮膚感覚をもたらすだけでなく、食や生活感をもたらす煙を感じるのにも役立っている。こうした事例をみると、微風や火は雰囲気だけでなく、味や音も変化させると考えられる。古民家は窓の配置とわずかに立ちこめる煙によって太陽の光の筋が家屋の中に差し込むところが見え、また食事する場にだけ光が差し込むようになっていることがある。自然光とゆったりとした大気の流れを考えることは、食味官能を中心にした感覚的クオリアを高めるために必要なことである。

現代の世界のレストランでは騒音が問題になっているという。客が不満に感じる1位はサービス、2位が騒音なのだそうだ。人の大声、雑音、音楽が味まで変化させるというが、それは実感として理解できる。好きな音楽は甘さを引き立て、嫌いな音楽は苦さを引き立てる傾向があるために、「音響調味（ソニック・シーズニング）」という考えが提唱されている。ソバ食品は淡い味を楽しむものなので、音響環境はそれに応じて心地よい静けさがよい。ただし、過度に食にのみ集中させるような無音環境は、楽しい食事自体にあるべき人々のコミュニケーションを消失させてしまう。

(10) 覚醒効果

おいしいソバ食品には嗜好に合った安心感以外に、脳を覚醒する効果が必要だ。息をのむ意外性があるとヒトは興奮する。たとえば、「動くそば」を知っているだろうか。福井県の永平寺門前の「越前おろしそば」は、温かいそばにのったダイコンおろしの上でたくさんの赤い削り節がゆらゆらと動いている。そのゆらぎは下の熱いそばつゆから立ち上がる湯気によって削り節が伸縮するためだが、世界広しといえどもこのような食品デザインはない。日本料理の活き造りでは、魚の動きを見せることが重要と考えられているが、料理の動きは覚醒効果の典型的なものではないだろうか。

変わりそばの中には抹茶を練り込んだ茶そばがあり、そこには意外性がある。美しい緑色で、その色の由来は薬効のある茶であり、しかも普通の茶葉とは違い、日本では中世に大陸から伝わり、戦国時代に急速に普及した抹茶だ。美しいという視覚的な覚醒効果があるだけでなく、禅の考え方がひとつの食に閉じ込められているという点でも覚醒されるのだ。喫茶は、禅において健康維持によい効果があるものとして推奨されてきた習慣である。ソバはもっとも栄養的に優れた健康的な穀物種だ。ソバとチャノキという食材の組み合わせは、中国から伝わった禅の智慧そのものを連想させる。

世界でも珍しい意外な味と色の穀物にダッタンソバがある。普通ソバと比べると100倍以上のポリフェノールがあるので苦い。そして、ダッタンソバを原料にしたそばを茹でたあとのそば湯は真っ黄色に染まる。焙煎したダッタンソバ茶（韃靼蕎麦茶）も真っ黄色である。

苦味物質はそもそも植物が昆虫などの外的から身を守るために蓄えるもので、その代表格がポリフェノールだ。苦味や渋味は動物にとっては通常は危険信号である。動物は苦味や渋味を感じると、毒を含むのではないかと察知して本能のままに即座に吐き出す。その意味で、ダッタンソバのそばは嗜好の範囲内にあって安心感を保ちながら、苦味という意外性を体験でき、それもまたソバ食文化の楽しみといえる。

知識が食事への興味を引き立て、味の深みが増す効果があり、ソバ食品には「蘊蓄《うんちく》調味（コグニティブ・シーズニング）」がある。たとえば、意外な知識が興味を掻き立てて脳に覚醒効果をもたらすのだ。「ソバ食品はパスタと違って縄文時代からある」とか、「ソバの起源地はアジアで東チベットと雲南と四川の間の山岳地帯だが、じつはヨーロッパの伝統食でもある」といったことを知ると、ますます歴史や地理の興味が高まっておいしく感じられるものだ。そして、このような蘊蓄による覚醒効果があるために、在野の「そば学」が成立する。そばについての蘊蓄に興味を持って食欲をそそられる人々が増えるのだから、知識・蘊蓄は調味料になっているのである。

(11) 先入観

先入観の中にも、よいものと悪いものがある。呪文のように繰り返して店の情報などを頭にインプットすると、それだけでおいしく感じるようになるといった志向的クオリアの働きが高まる。宣伝やそば店に関するインターネットへの投稿やガイドブックのランク付けが、食味にバイアスをもたらすことは大いにある。「国内最高ランクの○×店の有名料理」という情報は実際の味の評価も変える威力があるのだ。「判断するのは自分である」ということは、錯覚が介入するということを意味する。現実の知覚と情報に支配された錯覚との落差があまりに大きいと、誤解だと認識される。大した差がなければ誤解でない(正解)となる。情報化社会の中では、こうした主観による志向的クオリアの支配から抜け出して、食味官能のような感覚的クオリアだけで判断するのは大変困難で、両者が日常の食を支配している。

【コラム】ソバ食品のおいしさの数値化は可能か

先入観などの脳が発する志向的クオリアの影響を抑えて、知覚が脳の中枢に働く感覚的クオリアを客観的に評価しようとする試みが近代の食品科学において行われてきた。「科学」

(science)とは「科」になっている「学」のことで、それらが統合されて科学となる。科は分野のことで、その分野に特有の方法で得られた知識がその分野の学である。食品科学の場合には、食品の意匠(デザイン)を構成する要素に、①使用しやすさ(栽培しやすく加工・料理が簡単)②栄養があること③美しさ(おいしさ)——という分野がある。

③の美しさ(おいしさ)を学問として取り上げる分野は、ヨーロッパで18世紀後半から19世紀前半に提案された美食学(ガストロノミー／gastronomie)にその原型が見られる。美食学はフランスの味覚生理学者で『美味礼賛』の著者であるジャン・アンテルム・ブリア＝サヴァランが提唱する学問分野で、その起源の概略は川端晶子氏が要約している。美しさ(おいしさ)という要素はヒトにとって極めて重要で、「美意識なくして食品なし」なのだ。ところが、美しさは客観的な食品科学の分析対象になりづらかった。

そこで、センサーの発達にともなって、計測可能なところから客観的な方法でアプローチする研究が進められてきた。ソバ食品の品質評価の方法は非破壊、高速、遠隔が理想で、主に物理、化学と数学を結びつけたセンシング技術である。概観品質はCCDカメラ、味覚は化学成分センサー、香りはガスの化学分析や物理センサー、物性(テクスチャー)は粘弾性測定器、温度や音は物理センサーを使ってデータをとり、それを数理モデルでヒトの官能評価の値に近づけるというものだ。

　1980年頃から、コムギやコメのタンパク質や水分といった化学成分値を近赤外という目に見えない光を使って推定することができるようになってきた。近赤外光というのは目に見える可視光よりも波長が長い光で穀物の中まで透過することができ、水分子などに吸収される波長がわかっているので、その吸収の程度から成分含量などを推定する。この技術は画期的で、非破壊、高速、非接触の分析を可能にし、品質管理を大幅に前進させた。

　もうひとつの技術の進歩は、目に見える可視光の画像を分析することだ。2000年以降にはCCDカメラを使って穀物の画像解析ができるようになってきた。たとえば、カビや未熟な穀物を着色の程度から判別するのである。また、光の屈折を調べて、ひび割れなどの穀物の異常粒を検知する。着色粒やひび割れの粒は加工したときに食味を落とすので、昔からヒトが検査してきたわけだが、それが機械でできるようになったのだ。

　こうした技術はコムギやコメで進展し、流通・加工段階のさまざまなところに導入された。たとえば、日本ではJA(農業協同組合)の貯蔵施設にはタンパク計や食味計という機器があり、農家が生産したコメを搬入するときに検査する。この機器は物理と数学を用いた近赤外分析によるものでメカニズムは難しいが、農家には大変身近になっている。

たとえば、コメのタンパク質含有量が多いと炊飯したときに水の浸透が悪く、炊き上がったときに硬くて粘りも劣るので、食味が悪くなることがヒトの食味官能試験でわかっている。そこで、高品質のコメをめざす場合にはタンパク質含有量などを非破壊分析し、こうしたおいしさに直結する化学成分を反映した取引上の取り決めをすることができるようになった。

食味計はタンパク質、水分、アミロース、灰分などを近赤外分析で推定する。そのうえでさらにもう一歩進めて、それらの化学分析値とヒトによる食味官能試験の数値の関係を表す推定式を作っておいて、食味計内部でおいしさを数値化する。そうすることにより、75点、86点などと点数でおいしさを数値化できるのだ。近赤外分析はアメリカのカール・ノリス氏によって１９６０年代にはじめられ、１９８０年代にコムギなどのタンパク質の測定の標準的な手法として認められるようになり、取引に導入された。そのあと約30年かけて普及が進み、穀物のおいしさの非破壊計測はようやく日本のコメ農家にとっても身近なものになった。最近はその機器をコンバインやドローンに搭載することで、コメやムギの圃場をおいしさにもとづいてマッピングできるようになり、より緻密な品質管理ができる見通しがついてきた。

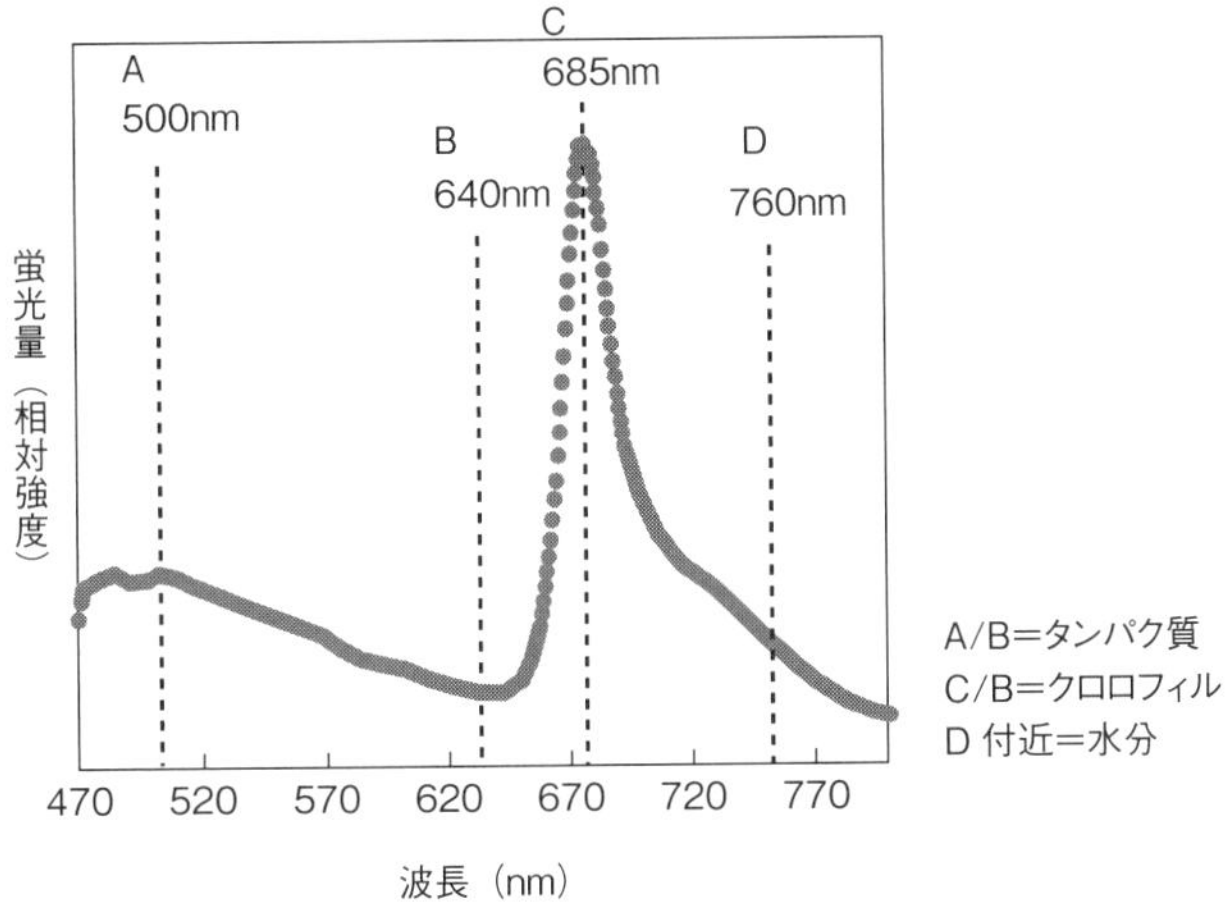

資料5-9　丸抜きの紫レーザー励起蛍光スペクトル（井上、2012）

　では、ソバのおいしさの非破壊分析や数値化はどうなっているのだろうか。現状では、その評価方法が未発達なため、生産者も加工業者もそば店も困っているのが実態だ。ソバは殻(果皮)を取ってしまうと急激に酸化し、品質低下を起こしておいしさが消失していく。したがって、品質の低下を防止するために殻が付いたままの玄ソバでの流通が主流となっている。

　その玄ソバは、おいしさを外から非破壊で検査することはできるだろうか。これまでは、味、香り、色彩などの概観は粉砕して化学分析し、食感はそば粉に水を加えて練った状態や、そば粉を水に溶かした水溶液を加熱して物理性を測定して評価するのが普通だった。しかし、その方法は大変コストがかかり、研究室でしかできない分析だった。そこで著者は、レーザー励起可視・近赤外蛍光分析を用いて、丸抜きのタンパク質と葉緑素の含有量、鮮度、水分の同時非破壊自動計測・分別法を開発した。レーザーを用いた蛍光スペクトル分析は、近赤外分析では不可能だったことを可能にする(資料5－9)。そのひとつが、含有量が桁違いの化学成分を同時に測定できることだ。ソバの種子のタンパク質は15％程度で、クロロフィルは100gあたり約15㎎なので、その含有率は1000倍、つまり3桁も違うことになる。ほかの分析方法では困難だが、この方法だと同時に測定できるのだ。また、ほかの分析計では測定できなかった鮮度は、クロロフィルの量ではなくてその生理活性自体を測定できるようになったので、今後の鮮度判定に役立つと考えられる。これにより、味、食感、概観、新鮮さを非破壊計測できるわけだ。

それに対して、近赤外光を用いた分析も、おいしさの数値化をできる可能性がある。近赤外分析はソバの種子のままでも水分含量を高精度で推定することができる。また、タンパク質含量も推定できる。ソバはコンバインでの収穫時の水分が多いときには未熟粒が多いと考えられる。つまり、早刈りかどうか、新鮮なソバかどうかが推定できる。早刈りされたソバは新鮮でまだ水分が多く、殻を剥いたときの甘皮の色は緑色が強い。他方、遅刈りのソバは老化・酸化が進んでいてすでに水分が少なくなっており、殻を剥いたときの甘皮の色は茶色である。また、早刈りされたソバはタンパク質あたりの脂質も高く、香りがよい傾向がある。これらのことから、収穫直後のソバの水分ひとつとってもおいしさに関係する鮮度や香りの間接的な指標になるのである。タンパク質は味と食感に関係し、多いと味がよい軟質粉になることがわかっている。収穫時の水分は30～14％と幅広く、タンパク質は変動幅が狭いので、それらの推定精度を上げることと、生産者にもわかりやすい簡単な指標を作ることが課題だ。ソバのおいしさをこうした化学、物理、数学をもとに評価する作業は、志向的クオリアの要因を除外して感覚的クオリアをできるだけ客観的に評価したい、「おいしさ」の一部のみを正確に知りたい、という人々の欲求をかなえるものだ。

第6章

——ソバ食品のデザインの意味

(1)「そば道」とは何か

ここでは、そばを追究する「道」について考えたい。「そば道」とは、小麦粉に比べてつながりにくいそば粉を美しくつないで麺線のそばにする高度な技術を習得するだけでなく、知識を積み重ねて、自分だけでなく他人にも喜んでもらえるように心身を研鑽することといえるだろう。その知識の中には、栽培、加工、料理の歴史や地理だけではなく、そばを通じてその背後にある自然までをも感じようとする哲学があるという点で、茶道に通じるところがある。儒教や道教などの東洋哲学の「道」の概念の影響を受けていて、「道」は昔の日本人には比較的身近なものである。

そば道は単なる食品加工方法にとどまらず、その背後にあるものを探求する姿勢がある。それは「そばを通じて自然の『背後にあるもの』を探求する学問のひとつ」ともいえる。「背後にあるもの」はメタフィジックスといい、物質を超越したものを扱う学である。日本では形而上学《けいじじょうがく》と訳される。これは古代中国の書物『易経』にある「形而上者謂之道、形而下者謂之器」（形よりして上なる者《もの》、之《これ》を道と謂《い》い、形よりして下なる者《もの》、之を器と謂う）からきているとされる。すなわち、形を持たない万物の原理や根拠を意味する概念が「道」なのだ。「道」はこの世のモノを形成する物質ではなく、それらを超越した次元にある存在のことを意味する考え方だ。

明治期以降の近代化の中で、否定されたかに見えた物質を超越した次元にある主観的な存在だか、近年の心を解明しようとする科学の発展によって、まったく別の角度から見られるようになってきた。「道」は技術だけでなく、心も追究するもので、5章で取り上げた「クオリア」という食を感じる心身のシステムの中では、心は主に後者の「志向的クオリア」（資料5－3「200～201ページ」の左側の「食心理」）に関係する。モノの「背後にあるもの」の探求は主観の探求でもある。かつての「道」が追究してきたものは、質感を扱う心の科学が対象とするものと重なると思う。

ソバを用いた食に関して考えると、志向的クオリアの中の重要なもののひとつは、その「背後にあるもの」だ。たとえばさまざまな伝統文化や知識で、身体や脳に刻まれたそば（ソバ）の記憶、思想、先入観ともいえ、そば（ソバ）のおいしさをコントロールする情報だ。日本人は、そばの打ち方に研究熱心なだけでなく、そばを見る目、考え方を研ぎ澄ますことにも挑んでいる。そば道に精神性を求めるのは、言い換えると志向的クオリアの研鑽そのものと考えられる。

そのように考えると、食品デザイン自体に込められた意味は民俗学などの知識を総動員して解明すべきことで、そば道にも「そば学」にも必要だ。伝統的なソバ食品は古代の自然観を伝えようとしているものがある。文字が一般的でなかった時代に、食のメッセージを人々に簡単に理解してもらうためには行事食はとても有効だった。神社のお祭りの主旨が氏神（先祖）と氏子（現代に生きる私たち）との交流で、その中心が食で、交流の場の中心は直会《なおらい》である。直会は「先祖と同じ食」を共食する。その場に出される食は祖先を身近に感じるためのメッセージが込められているのだ。年寄りが食を通じて、若者や家族や社会にメッセージを送る事例はソバ食にもある。ソバ食が大晦日や元旦、結婚式などの儀礼で地域の祝い食になったのは、人々の願いや自然の摂理を伝える強いメッセージが込められているからであり、ソバ食の価値を高める志向的クオリアによって「おいしさ」にも影響しているのだ。「ありがたい、貴重な祝い食」という位置づけは、心を打ち覚醒されるものだ。そばとそば打ちを特別な目（資料5－5［205ページ］縦軸）で見ることであり、この情報は「おいしさ」を大きく左右する。

一度伝統行事になると、社会体制の変化には簡単には左右されずに人間社会のそこかしこに生き残っていくものだ。科学技術がいかに進歩しても、また、伝統行事食の背景となる考え方がわからなくなっても、それを掘り起こして意味を再認識することはそば道をめざす者に必要な課題のひとつである。そばの「おいしさ」を解明しようとするそば学の必須課題だと考える。

(2) いにしえの自然観を食で伝承

日本の伝統行事を見るときに、古代中国から渡来して日本で独自に発展した陰陽五行説《いんようごぎょうせつ》の自然観は除外することはできない。その自然観によると、はじめに混沌としたひとつの宇宙があり、その混沌から秩序が生まれ、まったく性格が違う陽気が天に、陰気が地になったとしている。同根の2つの要素はもとをただせばひとつの混沌という考え方だ。その要素は①同根②往来③交合――であり、それが宇宙の原理と考えるのだ。自然や人間の観察から生まれたもので、「雲行きて水流る(行雲流水《こううんりゅうすい》)」のような自然の循環、動物の雌雄によって新しい生命が生まれるといったことだ。これらの自然の動きを分析し、陽気と陰気が交合した結果、天上には「月」と「日」が、地上には「木」、「火」、「土」、「金」、「水」の五気が派生したという世界観が生まれた。こうしてこの世の中の有形無形を問わずありとあらゆるものはこれらの何かの「気」の性格を持つという論理ができた。五気は互いに輪廻と働き(作用)を持っている

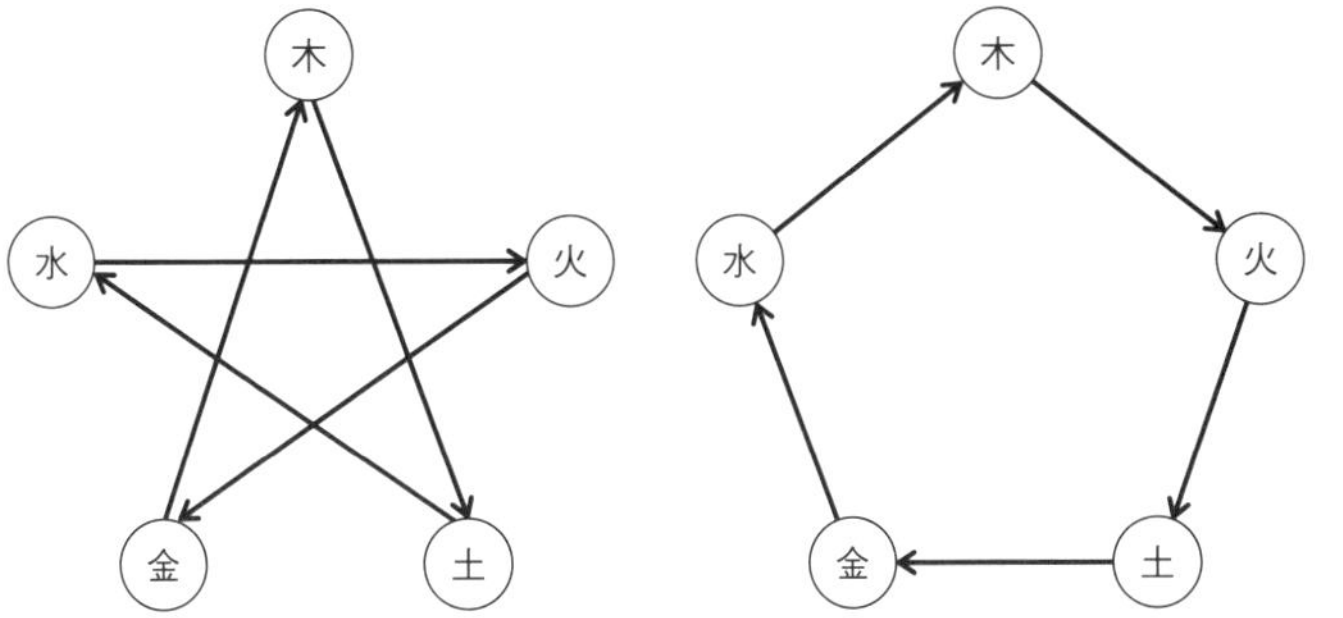

相剋《そうこく》（晴明ペンタグラム）
例：金剋木

相生《そうじょう》
例：水生木

陰と陽が消長を繰り返す中で、五行が生じ、「行」は動く、めぐる、作用するの意味で、古代東洋に発生した自然観。「まじない」や「呪い食」がその影響を受けている。

資料6-1　古代から続く自然観: 陰陽五行

（資料６－１）。たとえば、「水生木」（水気から木気が生まれる循環）、「金剋木」（金気は木気に勝る）といった関係が自然界や人間世界に普遍的に成り立つものと日本人は考えてきた。このような「気」と「気」の間の関係を「行」（作用）という。

まだ炭素や窒素といった元素やエネルギーのような知識がなかった時代に、自然界の背後にある力関係を示す考え方として説得力を持ち、森羅万象のすべてはこれらの「気」に還元され、配置されるという考え方をしてきた。その配置を整理したものは「五行配当表」と呼ばれ、色彩、方位（空間）、時や季節（時間）、星（天文）、臓器（人体）、味などの項目をすべて含んでいた。

五気（隠れた実在）	木	火	土	金	水
五色	青	赤	黄	白	黒
五方	東	南	中央	西	北
五時	春	夏	土用	秋	冬
五味	酸	苦	甘	辛	鹹（塩味）
本性	曲直	炎上	出し入れ	変革	潤下
象（顕在化した動き）	屈曲・生気	上	中和	殺気・内向	下
穀物の性質	ムギ類	タカキビ	アワ・キビ	コメ・白ダイズ	ソバ

資料6-2　五行配当表と主な穀物の性質

近代までの日本では、古代から続くこのような自然観が食のデザインに反映されていて、その結果として食によって自然観が子々孫々に伝わるようになっていた。では、そばのどこがこの自然観と関係があるのか、分析してみたい。

日本の主な穀物の性質は、方位や色からそのおおもとの「気」を探り当てるとどうなるのだろうか。五行への配当は近代の自然科学とは違って、時代と地域によっても異なる。したがって、五穀を構成する作物の背後にある「気」は絶対的なものではない。この世の中のことを5つの「気」に分類した五行配当表の中でとくに食と関係すると思われる部分を拾い出し、もっとも性質が合う穀物も割り当ててみた（資料6－2）。

食の原点である穀物の性質は、陰陽五行説による自然観によって整理でき、象徴的な穀物を「五穀」と呼び、東洋の広い範囲で神話に登場してくる。五穀が死体から発生するという死体化生説話は東洋各地に存在することを、民族学者の大林太良《たりょう》氏が『日本神話の構造』で明らかにしている。多くの場合、五穀とはイネ、ムギ、アワ、ダイズ、アズキ、またはイネ、ムギ、アワ、マメ、ヒエを指す。これらはどれも広い平野部を有する文明地帯の作物である。ソバはイネやムギなどの主穀物とは違って五穀に含まれないこともあるが、江戸を中心に考えた場合には、方位や生態的特性からみて、「黒」、「北」、「冬」、「寒気」などの特性によく合致する作物はソバしかない。そして、実際にソバを用いた伝統食は栄養や省燃料などの実用的な理由以外に、陰陽五行説の影響を受けている。食品原料の間の相性を考慮する食品デザインは多数存在し、ソバ食品の歴史を読み解くうえでは避けて通れない。そこで、日本の近代まで続いた陰陽五行説の自然観からソバ（そば）の性質について考えてみることにする。

陰陽五行説から見たソバの「気」

ソバは近世まで平野部ではマイナーだったが、江戸期には隆盛を誇り重要な食料になった。陰陽五行説が庶民にも浸透した江戸期の社会情勢を考えると、ソバの産地の多くは江戸から見たら北にあたるため、陰陽五行説から見るとソバは「水気」の性質を持つと考えられた（資料6－2）。ソバは低温、低日射、高湿度を好み、朝鮮半島などを経由して北方から本州に伝播したのが主流と推定されており、その点はおおむね正しい。古代中国の四季の方位を守る神（四神）はとりわけ重要で、北を守るのは玄武とされている。「玄」は四季の色彩と時間を示す雅名（風流な呼び名）で、冬は「玄冬」といわれる。殻が付いたままのソバの種子を「玄ソバ」と呼ぶのもそうした「気」の考え方と無関係ではない。また、ソバの殻の色は黒褐色であり、「黒」に近いことから見ると、当然「水気」に配当される。ソバの近代以前の呼び名に「黒麦」というのもあり、古代の人々はソバの背後にある「気」を種子の殻の黒色から察して「水気」の作物と見ていたと考えられる。さらに、ソバは降水量が多い東アジアの起源で、乾燥よりも霧が発生したり露がつきやすかったりする自然環境に適することからも、「水」と相性がよい性質を持った「水気」の作物と見たのは自然なことといえる。

「水気」の方位である北方（子方、ねのかた）に対する漢族の考え方は、「北方至陰《ほっぽうしいん》は宗廟祭祀《そうびょうさいし》の象《しょう》たり。冬は陽の始まるところ、陰の終わるところなり」とされている。この考え方にもとづく事例は日本に数多くあり、①墓を都の北方に作る（中国の天子や、徳川家康の日光霊廟）②お通夜で死者を北枕にしたり、墓に水をかけたりする③喪服を黒とする――などだ。中国からはじまったこの自然思想は変節を経ながらも韓国と日本で引き継がれ、北方や黒が陰で、また陰から陽が生ずるという生命観が大切とされ、多くの風習が残されてきた。この陰陽五行説の「気」の中で、生命の終わりが陰で、それが陽のはじまりとする考えでは、陰の性質を持ち、同時に陽の起点になる「水気」は生命の輪廻の中で大変重要なものとされた。そこで水の性質が変わり、陽気がはじまる元旦はとくに大切にされてきたのだ。

そばの味と「鹹《かん》」

塩が不足する山間地において、塩はミネラル栄養面から必要である。そのうえ、醤油や味噌はグルタミン酸などのうま味成分をたくさん含んでいるために味のよさが際立っていて食欲を高めるので、そばとともに利用されてきた。だしはそのうま味をさらに強化した。さらに、醤油は江戸期の江戸において、上方から伝播してきた目新しい調味料だったことから、覚醒される（驚きがある）調味料だったこともあって流行に拍車がかかったと推察される。

それ以外にも塩味は心理的・思想的な側面からも考える必要がある。先の説明の通り、ソバは色や生態的性質からみると、陰陽五行説の中では「水気」の作物と位置づけられるが、五味からみるとどうだろうか。五味の中でも「鹹《かん》」の気配は「水気」とされる。この「鹹」について知ることで、そば道の理解はより深まると思う。

「鹹」は現代では使われない言葉になったが、その意味は「塩辛い」である。民俗学の吉野裕子氏は「鹹」が「水気」なのは「水気」が「冬」だからで、「冬の気は清にして鹹」だからだという。「鹹」が「寒」と同音なので冬の「水気」だとして、主な味のひとつに配当したのだ。大陸では、北方の冷たく切られるような寒い環境では塩性土壌が多いのでわかりやすい関係だ。ちなみに、塩辛い塩性土壌は日本にはないが、中国北部やモンゴルの内陸に分布していて黄土高原にも塩湖が広がっている。中国内陸部の乾燥地帯の塩湖の水である「鹹水《かんすい》」は小麦粉をつないで麺にするときに用い、中華麺の伝統的な添加剤である。ソバが栽培される土地の気象、土壌と相性がよい。

ただし、そばそのものは塩辛いものではない。料理を作る際には、陰陽五行説にある「鹹」という「水気」からくる性質がソバの作物としての「水気」の性質と相性がよいと考えられ、そばつゆに採用されたのだと推測する。醤油は黒いという点もまた、陰陽五行説からして江戸期の人々には腑に落ちる相性のよい性質だったのだろう。このように、そばつゆが真っ黒で塩辛いのは実用面以外に、こうした近世までの「気」の論理に合った食品デザインによったものと推察される。

そばの形

麺線は調理時に省燃料になり、都市部の木造過密住宅地帯で防災に役立ったといった実用面におけるメリットがある。ただし、それ以外に心理面にも注目する必要がある。

食品の形は暮らしの核となるものだが、大晦日や元旦のような節日や結婚式のような祝いのときに食されるそばはなぜ麺線でなければならなかったのだろうか。形は色とともに、陰陽五行説の面から考察する際に極めて大切な要素である。日本人にとって「現象」とは「顕現《けんげん》化した象《しょう》（かたち）」の意で、背後には「見えない実在」、すなわち「気」があると想定されるからだ。ヒトの五感で知覚できるのは「気」が発する「象」だけだから、五気の本性のあり方（「気」と「気」の間にある関係のことで「行」と呼ばれる）は記号化できるとされてきた。食品を作る場合に、「気」をデザインに反映することで意味を容易に伝達することができたのだ。

粒が黒くて、寒いところに適応していて、北からきたソバ（黒麦）は、明治期以前の人々にとって理解しやすい「水気」の作物である。山間地の主要穀物であるソバは行事に使うときに特別なメッセージが込められているのである。そばの形状は「木気」のシンボルである木の根

資料6-3　そばが発する木気の象意

そのものを表している。くねくねした「木気」の本性は、曲直・屈伸してどこまでも進展する「生気」と「外向」の象と捉えられてきた（資料6－2・6－3）。

行事食として「木気」を連想する屈伸形の麺線が使われてきたのは、「『水気』に『木気』が孕《はら》む」ことを人々に簡単に伝えることができたからである。会津でそばに1本のネギを添える食べ方があるが、それは草木地上部とその根を象徴的に表している。「木気」が発する生命力を絡まった根からイメージする考え方はそばだけではない。朝鮮人参のような東洋の生薬は根の姿も重要視され、屈伸したものが珍重されている。

そばの色とホシ

粗さがあるそばやそばがきはそばつゆのからみがよく、のどごしを楽しむ麺においては食品としての存在感が高まるといった実用的効果がある。またそれ以外に、麺線の中にあるソバの種子の断片にこだわる歴史的理由があるので考えてみたい。

古くから「そばにホシが飛んでいる」という言い方をするが、それは昔の粗挽きのそば粉の色彩の特色である（資料6－4・6－5）。なぜ「ホシ」と呼ぶのかというと、古代中国から現代まで伝わり普及してきた自然哲学である陰陽五行説と関係が深い。日本では太陽と月以外に見える大きな惑星に水星、木星、金星、火星、土星と名づけ、5つの星を模った五芒星《ごぼうせい》マークは5つの「気」の間の働きである相克《そうこく》原理を表し、有名な陰陽道の魔除けの呪符である。五芒星はあらゆる魔除けの呪符に使われ、平安時代の陰陽師《おんみょうじ》である安倍晴明は五行の象徴として紋にも用いたことで知られている。

まじない食としてそばを見たときに、粗挽きのそば粉によるそばの中にあるソバの種子の色を5つのホシにあてはめたと考えるのが自然である。そばの中には、胚デンプンの白色（「金気」の白）、甘皮の緑青色（「木気」の青）、甘皮のヘタの部分の赤色（「火気」の赤）、殻の破片の茶黒色（「水気」の黒）、そして子葉の黄色（「土気」の黄色）という陰陽五行説のそれぞれの

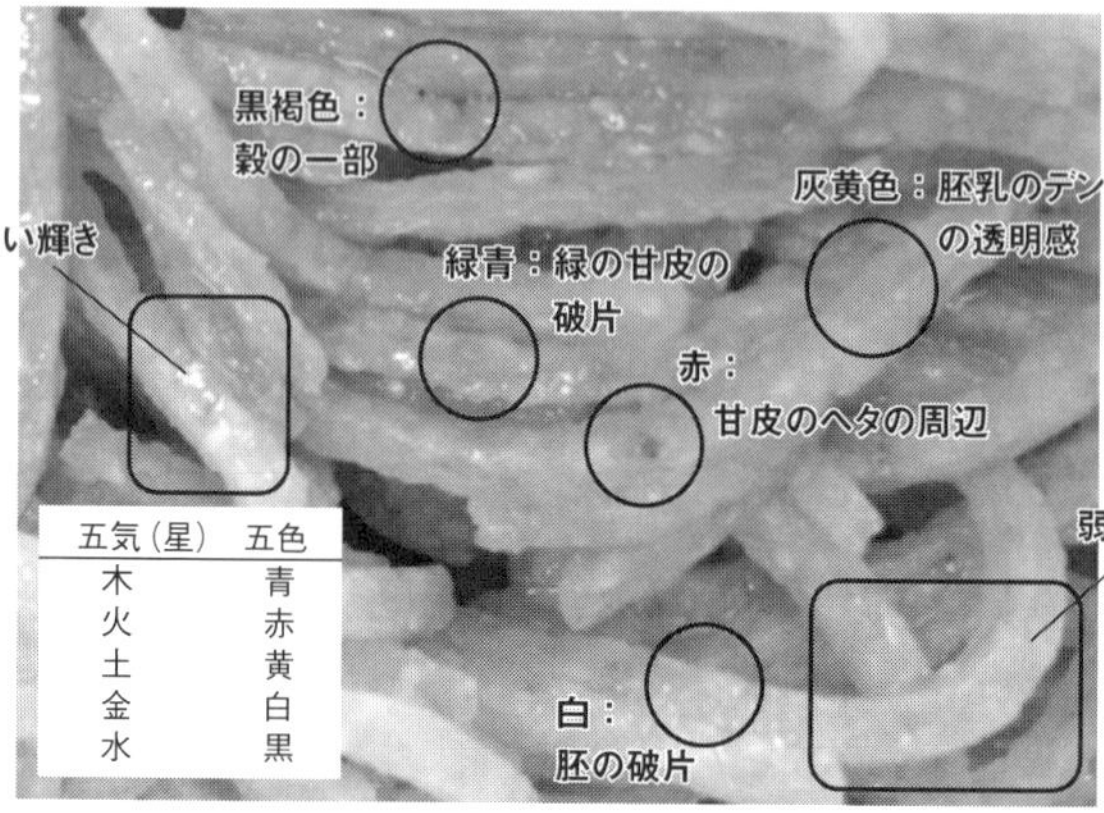

五気（星）	五色
木	青
火	赤
土	黄
金	白
水	黒

粗挽き粉のそばでは、不均一な破片の色が美しく、「五星」と呼んでいる。

「五色」や「五星」は陰陽五行説（吉野裕子、1995 参照）では、地上の自然界を表している

資料6-4　そばの五星

資料6-5　微粉砕によってホシが消えた二八そば

資料6-6　密教の五色幕の意味

「気」色を見出すことができるのだ。

そば粉は近世までは胴搗きや石臼が主流で、篩の目も粗かった。そのような製粉方法ではそば粉の中にソバの種子のいろいろな部位の破片を目視することができた。現代でも製粉機を粗挽きに設定すれば同じような粉を再現できる。そばの背後に気配を感じるというのは、食の背後に見えないものを感じるということである。アジアでは、色をシンボルにして自然の力を簡素に表現することが多い。識字率が低い時代では、そのように色が思想を伝えるのに役立ったはずであり、現在でも伝承されている。仏教の修行僧が中国から日本にそばを伝えたと考えられているが、ホシは古代の自然観が伝わった痕跡だと考えられる。

密教では五色幕を飾る（資料6－6）。陰陽五行説とは一部違った説明になっているが、この幕と色もアジアの世界観を表現している。真言密教では如来の精神や智慧を5つの色で表し、白、青、黄、紅、緑が基本とされ、五色幕や五重塔（五輪塔）には空、水、地、火、風の5つの自然の要素が色で表されている。ネパールのチベット仏教寺院のストゥーパ（卒塔婆）は地上世界を5つの要素に分けており、陰陽五行説と密接な関係があることがうかがわれる。私見だが、「そばにホシが飛ぶ」という言葉は、密教の僧侶が大陸からそばとともに東洋の自然思想も伝えたことの名残りなのかもしれない。

(3) 行事に残される自然観

中山間地帯では、ソバなどの雑穀がコメより劣るという考え方や嗜好はない。ただし、行事食にはいろいろな理屈が付帯していて、昔の人々の考え方を知る手助けになる。「年越しそば」はどのような意味があるのだろうか。中部地方では、「長生きできるように」とか「長く幸せに生活できるように」といった縁起担ぎで食べると説明されている。江戸期に白米を多量に消費するようになった地帯では、そばはビタミンB_1不足が原因の脚気《かっけ》を防ぐ養生食だったのだから、栄養学的には合理的なことは明らかだ。しかし、それだけだったら大晦日や元旦の行事食にはならないだろう。

これまで、多くの行事や行事食が古くからの陰陽五行説によって意味づけされてきた。ところが大正期以降になると、近代科学の普及とともに非科学的だとして急速に否定されるようになった。こうしたこともあって行事食の形だけは伝承されるものの、もとの意味、昔の人々の論理が見失われているケースが多くなった。年越しそばも同様で、その合理性は食品意匠（フードデザイン）によく表れているものの、奇妙な行事食と感じる人もいる。なぜ年越しそばが「長生き」や「幸せな生活」を祈ることにつながるのか、その論理を陰陽五行説との関係から考える必要がある。

古代からの自然観を「こじつけ」としてひと言で迷信と退けるのは簡単だが、行事での人々の願いは真剣なもので、表は神行事だが裏ではまじない、ということは日本の祭りや行事には多い。現代日本ではこの点は伝承されにくいので、知ると驚き（気づきによる覚醒）にもつながる。行事食の背後に潜むメッセージを知ることは、現代では志向的クオリアの感度を高めることにつながり、その結果として新たな「おいしさ」の発見につながる。

呪術（まじない）の原理による分類

日本の迎春行事の多くは、陰陽五行説と関係が深い。春、すなわち「木気」を迎引するためのものと考えられる。吉野裕子氏は、寅（正月）を「『木気』のはじめ」と「『火気』のはじめ」の2面から捉え、5つの型に分類している。人の命に関わる穀物の繁茂は「木気」の隆盛と捉えるのが日本人の考えだ。穀物との関係だけを考えてみよう。「『水気』の冬からすみやかに『木気』の春に移行し、作物や植物の繁茂を願うには、どうしたらいいか」という発想なのだ。そのための思考法を五行の理論をもとに分類すると以下の3点に要約できる。

①相生《そうじょう》（循環）原理の中の「水生木」をもとに考えられた「木気迎引」により季節循環を促進する方法。

（ア）「水気」を強化するもので、水撒きをする冬季の春祭り。

（イ）「水気」をはらって「木気」を強化する「水気追放」。信州諏訪大社上社における蛙狩《かわずがり》神事は「陰気」、「水気」の象徴であるカエルを冬季に掘り出し矢を放って串刺しにする殺傷行事で、その一例と考えられる。残酷に思える行事だが、メタフィジックス（形而上学）から考えると、植物の繁茂、つまり豊作を祈願する合理性がある。

（ウ）強い「木気」を願う「木気扶助」。根の形をしたそばの行事食にはこの意味が込められていると考えられる。

②相剋原理の中の「金剋木」をもとに考えられた呪術で、「木気」の敵である「金気」を殺傷し、その結果として「木気」を間接的に助ける方法。「金気剋殺《きんきこくさつ》（剋伏）」によって豊作を祈願する。

③①と②の方法を組み合わせてまじないの力を強化する複合手法。もっとも身近な事例が年越しそばである。

「水剋火」相剋原理によるまじないの事例

「寒晒しそば」は長野、福島、山形などに伝わる玄ソバの伝統的な保蔵方法である（資料6－7）。その保存方法とは、玄ソバを水温が4℃以下の冬期に1週間ほど流水に浸けてから寒中に干すというもので、いわば玄ソバのフリーズドライのようなものだ（資料6－8）。ソバの種子は流水に晒す間に発芽率が約半分に低下するものの、殺虫効果があり、有毒なカビもつかず、アクが少し抜けて保存性が高まる。水から引き上げたあとの玄ソバの品温も大切で、5℃以上になると赤いカビなどが乾燥中に増殖して保存できないので、この方法は寒冷地のみで有効だった。保蔵手段が蔵しかなかった江戸期は梅雨の時期に虫やカビがつくこと

資料6-7　江戸期に献上品とされた「寒晒しそば」

資料6-8　「寒晒し」の作業を大寒の時期に行う（長野県・茅野市）

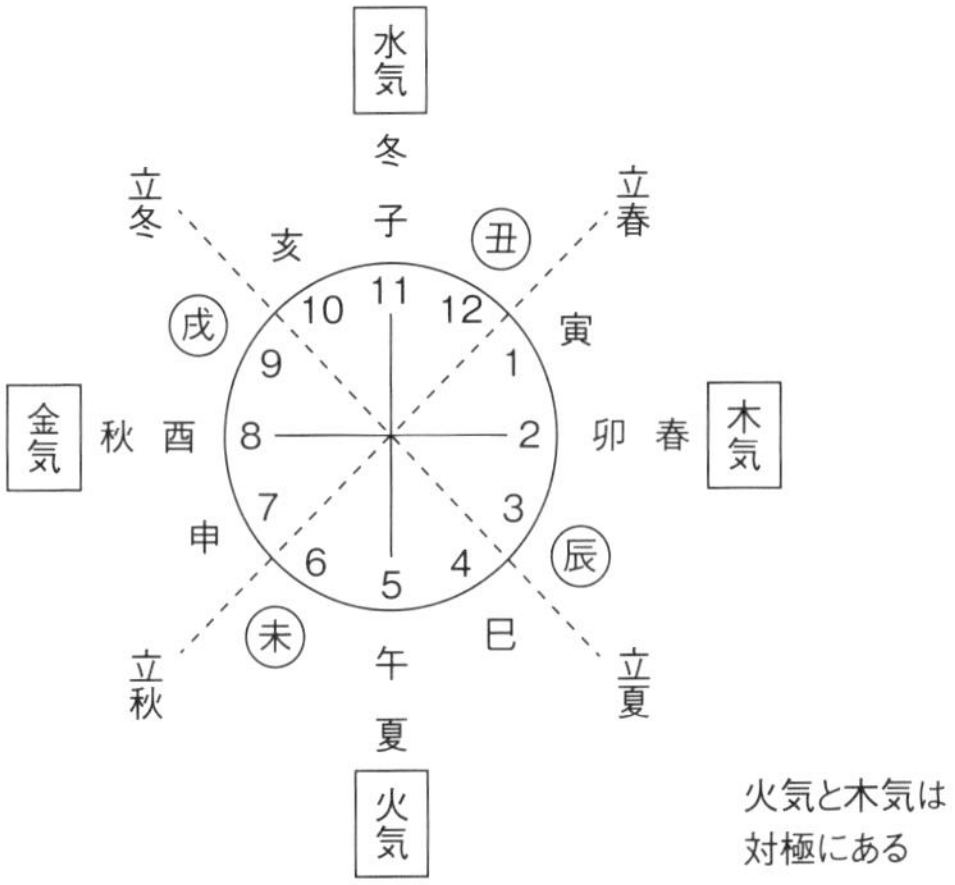

資料6-9　四季の背後にある気

が多かったので、「寒晒しそば」は穀物保蔵の実用性が高かったのだ。

　また、「寒晒しそば」はそうした実用性ばかりでなく、江戸期の自然観が背後に見えてくる。江戸期の自然観は陰陽五行説が重要で、この風習もその観点から考察すると理解しやすい。「水気」の性質を持つソバを「水気」の冬季に冷水で晒すという処理は、害虫防除や雑味除去といった実用面だけでなく、「水気」をできる限り強化した食品のデザインなのだ（資料6－9）。「水気」を強化しているからこそ「火気」が盛りの夏に中和して打ち勝つ、つまり「水剋火」の原理に則った養生食となり、だからこそ献上品として認められたと考えられる。

コンビニでも売られ、食習慣として定着

資料6-10　現代に生きる養生食やまじないの考え方

「火気」の夏を「水気」のそばで制する「水剋火」原理の呪術と同じ考えの食に、「土用のうなぎ」がある（資料6－10）。ウナギは「水気」の象徴的な動物だが、それを盛夏の土用の日に食すことで「水剋火」を食で実践して、「火気」に負けぬようにまじなうわけだ。江戸中期に平賀源内が普及させたとの説がある。江戸の町の人々の知識の基礎は古くからの陰陽五行説なので、それを当時の知識人が養生食の普及のために援用したとも考えられる。現代の栄養学の知識ではビタミン類の摂取によって夏に弱った身体を強化するのが目的という解釈になるが、日本独自の発展を遂げた陰陽五行説の自然観にもとづくまじない食になっていることにも注目すべきだろう。このように和食にはメタフィジックス（形而上学）から読み取れることが多い。

「水生木」相生原理によるまじないの事例

ソバは「水気・冬・北・陰気」のシンボルなので、この作物は水を用いる調理方法と相性がよいと考えられる。つまり、水をたくさん用いてそばを打ち、食することで「水生木」を表現し、「木気を迎える」、つまり植物の繁茂と豊作を祈願するのだ。これは季節循環促進呪術のひとつと考えられる。年越しそばを、水の性質が生まれ変わるまさにそのときである子《ね》の刻（23時～翌1時）に食すのは、陰陽五行説からしてとても重要で、季節循環促進を重ねて願うといった意味と考えられる。水で捏ねること、水で締めること、黒いそばつゆを用いることも、いずれも「水気」の性質であることを強く人々に伝達できるものになっている。

「金剋木」相剋原理によるまじないの事例

白い・硬い・丸い「金気」の作物をつぶして作った味噌を焼いたり、白い・丸い・辛い「金気」のダイコンをすりおろしたり、辛いネギを細かく切ったり、辛い「金気」のワサビやトウ

★辛いものは金気
★切ったり、すりおろすのは、木気の敵である金気を殺傷する意図がある

資料6-11　薬味の意味

ガラシを薬味として用いる(資料6－11)。白い・丸い「金気」のナガイモをすりおろしてそばとともに食べる。また、白い・丸い・硬い「金気」のクルミを摺ってそばとともに食す地域もある。いずれも共通した気配があるが、これらは食味官能を超えた意味を私たちに投げかけている。

辛味大根、ワサビ、味噌(原料はダイズとコメ)、ネギ、ナガイモ、クルミの共通点はひとつ、いずれも素材が「金気」だということである。「木気」を打ち倒す「金気」が強いと困るので、「金気」の性質を持った食物素材を傷つけ、食して、「金気剋剎」することにより、「木気」を助けるという考えが反映されたものと考えられる。「金剋木」原

（長野県伊那市にて）

資料6-12　辛味大根の搾り汁と焼き味噌を用いた高遠藩由来の「からつゆそば」

理があるので、「金気」の象徴をつぶすことで、その結果として「木気」を助けるという論理である。そばそのものの味は辛味にかき消されても、まじないとしては合理的なのである。

とくに旧高遠藩《たかとお》（現在の長野県伊那市高遠町）付近に分布する「からつゆそば」は、辛味大根をガリガリとすりおろしてその汁を搾り取り（1）、そこに刻みネギ（2）、焼き味噌（3）を加え、トウガラシ（4）も用いることで、4つの「金気剋殺」によるまじないの論理と、「水生木」のそばを組み合わせてまじないの力を強化したものとみることができる（資料6－12）。食材はソバや辛味大根といった焼畑の作物を用いつつ、そこに陰陽五行的な意匠が凝らされており、焼畑を背景にした山間地ながらも高遠藩の当時の高い思想を感じることができる。

徳川家綱の後見人だった信州高遠藩の保科正之《ほしなまさゆき》公（1611〜72年）は、垂加神道《すいかしんとう》の「土金の伝」を生き方の基本にしたとされている。これは陰陽五行説の「土生金」相生原理を基礎にして人間の存在を説明するもので、「土が締まって金になるように、心身を緊張した状態に保つことでつつしみが増して人がよくなる」という生き方のことである。垂加神道は儒教、陰陽五行説、理気説（朱子学の宇宙論）を取り込んだもので、正之公が会津で亡くなる前の8年間は垂加神道を大成した山崎闇斎《あんさい》を客分として大切にしていたことからもその思想をうかがうことができる。信州高遠と会津はそうした自然と人生観の影響を受けて発展したと考えられる。陰陽五行説による解釈ができるそばが2つの地方に残されていることは、そばの質感、さらにはその中の志向的クオリアを考えるうえで大変興味深い。

また、北信にもダイコンの搾り汁をかけるそばがあり、福井県嶺北地方で食べられる「越前おろしそば（越前そば）」でもダイコンが砕かれたりすられたりして多量に使われている（資料6－13）。そこからは、「金気剋殺」で「木気」を助けることで豊作や長寿を祈願するという祖先の論理的なメッセージを感じる。「越前おろしそば」は禅の曹洞宗・永平寺の門前をはじ

資料6-13　メッセージ性の高い「越前おろしそば」には炎の動きの演出がある

め福井各地で食べられており、高遠の「からつゆそば」と同様に高い精神性を持っている。その精神性は、自己に向き合うことを重視する禅の考え方と一致する。禅では食を大変重視しているので、美食、暴食、不満の除去だけでなく、陰陽五行的世界観からくる「金気剋殺まじない」をも感じる。

多量の辛味大根と辛い刻みネギは、辛いことが「金気」の特徴なので、「金気剋殺」を表す。また、上に盛られた削り節は赤く、削り節は温かいそばつゆの湯気によってゆらゆら燃え立つ火のように動く。赤は「南方」で「火気」を表している。赤い削り節が炎のようにゆらめく食品の動きは、写真では表現できないものだ。「越前おろしそば」

資料6-14　北関東の伝統食「しもつかれ」(栃木県宇都宮にて)

は「火気」で「木気」の敵である「金気」を溶かして打ちのめすという意図を持った「火剋金」の理論を表していて、火を焚いて「火気」のシンボルである赤いダルマを燃やす迎春行事のひとつ「とんど焼き(さんくろう)」と同じ「金気剋殺」による生命の活性化のまじないになっている。

そばとは直接関係ないが、陰陽五行説の説明がないと理解不能な郷土料理が栃木県などの北関東にある。「しもつかれ」は、白く・丸く・硬い「金気」のダイコンやダイズを粉砕して形がなくなるほど煮た「金気剋殺」のメッセージを放つ不思議な煮物である(資料6－14)。ダイコンやダイズはつぶれていておいしそうに見えなくても、その意味を知れば「おいしさ」が増す、志向的クオリアが高いまじない食の典型的な例だ。

「年越しそば」は「水生木」強化と「金剋木」抑制による複合まじない

大晦日から元旦にかけての子の刻（23時〜翌1時）に食べる年越しそばは、どのような意味を持つのだろうか。食す時間は冬の陰気が陽気に向けて変化しはじめ、水の性質が変わるときとされていたことから考えると、当然、陰陽五行説の影響が考えられる。

そばは「水気」であること、相性がよいとされる寒冷の時期に冷水を多量に用いることは、「水気」を強化した食品を作っていることになる。「水生木」の原理からすると、「木気」を迎引するまじないとしての意図が感じられる。また、そばの形状は「木気」を孕む木の根を表しており、そこにタイミングよく水を与えるのだから、作物の根に水を与える姿そのものを食で表しているのである。

薬味は「金気」の食品を用い、すりおろしたり刻んだりして、「金剋木」の原理が鈍るように金気を殺傷している。五行の中で唯一生物であるのは「木」であり、五穀豊穣を祈願するための中心になるものであるため、年越しそばは「水生木」強化と「金剋木」抑制を取り入れた複合的なまじない食になったのだ。このように、私たちはソバ食のデザインの背後にあるメタフィジクス（形而上学）に思いをめぐらすことで、特別な質感（クオリア）を感じとることができる。

現代の聞き取り調査では、年配者は「年越しそばを食べると長生きできる」とか「長く幸せに生活できる」と結論だけを説明することが多い。これは近代以前の穀物の豊凶が生命に直結した時代の豊作祈願、健康祈願のまじないの論理を若者に伝えにくい時代になったからだ。

そばの麺線の意味

麺線のそばは加工法の世界的比較からみて、かなり手の込んだもの（資料1－7［38〜39ページ］）で、それが一般化するのは17世紀以後で江戸期以降とされる（資料1－4［26〜27ページ］）。包丁を用いた料理が日常的になるのは奈良時代からとされている。とくに平城京の都市生活で鉄の包丁と木のまな板が組み合わさり、それに大陸から伝わった箸が加わって、箸でつまむ食べ方が発展し、それに伴ってつまみやすいように細かく刻むことが日常的になったとされている。そのあと、日常食だけでなく儀式も行われるようになり、中国から五味・五色のような陰陽五行の思想が入ることで日本料理の基本的な構成と包丁を使った料理技術ができあがったとされている。室町時代には包丁、まな板、箸を使った儀式が関西の神社を中心に広がった。神仏習合の時代なので比叡山などの社寺でも儀礼的な料理法の影響を受け、そば切りが広がったと推察される。

また、日本刀には魂があるという考え方があることから、家で大切にする包丁を使ったそばが家の魂を伝えるという意味にもなり、戦国時代以降普及し、江戸期にはそばが田舎の家意識の高揚のために使われるようになったと推察される。江戸でそばが広がったのは、細切りすると茹でやすくなって火の使用を最小限で済ませて簡単に食せるため、都市火災の予防食、飢饉時の非常食としての実用性が受け入れられたのだと考えられる。安室知氏は、信州北部の山間地では家風継承（集団意識の高揚）の大切なツールとして元旦のそば食が習慣になったと指摘している。細切りのそばを作るのは困難なだけに、家に伝わる特別な技術となり、細かい麺線が陰陽五行説による「木気」のシンボルとなってまじないとしての意味を高め、節日などの祝い食に昇華していったと考えられる。

コメは何のシンボルか

ソバ食品は陰陽五行説からみると大きな意味があることを述べてきたが、身近なコメにつ

金気の白ダイズを大量消費して
木気を助ける「金気剋殺」行事

資料6-15　豆まき（『北斎漫画』による）

いてもそれを考えてみたい。

白くて丸くて硬い穀物を代表するコメや白ダイズは西方から伝播した強い力を持った作物で、「金気」の代表的穀物と考えられてきた。陰陽五行説では、色は「気」そのものを象徴するだけでなく、時間と空間も示す象なので庶民にもわかりやすいものである。そのために、「気」を表す色を用いて豊作などのまじないをすることが庶民にとってわかりやすいと考えられてきた。「金剋木」の伝統的な考え方があるために、「木気」の敵である「金気」をつぶせば「木気」が栄えるとの論理が成り立つ。そこで、「金気」のシンボル色の白を持つ身近な穀物を大量に消費する「金気剋殺」行事が多くなっ

金気のコメをつぶし、刺し、焼いて大量消費する

資料6-16　五平餅は「金気剋殺」のシンボル

たと考えられる。白いダイズやコメを搗いたりつぶしたりして多量に消費したり、白いダイズを煎ったり撒いたりして多量に消費するのはそのためだ。節分の豆まき（資料6－15）、多くの地方で行う正月の餅食、輪島（石川県）の「山盛りもっそう祭り」や日光（栃木県）の「強飯式《ごうはんしき》」（通称「日光責め」）、信州の「五平餅《ごへいもち》」など、大量にコメを消費する祝い食の事例は多い（資料6－16）。白いコメやダイズを煮て発酵させて製造する日本酒や味噌が行事に多量に使われるのにも同じ意味がある。

　また、穀物ではないが、「金気」の勢いを削ぐために「金気」より優位な「火気」によって「金気」を討つ型の行事があり、「とんど

資料6-17　複合呪術構成になっている国府宮の「はだか祭」

焼き」（さんくろう）や多くの地方で行われている迎春の火祭りがそれである。「火気」のシンボルである赤いダルマを燃やして「木気」の敵である「金気」を溶かして、豊かな迎春を祈願する地方もある。ここでも「気」のシンボル色を使った行事が四季の「気」の入れ替わりをスムーズにするために使われている。

２５７ページの③の複合したまじない手法の極端な例として、愛知県稲沢市の国府宮《こうのみや》の「はだか祭」がある（資料６－17）。多数の青い木を奉納し、多量の水をかけ、数ｔの餅を奉納して大量消費する。これは神事ではあるが「水生木」と「金気剋殺」原理を組み合わせたまじないで、「気」の循環を

左上と中央下：スロベニアの Kreft, I. 教授（2011-13）による

資料6-18　スロベニアの伝統食: シュトゥルクリ (štrukljі)

促進することでよき春を迎え、豊作を祈願し、厄を払うための大規模な祭りなのである。

【コラム】西洋のソバ食品と和菓子のデザインの一致

食品の「おいしさ」は、味覚生理と食心理から成り立ち、意味を持たせることが大切である。後者において、覚醒の度合いは「驚き」と「退屈」の度合いの違いといえる。これは「満腹」と「空腹」の度合いの差とは違った人々の情動だ。私たちは珍しい食品に出合うと「驚き」を持って、「おいしさ」を強く感じるようになる。さらに、その意味を知ると「背後にある見えないもの」を想像するようになって「興味」が湧き、さらに「おいしさ」を感じるという不思議な心身のメカニズムがある。

中央ヨーロッパのそば菓子には、京菓子によく似たデザインのものがある。スロベニアの「シュトゥルクリ(štruklji)」である(資料6－18)。シュトゥルクリは1500年代にヨモギ科のハーブのタラゴン(*Artemisia dracunculus*)を入れて作られていたといわれている。タラゴンは味を大変身させるので「魔法の龍」と呼ばれるハーブだという。そのあと17世紀に祝祭日用、19世紀に家庭料理に発展したとされる。カッテージチーズ、クルミ、リンゴなどを、平らに延ばしたそば粉の生地に挟んで巻いてキッチンペーパーに包み、20分ほど茹でたら完成する伝統料理だ。直径5～7㎝ほどで、パン粉をバターで煎ったペーストを上にかけて食すとさらにおいしく、日本にはない風味のソバ食品である。

スロベニアの首都リュブリャナの旗には龍が描かれており、そのモチーフは伝説のドラゴン(龍)である。スロベニアは国内にたくさんの鍾乳洞があるアルプスの水の国で、大水が出ると暗黒の鍾乳洞の中で生息する「ドラゴンの子」が地上に湧いて出てくる、という伝説がある。そのドラゴンの子の正体は、じつはホライモリという鍾乳洞に棲む目が退化した肌色のウナギのような珍しい水生動物のことだ。ドラゴンの国で「魔法の龍」と呼ばれるハーブを使

「俵屋吉富」の「雲龍」（高島屋による）

雲龍図（妙心寺パンフレットによる）

資料6-19　雲龍図をモチーフにした京菓子／狩野探幽筆「雲龍図」

い、ドラゴンの渦のような祝祭日用の食品デザインにするのだから、背景には地域の人々の自然の神秘への深い思いや伝説があると考えることができる。

　ドラゴンは日本では「水神」であり、日本の多くの禅寺では天井に龍が描かれている（資料6－19右）。僧は水のように流れゆくままに修行し、龍は「法の雨（仏法の教え）を降らす」とされる。天井画には渦が描かれているが、その龍と雲をモチーフにした京菓子が存在する（資料6－19左）。「雲龍」というアズキなどを用いた菓子がそれだ。龍は東西ともある想像上の生物だが、東西の遠い場所でデザインがそっくりなお菓子が存在することは偶然とは思えない。東西の思想や食の交流は大変古く、食だけが伝播していくものではなく、食とその背後に潜む意味も伝わり、それはひとつの生命体のように思える。こうした食品デザインの意味や由来を追究していくと心が覚醒され、ソバの新しい未来が開けるように感じる。

中央ヨーロッパ・スロベニアのシュトゥルクリと日本の和菓子の意匠は、中世の中国から伝わった龍がデザインの根本にあると考えられる。ソバと東洋の文化は13世紀(鎌倉時代)にモンゴル族の拡散とともにヨーロッパにも流入したとされ、同じ頃に禅も日本で急速に広がっていく。こうした食品のデザインは、ソバ食品が仏教文化と関係が深く、東洋の自然思想と作物と料理が混然一体となって世界に広がった証拠ではないだろうか。

おわりに

山岳部で山登りばかりしていた著者は、1972年（昭和47年）にニホンザルの食生態についての研究をしている中で、「食物の背後にあるモノ（メタフィジクス／形而上学）」を扱う民族学に突如興味が湧き、「食」についての自然科学と人文社会科学とが融合した研究領域が必要と思うようになった。それは、作物を栄養資源だけとは見ず、多様なシンボルと見る日本の民俗習慣に気がついたからだ。

農学におけるソバ食文化の研究は、故氏原暉男《あきお》・俣野敏子先生が先駆的で、その研究室で多くの教えを受けたことを感謝している。著者が世界でもっとも標高が高い場所で栽培される苦いダッタンソバに興味を惹かれ、故中尾佐助先生からいただいたネパールの種子を2750mの高山で栽培試験をしたのが1974年だった。苦い穀物を食すことは人類史の大きな謎だ。低温で強紫外線環境条件下でも成長できる日傘物質ポリフェノールをたくさん含むソバを栽培し続けるからこそ山岳地帯の人々の生活が成り立つと考えると、険しい環境下で作物とヒトが共生関係を保つためには苦味ごときは些末なことのようだ。

登山の疲れは明らかに味覚を変えるという体験もした。酸っぱい味は甘味に変わり、苦いものが苦くなくなるという体験をして、「おいしい」というものは、脳からの情報伝達でいかようにでも変わることに気づいた。また、歴史ある伝統食には、さまざまな個性あるストーリーがあり、そうした意味づけがあるとますます「おいしい」と感じる。老舗の有名店に行けば、「おいしさ」を想像して食べる前から評価を高めてしまい、ときには「錯覚」する。このようにヒトは情報によって「おいしい」という質感(クオリア)を調節していると断言できる。

こうした体験や研究の中から、「おいしい」と感じる心身の構造の研究が重要だと思うようになり、食品科学を中心に民俗学などのかけ離れた分野からもアプローチしようとしてきた。この本の前半と後半が違う分野の話になった理由はこうした事情による。ここにまとめた「そば学」が、食品化学、農学、脳科学、情報科学、人文科学などを取り込んだ「食の質感に関する科学」を体系化するための礎になれば幸いである。

これまでの38年間の研究教育活動は、北海道→長野→京都→和歌山→長野への転勤とそれに伴う、専門分野の転換、家族を伴う移動、子育て、大病などのストレスを乗り越えることで可能になった。また、退職する間際に論文や本の執筆に追われて、余裕のない生活を続けてしまった。ここに出版できたのは、こうした生活を支えてくれた妻のおかげであり、第一にお詫びと感謝をしたい。

また、本書を完成できたのは、柴田書店・書籍編集部の齋藤立夫氏の専門的な助力があったからこそであり、ここに厚く御礼申しあげたい。

多くの学生や関係者の方々の協力をいただき、また迷惑をかけたわりには、「学」と呼ぶには不十分な内容になってしまった。ここに力不足をお詫びするとともに、今後の「そば学」の発展のために読者諸賢のご批判を仰ぎたい。

2019（令和元年）年7月吉日

仙丈ケ岳を望む、冷涼なる信州伊那にて　　井上直人

参考文献

〈凡例〉
・この本をまとめるうえで参考にした資料の一覧である。
・比較的入手しやすい日本語の書籍を中心にし、論文は最小限にとどめた。
・各分野ごとに書名を五十音順に並べた。
・発刊年次は原則として初版発行年を記した。
・発刊年次に続く「／」以降の文章はその文献に関する説明である。

●食品科学

『**味と香りの話**』栗原堅三著(岩波新書 1998年／味と香りと「おいしさ」のメカニズム)

『**味の秘密をさぐる**』日本化学会監修(丸善 1996年／河野一世・鳥居邦夫氏による「味わって食べることの意味」など、化学や料理人の論考)

『**おいしい穀物の科学**』井上直人著(講談社ブルーバックス 2014年／ソバや雑穀を含む穀物の歴史、地理、生理生態、食品の特徴について概説)

『**雑穀入門**』井上直人・倉内伸幸・中西学共著(日本食糧新聞社 2010年／ソバを含む雑穀の歴史や栄養の概説)

『**食と感性**』都甲潔編(光琳テクノブックス 1996年／川端晶子氏の美味学の歴史や、相良康行氏の感性工学の概説など)

『**食品物性学 レオロジーとテクスチャー**』川端晶子著(建帛社 1989年／食感の物理学)

『**料理のわざを化学する キッチンは実験室**』ピーター・バーハム著、渡辺正・久村典子共訳(丸善 2003年／調理を物理学や化学からやさしく解説した珍しい本)

●民族植物学・文化人類学

『**講座 食の文化 第三巻 調理とたべもの**』石毛直道監修(味の素食の文化センター 1999年／「第1節／調理の文化的考察」において、島田順子氏がおいしさの要因について調理科学から概説)

『**雑穀Ⅱ 粉食文化論の可能性**』木村茂光編(青木書店 2006年／中国におけるソバ食文化について中林広一氏の論

考があり、日本やアジアの粉食の文献史学を多数収録）

『雑穀の来た道 ユーラシア民族植物誌から』阪本寧男著（NHKブックス　1988年／雑穀の起源と歴史や民族、環境に対する適応性などを世界的視点から論じた）

『月刊しにか』1996年5月号（大修館書店／「特集、中国イメージ・シンボル小事典」。陰陽五行説と中国のシンボルとの関係などがわかる）

『食卓の文化誌』石毛直道著（岩波現代文庫　2004年／世界の料理法、食習慣、食事道具や方法についての文化論）

『食の歴史人類学』山内昶著（人文書院　1994年／日本と西洋社会の食の比較やタブーに関する著作。戦国時代の日本の麺に関する記述）

『斉民要術』田中静一・小島麗逸・太田泰弘編訳（雄山閣出版　1997年／麺の原型と考えられる手もみの「水引《みずひき》」と篩《ふるい》の記述がある）

『文化麺類学ことはじめ』石毛直道著（講談社文庫　1995年／切り麺の出現や「アジアの麺の歴史と伝播」で、麺の系譜を示している。1991年に出版された世界の麺文化史に関する初めての本の文庫化）

『もち（糯・餅）』渡部忠世・深澤小百合共著（法政大学出版会　1998年／モチイネの農学的な研究成果とアジアで発展したモチを中心にした民族固有の文化について）

『モチの文化誌　日本人のハレの食生活』阪本寧男著（中公新書　1989年／東南アジアのモチ文化圏の存在を指摘して論じた）

『料理の起源』中尾佐助著（NHKブックス　1972年／加工・料理を文化の要素と見て、穀物料理の歴史的な法則性を提唱した）

●民俗学

『イモと日本人』坪井洋文著（未来社　1979年／日本列島に存在する食文化の地理的分布や民俗習慣についての発見）

『陰陽五行と日本の民俗』吉野裕子著（人文書院　1983年／陰陽五行説の解説とその原理にもとづく迎春や防災の

まじないや行事の背景について多くの事例を挙げて論じた）
『臼（うす）ものと人間の文化史25』三輪茂雄著（法政大学出版局　1978年／臼が人類文化史に果たした役割、粉挽き臼の民俗などの調査記録を多数収録）
『食物と心臓』柳田国男著（講談社学術文庫　1977年／「食物と心臓」、「米の力」、「生と死と食物」などの戦前に公表された日常の食生活習慣に関する論文が収録）
『ダルマの民俗学　陰陽五行から解く』吉野裕子著（岩波新書　1995年／陰陽五行説の「火剋金」の論理からダルマを用いた迎春行事になる理由を論じた）
『篩（ふるい）ものと人間の文化史61』三輪茂雄著（法政大学出版局　1989年／篩や箕についての歴史や粉体工学について詳細に記述）
『名刀に挑む』松田次泰著（PHP新書　2017年／日本刀の美と精神性を解説）
『餅と日本人』安室知著（雄山閣　1999年／元旦にそばを食す「餅なし正月」地帯を精査）

●心理学・脳科学
『「おいしさ」の錯覚』チャールズ・スペンス著、長谷川圭訳（角川書店　2018年／新しい食の科学・ガストロフィジックスを提唱し、記憶や雰囲気なども「おいしさ」に関係）
『心を生みだす脳のシステム「私」というミステリー』茂木健一郎著（NHKブックス　2001年／感覚や心について、脳科学の立場から2つに分けて分析）
『色彩心理学入門』大山正著（中公新書　1994年／色彩、透明感、光沢の考え方）
『質感の科学　知覚・認知メカニズムと分析・表現の技術』小松英彦編（朝倉書店　2016年／質感に関する工学や脳科学の多方面からの概説、Russell, J. A.による情動モデルに関する論文も引用）
『食欲の化学』櫻井武著（講談社ブルーバックス　2012年／食欲を生物学的現象と捉えて新しい科学的知見を加え、期待値よりも大きな報酬が得られることの意味を解説）

『脳内現象〈私〉はいかに創られるか』 茂木健一郎著（NHKブックス　2004年／質感を左右する意識や主観について脳科学が問題にしない「意識の科学」の論考）

●地理学

『ソバ貯蔵庫としての風穴』 井上直人著（『雑穀研究』31巻16―21頁　2016年／風穴内外の環境を調査した論文）

『日本の風穴　冷涼のしくみと産業・観光への活用』 清水長正・澤田結基共編（古今書院　2015年／地理的資源としての風穴の地理学的研究）

『ヤマゴボウという民俗植物分類群の利用』 井上直人著（『長野県民俗の会会報』24巻　56―64頁　2001年／そばのつなぎに使うヤマゴボウの利用に関する地理的分布についての初の論文）

●ソバ・そば研究

『そば学大全　日本と世界のソバ文化』 俣野敏子著（平凡社新書　2002年／作物学から見たソバ研究生活と世界のソバを用いた料理の紹介により、新しいそば学を追究）

『そば粉の品質は産地によってどのように違うか』 井上直人著（『New Food Industry』43巻［11号］10―16頁　2001年／世界のソバ、ダッタンソバ、ウルチイネのアミロース含有量の地理的分布について概説した論文）

『そば粉の粘りはおなじ品種でも栽培地によって大きく異なる』 井上直人著（『New Food Industry』46巻［3号］12―16頁　2004年／全国200ヵ所のデータを解析し標高、気象との関係を調査し、タンパク質とアミロース含量の負の相関関係を指摘した概説。元論文は『Fagopyrum』21巻［2004年］と22巻［2005年］に掲載）

『蕎麦史考』 新島繁著（柴田書店　1975年／そばの歴史・民俗だけでなく、日新舎友蕎子が1751年に書いた『蕎麦全書』の現代語訳が載っている大著）

『蕎麦辞典〈新装版〉』 植原路郎著（東京堂出版　1996年／そば関係の用語辞典）

『蕎麦つゆ　江戸の味』 藤村和夫著（ハート出版　1992年／そばつゆの「おいしさ」を徹底追究）

『ソバの科学』長友大著（新潮選書　1984年／育種学研究生活の記録を中心に記されている。故葉上照澄《はがみしょうちょう》天台宗大阿闍梨が1983年の「国際ソバシンポジウム」で講演した「荒行」のソバの生食についても紹介）

『ソバの作り方』菅原金次郎著（農文協　1973年／花粉管伸長や奇形と受精率の関係や栽培技術）

『蕎麦年代記』新島繁著（柴田書店　2002年／新島氏の遺作で、江戸期のそばに関するほぼすべての文献を網羅した歴史研究書）

『ソバを知り、ソバを生かす』氏原暉男著（柴田書店　2007年／ソバの作物育種研究生活と、ミャンマーの貧困地帯での地域協力と普及活動の記録）

『対馬のソバ』氏原暉男・俣野敏子共著（『農耕の技術と文化』　1978年／農耕文化研究振興会の研究誌で、全国のソバ在来種の栽培生態型分布を調査した日本初の記録）

『長野　第167号　1993の1』（長野郷土史研究会　1993年／「特集、信濃そば」。歴史研究地方誌で、関保男氏が「信州そば史考」において日本初の「そば切り」の記録である1574年の木曽の定勝寺における「仏殿作事記録」の存在を指摘した論文を掲載）

『長野　第168号　1993の2』（長野郷土史研究会　1993年／「特集、続信濃そば」。歴史研究地方誌の増刊号で多数のそば歴史研究論文を掲載）

『包丁と砥石』（柴田書店　1999年／実用的記事だけでなく、包丁式のような儀式の歴史なども掲載）

『Antifungal activity of bacteria endemic to buckwheat seeds』Imura, Hosono共著（『Fagopyrum』15巻42－54頁　1998年／抗カビ物質を作るバクテリアがソバの種子に生息することを報告した論文）

『Relationship of protein to the texturel characteristics of buckwheat products: analysis with various buckwheat flour fractions』Ikeda, Fujiwara, Asami, Arai, Bonafaccia, Kreft, Yasumoto共著（『Fagopyrum』16巻79－83頁　1999年／そば粉の分画がタンパク質の硬さ、粘りなどのテクスチャーに及ぼす影響を分析した論文）

●無製粉冷水浸漬湿式胴搗き法、「水萌えそば」

『**γ-アミノ酪酸(ギャバ)が10倍 製粉しない水萌え千本杵搗製法**』山本敦・井上直人共著(農文協『食品加工総覧』追録第10号 第4巻270の14—19頁 2013年/寒晒しそばの研究から無製粉冷水浸漬湿式胴搗き機「千本杵搗き機」の開発までの経過と特徴を解説)

『**杵つき装置**』井上直人・守屋公雄 発明(特許第5162541号 2012年/複数の杵で捏ねる胴搗き装置で、約90kgの杵の力で、低温の水に数日浸漬したソバの種子を捏ねてドウを作成する装置の発明)

『**近氷温加水処理によるソバ穀粒中のGABA含有量の変化**』白井美雪・笠島真也・井上直人共著(『北陸作物学会報』44巻80—82頁 2009年/寒晒し処理がγ-アミノ酪酸を激増させることに関する論文)

『**胴搗きそばの食感に及ぼすつなぎの影響**』稲川和輝・井上直人・村田優里花共著(『北陸作物学会報』50巻67—69頁 2015年/無製粉冷水浸漬湿式胴搗き製法で製麺する際に、グルテン粉、コンニャク粉、モチキビ粉、もち米粉、タピオカデンプンなどを1%添加したときの物理的特性を比較した論文)

『**A new method of soba noodle preparation by using dough made from dehulled, water-soaked, and directly-kneaded seed without dry milling**』Murata, Inoue, Sasaki, Sekinuma共著(『Fagopyrum』30巻57—62頁 2013年/低温の水に浸漬して発芽程度を変えた丸抜きを、無製粉冷水浸漬湿式胴搗き機「千本杵搗き機」で搗いて製麺・調理したときの物理的特性についての論文)

●そのほか

『**食味の真髄を探る**』波多野承五郎著・犬養智子編(新人物往来社 1977年/1929年に和食の食材・食味について論じた昭和初期の本で、そばについても記述)

『**東海道中膝栗毛**』(上・下)十辺舎一九著(岩波文庫 1973年/文化2年~文化11年[1800年初期]頃の滑稽本、そば湯の記述やそばの看板の絵)

『**美味礼賛**』(上・下)ブリア=サヴァラン著、関根秀雄・戸部松美共訳(岩波文庫 1967年/1825年の食材、食味、食欲などに関して多面的に追究した古典)

井上直人（いのうえなおと）

農学博士。信州大学名誉教授、農学部・特任教授（研究）、公立諏訪東京理科大・客員教授。1953年（昭和28年）、東京都に生まれる。帯広畜産大学大学院卒業後、1981年の長野県の農業試験場の研究員を振り出しに、京都大学農学部講師、助教授を経て、2002年に信州大学教授となる。ソバをはじめとした穀物の生理生態、食品科学、育種、土壌学の研究教育に専念してきた。

主にアジアや日本の山岳地帯を中心に有用植物資源探索と調査を行い、その成果を金沢大学教育学部大学院、信州大学、岐阜大学、九州大学、岡山大学の各農学系大学院の教育に生かしてきた。

日本草地学会賞、日本作物学会賞（論文）を受賞。雑穀研究会会長のほか、国際ソバ学会誌編集委員、日本草地学会や日本作物学会などの役員を歴任。日本雑穀協会の立ち上げに参加し、市民教育にも力を入れた。

著書に、『おいしい穀物の科学』（講談社ブルーバックス）、『雑穀入門』（日本食糧新聞社）などがある。

現在、日本そば大学学長（中日本）や地元企業などの顧問を務めながら、ソバや土壌の研究・普及活動に取り組む。最近は、「伊那の在来品種の復興による地域振興」や、「そば粒を一粒ごとに非破壊分析して選別する機器」および「水萌えそば（無製粉冷水浸漬胴搗き製法）」などのまったく新しいソバ・そばの選別・製造加工法に関する技術を開発し、世界最高品質のそばの製造をめざしている。

そば学

sobalogy——
食品科学から**民俗学**まで

初版印刷　2019年8月20日
初版発行　2019年8月30日

著者©　井上直人
発行人　丸山兼一
発行所　株式会社 柴田書店
〒113-8477
東京都文京区湯島3-26-9 イヤサカビル
URL／http://www.shibatashoten.co.jp

営業部（注文・問合せ）／03-5816-8282
書籍編集部／03-5816-8260

印刷・製本　株式会社光邦
図版作成　タクトシステム株式会社
ブックデザイン　青木宏之（Mag）

ISBN 978-4-388-35355-2 C0077